천문학 콘서트

천문학 콘서트

이광식 지음

우리가 살면서 한 번은 꼭 읽어야 할 천문학 이야기

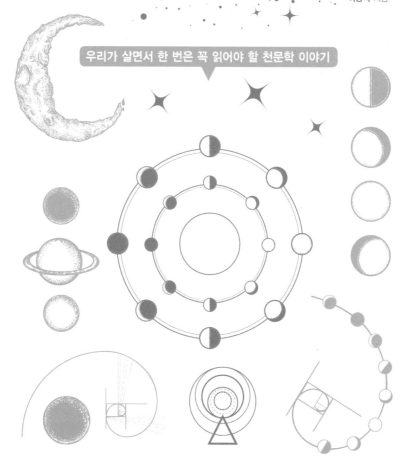

더숲

우주를 읽으면 세상과 인생이 보인다

우주는 무엇인가?

우리는 어디에서 왔는가?

이 우주 속에서 인간은 어떤 존재인가?

이보다 더 크고 유서 깊은 질문들이 있을까요? 이 질문들에 속 시원히 답해줄 사람은 없을까 하는 갈증이 누구에게나 있었을 것입니다. 저도 스물 갓 넘은 젊은 시절, 이런 갈증을 풀어줄 천문학 책을 찾아 서울 청계천 헌책방들을 뒤지며 돌아다녔던 기억이 납니다.

아이들도 새 동네에 이사를 오면 호기심 어린 눈빛으로 어떤 동네인가 여기저기를 둘러보게 마련입니다. 마찬가지로, 우리가 살고 있는 이 우주라는 동네가 어떻게 생겼나 알고자 하는 것은 인류의 오랜 꿈이었습니다.

　때로는 산 너머 지는 해를 보는 것만으로도 가슴이 뛸 때가 있습니다. 아, 내가 딛고 있는 이 거대한 땅덩어리가 초속 30km라는 맹렬한 속도로 우주공간을 헤치며 저 불덩어리 태양 둘레를 돌고 있구나 생각하면, 문득 가슴이 섬뜩해짐을 느끼는 거죠. 또 한편으로는 하늘에 떠 있는 저 불덩어리 태양이란 존재가 참으로 낯설고 비현실적으로 느껴지기도 합니다.

　우주를 생각하려면 이 같은 상상력과 감수성이 꼭 필요하다고 봅니다. 그래서 현대 우주론의 마당을 연 아인슈타인이 '상상력은 지식보다 위대하다'고 말한 것인지도 모릅니다.

　사람마다 자기만의 얼굴을 가지고 살아가듯이, 내 나름의 우주관도 반드시 필요합니다. 그것은 세계와 자아에 대한 분별력에 다름 아니며, 그러한 분별력이 있을 때 우리는 이 세상의 것들에 쉬 휘둘리거나 매몰되지 않고 차분한 시선으로 인생과 세상을 바라보며, 보다 균형 잡힌 삶을 살 수 있을 것입니다.

　이 책은 오랜 옛적부터 사람들이 우주에 대해 어떤 생각들을 해왔는가를 살피기 위해 변화하는 시대의 우주관들과 천문학의 발달과정을 엮어가며 썼습니다. 말하자면 천문학의 역사라 할 수 있습니다.

　둥근 지붕이 덮인 지구 중심의 소박한 우주에서 수천억 은하들이 비산하는 팽창 우주에 이르기까지, 우주를 향한 우리 인류의 의식과 지식이 어떤 확장의 길을 밟아왔나, 그 흐름을 따라가면서 쉽고 재미있게 읽히도록 나름대로 애썼습니다.

특히 까다로운 천체물리학 개념들에 대해서는 과학과 수학에 깊은 지식이 없더라도 쉽게 이해되도록 수식數式을 피해가면서 최대한 풀어쓰었습니다. 이 개념들만 웬만큼 이해한다면 현대 천문학이 어디까지 와 있는지 대강이나마 그 얼개를 파악할 수 있으리라 봅니다.

이 구조물에 쓰인 벽돌들은 말할 것도 없이 모두 '거장'과 '현자'들이 빚어놓았던 것들입니다. 내 손으로 만든 것은 하나도 없습니다. 나는 경의의 마음으로 그 벽돌들을 빌려와 조심스레 이리저리 놓고 쌓았을 따름입니다. 그러므로 벽돌들이 더러 어긋나게 놓인 데가 있다면, 그건 그들의 잘못이 아니라, 저의 무지한 탓이라 하겠습니다. 교양 과학서인 만큼 인용 출처는 일일이 달지 않았습니다.

하나 밝혀둘 것은, 이 책에서 나는 우주에 대해서만 쓴 것은 아니라는 점입니다. 많은 부분이 인간과 우주의 관계에 대한 얘기입니다. 그것은 특히 젊은이들이 인간과 우주에 대해 사색할 때 꼭 필요한 최소한의 씨앗이 되었으면 하는 바람을 담고 있습니다. '우주를 읽으면 세상과 인생이 보인다'는 믿음이기도 합니다.

"인간이 우주를 이해할 수 있다는 것이 가장 이해하기 힘든 일이다"라고 말한 이는 아인슈타인이었습니다. 별에서 몸을 받아 태어난 우리가 의식을 가진 존재로, 자신이 태어난 고향을 한번 찬찬히 산책하며 사색해보는 것 또한 큰 즐거움이 아니겠습니까.

끝으로, 이 책은 7년 전에 나온 『천문학 콘서트』의 개정판임을 밝힙니다. 조금이라도 내용을 더 넣다 보니 다소 억지스러운 구성이었던 초판 2부의 천문학 토픽을 과감히 떼어내고, 역사 부분을 더욱 상세하고 재미있게 보강해서 자체로 우주론의 역사를 풍성하게 담고자 했습니다. 이런 연유로 이전의 책과 구성상 약간의 중복된 부분이 있음을 헤아려주시기 바랍니다.

모쪼록 이 책이 독자들을 우주로 안내하고, 우주와 우리 삶에 대한 새로운 시각을 얻는 데 조금이라도 도움이 된다면 글쓴이로서 퍽 다행이겠습니다.

2018년 가을 문턱에
강화도 퇴모산에서 지은이 씀

차 례

1 장
우주에 세운 이정표

......

2 장
우주의 작동원리를 찾았다!

......

3 장

우주도 진화한다

......

4 장

태초와 종말에 관한 이야기

......

60억km 밖에서 본
'창백한 푸른 점' 지구.

1990년 2월 14일,
명왕성 궤도 부근에서
보이저 1호가 찍었다.

이것이 바로 70억 인류가 사는
보금자리라는 걸 생각하면
인류란 우주 속에서 얼마나
외로운 존재인가를 절감하게 된다.

우리가 우주를 사색해야 하는 이유

강화도 서쪽 끄트머리에 퇴모산退帽山이라는 나지막한 산 하나가 오똑하니 서 있다. 높이라야 해발 338m. 다릿심 좋은 이는 30분이면 정상을 밟는다. 그 4부 능선쯤 되는 중턱에 있는 우리 집은 해만 지면 사위 적요하고, 그믐밤이면 한치 앞이 안 보이는 어둠이다. 대체로 그런 사정인지라 겨울밤 10시쯤 마당에 나서면, 방패연처럼 남쪽 하늘에 덩그러니 걸려 있는 별자리 하나를 만날 수 있다. 바로 오리온자리다.

온 하늘을 뒤덮고 있는 88개 별자리 중에서 드물게도 일등성 두 개를 뽐내고 있는 오리온은 삼성 아래 아름다운 성운 하나를 달고 있다. 예쁜 나비 모양을 한 오리온 대성운은 시력 좋은 사람이라면 맨눈으로도 볼 수 있다. 지금도 별들이 태어나고 있는 이 성운에서 지구까지의 거리는 약 1,500광년. 초속 30만km의 빛이 1,500년을 달려가야 닿을 수 있는 거리다. 그러니까 지금 내가 보고 있는 오리온 대성운은 신라의 이사부가 우산국을 합병하고, 유럽의 프랑크 왕국이 이름을 떨치던 무렵인 1,500년 전에 오리온 성운을 출발한 빛인 셈이다. 이처럼 우주를 보는 것은 타임머신을 타고 우주의 먼 과거로 달려가는 것이나 다름없는 일이다.

밤하늘의 별밭을 거닐다 보면 늘 그렇듯 우주의 역사와 그 종말을 생각하게 된다. 138억 년 전 조그만 '원시의 알'에서 태어난 우주는 지금 이 순간에도 엄청난 속도로 팽창을 계속하고 있다. 태초의 우주에서 원시 수소구름들이 수억, 수십억 년 동안 서로 뭉친 끝에 2천억 개가 넘는 은하들을 만들어내고, 그 2천억 은하들이 지금 광막한 우주공간을 어지러이 비산하고 있는 것이다.

지구 하늘의 수많은 별들 역시 어버이 되는 수소구름에서 태어난 것들이다. 인간은 그 별의 일부로 몸을 만들고 생명을 얻어 태어났다. 별이 없었으면 인류도, 나도 없었을 것이다. 별과 우리의 관계는 그처럼 밀접하다.

우리가 매일 보는 아침에 뜨는 별, 태양은 우리은하에 속해 있는 4천억 개 별 중 평범한 한 개의 별에 지나지 않는다. 일생의 거반을 지나고 있는 태양도 60억 년 후에는 종말을 맞는다. 별도 인간처럼 태어나고, 늙고, 죽는 일생을 사는 것이다.

지구를 떠나 13년 동안 60억km를 날아간 보이저 1호가 명왕성 궤도 부근에서 지구를 찍어 보낸 사진 속 창백한 푸른 점 하나가 바로 지구다. 과장 하나 없이, 지구는 우주의 티끌 한 점인 것이다.

이런 생각들을 하다 보면, 조그만 이 행성 위에서 아웅다웅 살고 있는 우리 70억 인류도 알고 보면 우주 속에서 참으로 외로운 존재이며, 우리네 삶이란 얼마나 찰나의 티끌 같은 것인가를 절실히 느끼게 된다.

광대무변한 우주와 억겁의 시간을 생각하노라면, '나'라는 존재는 무한소의 점 하나로 소실되고, 종국에는 딱히 '나'라고 정의할 만한, '나'라고 주장할 만한 그 무엇도 남아 있지 않게 된다. 그리고 마침내는 나와 너라는 차이까지 흐릿해지고, 물物과 아我의 경계마저 아련해지고 만다.

우리가 우주를 사색하는 것은, 인간이 우주 속에서 얼마나 티끌 같은 존재인가를 깊이 자각하고, 장구한 시간과 광막한 공간 속에서 자아의 위치를 찾아내는 분별력과 깨달음을 얻기 위함이다.

우주 속의 작은 모래알 지구에 사는 우리는 눈앞의 현실에 함몰된 나머지, 우리 머리 위의 현실은 까마득하게 잊어버리고 산다. 현대인의 우주 불감증이라고나 할까? 하지만 밤에 집 바깥으로 나와 하늘을 올려다보면, 또 하나의 거대하고 견고한 '우주'라는 현실이 우리를 에워싸고 있음을 발견하게 된다. 이건 꿈이나 환상이 아니라 현실 자체인 것이다.

어둔 밤하늘, 저 광막한 공간에서 기적처럼 반짝이는 무수한 별들을 보면 늘 떠올리게 되는 문구가 하나 있다. 은하계 속에서 우리 태양계의 위치를 맨 먼저 알아내 인류에게 알려준 미국의 천문학자 할로 섀플리의 말이다.

"우리는 뒹구는 돌들의 형제요, 떠도는 구름의 사촌이다."

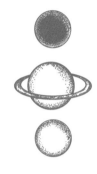

우주에
세운
이정표

1 장

허공을 날아다니는 땅덩어리

삶을 살아가는 데는 두 가지 방법밖에 없다.
하나는 아무것도 기적이 아닌 것처럼,
다른 하나는 모든 것이 기적인 것처럼 살아가는 것이다.
– 아인슈타인

우주론의 출발점, 창조신화

지상에 발붙이고 사는 인간이 자신이 딛고 있는 이 거대한 땅덩어리가 알고 보니 허공중에 둥실 떠서 팽이처럼 돌고 있으며, 저 불덩어리 태양 둘레를 무서운 속도로 돌고 있다는 사실을 최초로 알았을 때, 얼마나 전율했을까? 지동설을 귀에 못이 박이도록 들어왔건만 아직도 나는 하늘을 올려다보며, 이 지구가 무한 공간 속을 초속 30km라는 맹렬한 속도로 날아가고 있다는 사실을 생각하면 섬뜩함을 느끼곤 한다. 우리의 감각이란 얼마나 믿을 수 없는 것인가 생각하면서.

고대인들도 지구가 공처럼 둥글다는 것은 이미 알고 있었다. 거기에는 대체로 두 가지 근거가 있었다. 지구가 달과 태양 사이에 들어가 월식이 될 때 달에 드리워지는 지구의 그림자가 둥글다는 점이 그 하나요, 다른 하나는 북쪽으로 올라갈수록 북극성의 올려본각이 점점 커진다는 점이었다. 그러나 지구는 어디까지나 우주의 중심에 굳건히 붙박여 있다고 그들은 생각했다.

이 같은 고대인의 우주론은 각 민족마다 가지고 있는 창조신화에서 출발했다. 그러므로 우주론의 그 역사는 민족의 역사만큼이나 길다. 인류가 자아와 세계를 인식하기 시작한 그 순간부터 우주론은 싹트기 시작했다. 어느 시대, 어느 곳에서든 우주론은 있었다. 천문학의 역사는 인류의 출현과 동시에 시작되었을 것이기 때문이다.

미적분을 발견한 17세기 수학자이자 철학자인 고트프리트 라이프니츠는 이런 말을 했다. "세상은 왜 텅 비어 있지 않고 뭔가가 있는가?" 원시인 천재들도 마찬가지였을 것이다. 캄캄한 밤, 동굴 앞에 나와 앉아 별들이 반짝이는 하늘을 보면서 이 모든 것들이 어디서 왔을까 생각하고 또 생각했을 것이다. 그리고 무한한 상상력을 발동하여 나름의 창조신화들을 만들어냈다.

고대의 가장 오래된 우주관은 메소포타미아 문명을 일으킨 수메르인들이 만들었다. 그들은 하늘엔 눈에 보이지 않는 신들이 있으며, 이 신들이 지상에서 일어나는 모든 사건에 영향을 끼친다고 믿었다. 또 평평한 지구는 하늘이라는 둥근 천장에 덮여 있고, 천장과 땅 사이에는 태양과 달, 별들이 가득 차 있는데, 이 모두가 신들의 지배를 받는다고 생각했다. 이른바 둥근 천장 우주관이다.

고대 이집트의 우주관을 보여주는 하늘의 여신 누트. 바닥에 누운 남자가 그녀의 남편이자 대지의 신 게브. 누트라는 이름은 '밤'이라는 뜻에서 유래했다. 태양신 라(Ra)가 태양 돛단배를 타고 별들이 수놓인 옷을 입은 누트의 몸을 따라 항해한다.

　　고대 인도인들의 우주관은 거대한 아난타 뱀 위에 거북이가 올라 앉아 있고, 거북이 등 위에는 네 마리의 코끼리가 반구半球의 대지를 떠받들고 있다는 것이다. 그 중앙에는 수미산須彌山*이 솟아 있으며, 해와 달이 그 허리를 돌고 있다.

　　이집트인의 우주관은 좀 낭만적이다. 하늘의 여신 누트가 평평한 땅을 활처럼 에워싸고 있는데, 누트의 몸에는 별들이 아로새겨져 있다. 그리고 누트가 매일 저녁 태양을 삼켰다가 새벽에 다시 토해내기 때문에 낮과 밤이 생긴다고 생각했다.

　　우리나라 고대의 우주론은 어떤 걸까? 일찍이 중국의 영향을 받아

* 고대 인도의 우주관에서 세계의 중심에 있다는 상상의 산.

혼천설渾天說이 주류를 이루었는데, 요약하면 이렇다.

달걀의 껍질이 노른자를 둘러싸고 있듯이 우주도 하늘이 땅을 둘러싼 모습으로 되어 있고, 알껍데기의 겉면의 끝이라고 할 만한 것이 없는 하늘은 그 모습이 둥글고 일주운동을 하므로 혼천이라 한다. 혼천설에 의하면, 하늘의 둘레는 365 1/4°인데, 그 반은 땅 위를 덮고 반은 땅 아래에 있어서 28수宿의 반은 보이고 반은 가려져 있다. 그리고 그 둘의 끝에 남극과 북극이 있으며, 북극은 땅에서 36° 올라와 있고, 남극은 땅속으로 36° 들어가 있다. 또한 남극과 북극에 대하여 91° 떨어진 곳에 적도赤道를 두고, 적도에 대하여 다시 24° 기운 황도黃道가 있다.

이것은 오늘날의 구면천문학*개념과 매우 비슷하다. 이 혼천설은 삼국시대에 도입된 이래 조선 초기에 이르기까지 정통적 우주관으로 자리잡았다.

각 민족들의 천지창조 신화에서 보여지듯이, 이름 모를 이들이 원시의 삶을 이어가면서 깊은 밤, 동굴이나 움집에 앉아 놀라운 상상력으로 창작해냈던 천지창조 신화야말로 바로 인류 최초의 우주론이었다. 이러한 원초적인 우주론을 딛고 다음 시대 또 다음 시대의 우주론들이 이어져 오늘에 이른 것이다.

* 천구상의 별이나 행성 등의 위치와 움직임을 관측하고, 그러한 것으로부터 천구상의 좌표를 결정하여 그 움직임을 나타내는 법칙을 구하는 천문학 분야.

고대인의 우주관을 담은 네브라 스카이 디스크

−청동기 시대 인류의 우주관

한 3, 4천 년 전쯤, 막 석기시대에서 벗어나 청동으로 칼과 창을 만들어 싸우고 사냥하던 선사시대 사람들은 과연 우주에 대해 어떤 생각들을 했을까?

이들의 우주관을 설핏 보여주는 놀라운 유물이 지난 1999년 독일 중부 네브라 시 인근 촌락인 미텔베르크에서 발굴되었다. 천체가 묘사된 청동 원반으로, 지름 약 30cm, 두께가 중앙으로부터 4.5mm에서 1.5mm로 점점 얇아지는 형태이며, 무게는 2.2kg이다. 정밀한 조사 결과 2005년 기준으로 약 3600년 전에 만들어진 진품으로 밝혀졌다.

원반 표면에는 금으로 된 상징물들이 박혀 있는데, 이들은 태양 또는 보름달, 초승달 그리고 별들(플레이아데스로 보이는 별들도 있음)로 해석된다. 이 하늘원반에는 천체현상에 대해 선사시대 사람들이 가졌던 놀라운 지식이 반영되어 있다. 천체에 관한 고대인들의 초기 지식과 관측 능력, 그리고 우주관을 어렴풋하게나마 짐작할 수 있는 단 하나의 유물이라는 점에서 네브라 스카이 디스크는 더없이 귀중한 문화·역사적 가치를 지닌 20세기 최대의 발굴품이라 할 수 있다.

네브라 하늘원반에 표현된 것들은 대략 다음과 같은 네 가지 특징을 가지고 있다.

첫째, 하늘원반에는 32개의 금 동그라미를 비롯해, 역시 금으로 된 커다란 원형 접시와 초승달 모양의 문양이 붙어 있다. 원형 접시는 해를 표현한 듯하고, 초승달 문양은 모양 그대로 초승달이거나 월식이 진행 중인 달을 나타

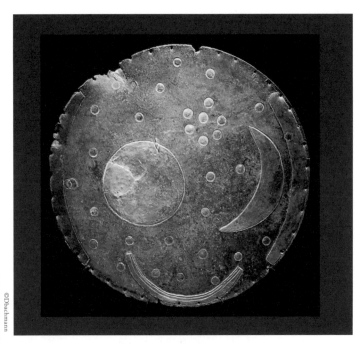

청동기인들의 우주관을 담은 네브라 스카이 디스크. 천문현상을 구체적 실체로 묘사한 것으로는 전 세계에서 가장 오래된 것이다. 2013년 6월 유네스코 세계기록유산에 올랐다.

낸 듯하다. 조그만 금 동그라미는 별로 보이는데 특히, 동그라미 7개가 오종 종 모여 있는 것은 플레이아데스(좀생이별)를 나타낸 것으로 보인다.

둘째, 지평선을 나타낸 가장자리의 두 원호는 후대에 와서 덧붙여진 것들이 다. 두 원호의 양끝에서 원반의 중심으로 선을 그어보면 각도가 82도가 된 다. 이는 북위 51도에 있는 미텔베르크의 하지와 동지 때 일몰 위치의 각도 차이를 가리킨다. 원반의 둥근 접시를 보름달이 아니라 해로 보는 것은 바로 일몰 각도 차이 때문이다.

셋째, 마지막 첨가물이 하나 더 있는데, 바로 아래에 보이는 작은 원호로 '태양 배sun boat'를 상징한다. 이 태양 배는 명백히 이집트에서 건너온 것이다. 고대 이집트 통치자였던 파라오들은 사망 후 태양 배가 자신을 지하세계로 데려다 준다고 믿어 태양 배를 만들어 무덤에 함께 묻기도 했다. 청동기 시대에 지식의 유통이 벌써 널리 이루어지고 있음을 보여준다.

넷째, 이 천문반이 만들어져 부장품으로 묻힐 때 원반 가장자리를 빙 둘러서 지름 3mm 가량의 구멍들이 40개가량 뚫려 있었다. 이것은 1년을 대략 40주기로 나눈 것으로 추측된다. 특히 원반이 휴대용으로 만들어졌다는 점에서 농사짓기를 위해 만든 실용적인 도구였을 가능성도 충분히 있다.

다른 문명권이 해와 달, 별을 신화적인 소재로 다루고 있을 때, 네브라 청동기인들은 천문현상을 다 현실적인 실체로 보고 태양, 달, 별자리 모두를 통합적으로 표현했다. 청동기인들의 우주관이 대단히 현실적이었음을 보여주는 대목이다.

별은 천구에 붙박여 있다

서양의 우주관이 신화의 손아귀에서 놓여나 이성적인 논리구조를 갖추기 시작한 것은 기원전 6세기 그리스인들에 의해서였다.

수메르, 이집트, 바빌로니아, 인도, 중국 등에서도 천문학이 나름대로 발전하여 어느 정도 정확한 일월식 예측이 가능해졌고, 절기를 계산하는 데도 상당한 정밀성을 보여주었지만, 고대 그리스 우주관처럼 우주를 기하학적 입체로 보는 개념은 존재하지 않았다. 태양과 달, 별까지의 거리 같은 것은 아무래도 상관없었다. 천체란 단지 천구에 붙박여 있는 것들이라고 생각했을 뿐이다.

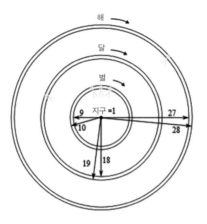

우주론의 아버지 아낙시만드로스의
원통형 우주관.

그러나 고대 그리스 문명은 여러 가지 면에서 특이했다. 고대 그리스 철학자들에 있어 우주를 이해하는 것은 인간에게 필수적인 일이었다. 그것은 우리가 누구이며 어떤 존재여야 하는지를 알게 해주는 하나의 열쇠였다. 그리하여 그들은 수천 년 동안 고대 우주론에 스며들어 있던 신의 모습을 지우고, 태양과 달, 지구의 크기, 거리 등을 생각하면서 우주를 입체적인 대상으로 다루기 시작했다.

예컨대, 그리스 밀레토스 학파의 아낙시만드로스(BC 610경~546경) 같은 철학자는 지구는 우주 중심에 떠 있는 천체로 원통형 모습을 하고 있으며, 그 평평한 부분에 사람과 생물들이 살고 있고, 바다로 둘러싸여 있다고 생각했다. 그의 스승 탈레스가 지구는 광대한 물 위에 떠 있는 원판이라고 생각한 것과는 크게 다른 우주관이었다.

아낙시만드로스는 나아가 우주가 완전한 원통형이라고 보고 원통형 우주관을 주장했다. 원기둥의 높이는 지름의 1/3이고, 원기둥을 세 개의 불의 바퀴가 둘러싸고 있다고 했다. 이것들은 각각 태양, 달, 별이며, 바퀴의 둘레는 각각 지구의 27배, 18배, 9배에 해당한다. 위에서 보았을 때 크기가 다른 여러 동심원들이 중첩되어 있는 것과 같은 형태이다. 그리고 태양은 지구를 둘러싸고 있는 불이 가득한 고리에 뚫려 있는 구멍으로, 그것이 지구 둘레를 도는 것이며, 달과 별들도 가려져 있는 하늘 속 빛을 볼 수 있게 해주는 하늘의 구멍이라고 생각했다.

이러한 원통형 우주관은 지상에서 달과 별, 해의 움직임을 관찰한 끝에 이성적으로 유추한 것이다. 이런 이유로 아낙시만드로스는 우주론의 아버지로 불린다.

아리스토텔레스의 천동설

아낙시만드로스가 최초로 평평한 지구를 주장한 것과 반대로 지구가 둥글다고 주장한 사람이 곧바로 나타났다. 바로 그의 제자인 피타고라스(BC 570경~495경)였다. 수학에서 피타고라스의 정리를 발견한 그는 형태의 순수성을 근거로, 신의 작품이자 인류의 터전인 지구는 완전한 구여야 한다고 여겼다. 피타고라스는 지구가 공과 같이 둥글다고 추론한 역사상 최초의 인물로 여겨진다. '코스모스'라는 단어를 맨 처음 사용한 사람도 피타고라스였다. 그는 카오스의 반대 개념으로 우주를 '아름답고 조화로운 전체', 즉 코스모스로 상

로마 카피톨리누스 박물관에 있는 사모스의 피타고라스 흉상. 최초로 지구구형설을 주장한 철학자로 알려져 있다.

정함으로써 우주를 인간의 사고 범위 안으로 끌어들였던 것이다.

그로부터 200여 년 뒤인 기원전 4세기에 아리스토텔레스는 월식 때 달에 생기는 지구의 그림자를 근거로 지구가 구형의 천체라는 훨씬 과학적인 주장을 하면서 지구중심 우주관을 내놓았다.

모든 존재는 목적을 이루기 위해 있다고 생각한 아리스토텔레스는 자신의 우주관 역시 목적론적 세계관에 맞게 구성했다. 그는 먼저 달을 경계로 삼아 지상계과 천상계로 엄격하게 나누었다. 지상계는 4원소, 곧 물, 불, 흙, 공기로 이루어져 있으며, 천상계는 지상의 물질과는 전혀 다른 제5원소인 '완전한 물질' 에테르로 이루어져 있다고 주장했다. 그리고 지상계는 늘 변화하는 무상의 세계이지만 천상계는 변화가 없는 완전한 세계이고, 지상계의 운동이 직선인 반면, 천상계의 운동은 영원하면서도 완전한 원 운동이라고 생각했다.

유한한 운동인 직선운동의 법칙에 따라 무거운 물체는 아래로, 가벼운 물체는 위로 올라가게 된다. 이는 각각 자신의 목적을 이루기 위함이고, 그 목적은 본성에 따라 자신이 있을 곳으로 이동하는 것이다. 그러므로 가장 무거운 원소인 흙으로 이루어진 지구가 우주의 중심에 위치하는 것이라고 설명했다.

고대 그리스인의 우주론에서 가장 중요하게 다루어진 문제는 천

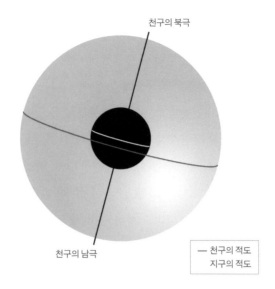

천구의 북극

천구의 남극

— 천구의 적도
　지구의 적도

체운동의 규칙성을 설명하는 것이었다. 아리스토텔레스는 지구 주위의 행성운동에 대해 위와 같은 이론을 대입해서 지구 주위를 도는 행성들도 원운동을 해야 하며, 천체에서의 원운동은 완벽한 현상이기 때문에 힘을 받지 않아도 계속 돌 수 있다고 설명했다. 이 '완전한 원운동'은 그 후 난공불락의 천체운동 이론으로 자리잡아 케플러가 등장하기 전까지 2천 년 동안 위세를 떨쳤다.

　아리스토텔레스의 우주관은 지구를 우주의 중심으로 삼은 만큼 유한한 우주를 전제로 한 것이었다. 그리고 그 역시 지구가 우주공간에 떠 있다는 것은 생각할 수 없었기 때문에 천체들이 붙박인 투명한 천구들이 우주 중심에 있는 지구를 둘러싼 채 돌고 있다고 믿었다. 투명한 천구*가 회전함에 따라 천체가 도는 것처럼 보인다는 것이다.

이 투명한 천구 아이디어가 오늘날 우리에게는 괴상하게 여겨지겠지만, 해와 달, 별들이 허공중에 둥실 떠 있다는 것을 도저히 상상할 수 없었던 고대인들에게는 차라리 천구 같은 것에 붙박여 있다고 보는 것이 논리상 자연스러운 귀결이었다.

아리스토텔레스의 모형에 따르면, 지구를 중심으로 먼저 달의 천구가 돌고 있으며, 그다음 태양, 금성, 수성, 화성, 목성, 토성 순서로 천구가 에워싸고 있다. 그리고 행성 천구 바깥으로는 별들이 붙박여 있는 항성 천구가 있으며, 맨 바깥에는 종천구(제일천구)가 있어 항성 천구에 회전운동력을 전달하며 온 우주를 관할한다는 것이다. 이른바 천동설 모델이다.

이러한 아리스토텔레스의 우주관은 부분적으로 수정되기는 했지만, 중세를 거쳐 르네상스 시대까지 우주를 설명하는 주류 이론이 되었으며, 이 같은 고대의 우주관을 집대성한 것이 바로 140년경 프톨레마이오스가 엮은 『알마게스트』다. 이는 그리스 시대로부터 중세에 이르기까지 불가침의 지위를 누려왔다.

프톨레마이오스 체계는 타락하고 변화가 심한 지상을 떠나 완벽한 천상을 바라던 기독교에 들어 맞아 2천 년간 지속되었고, 지동설 같은 다른 이론들은 이단으로 배척받았다.

---

* 천체의 시위치視位置를 정하기 위해 관측자를 중심으로 하는 반지름 무한대의 구면을 설정하고, 천체를 그 위에 투영해서 나타내는 것. 관측자를 지나는 연직선鉛直線이 위쪽에서 천구와 만나는 점을 천정天頂, 아래쪽과 만나는 점을 천저天底라 하고, 관측자를 지나서 연직선과 수직인 평면이 천구와 만나서 이루어지는 대원을 지평선이라 한다. 지구 자전축을 연장해서 천구와 만나는 점을 각각 천구 북극, 천구 남극이라 한다.

땅덩어리가 허공중에 떠다닌다니…

이 같은 천동설이 위세를 떨치는 한편으로는 지동설도 미약하나마한 흐름을 형성하고 있었다.

인류 최초로 지동설을 주창한 사람은 기원전 3세기 고대 그리스사람인 사모스섬 출신의 아리스타르코스(BC 310경~230경)였다. 사모스섬은 소아시아(지금의 터키)에 바짝 붙어 있는 섬으로, 우리나라의 거제도 크기만 한 작은 섬이지만, 유명 인사들이 많이 태어났다. 아리스타르코스보다 3세기 전의 사람인 피타고라스와 이솝도 이 섬출신이다.

아리스타르코스는 월식을 연구하여 월식 때 달의 표면을 지나가는 둥근 지구의 그림자를 보고, 이 지구 그림자의 곡선과 달의 가장자리 곡선의 곡률을 비교한 끝에 달의 지름이 지구의 약 3분의 1이라고 추정했다. 참값은 4분의 1이지만, 참으로 놀라운 예지라 하지않을 수 없다.

그의 지성은 여기서 멈추지 않고 한걸음 더 나아갔다. 달이 햇빛을반사하여 빛난다는 사실을 알고 있었던 그는 달이 정확하게 반달이될 때 태양과 달, 지구는 직각삼각형의 세 꼭짓점을 이룬다는 사실을 추론하고, 이 직각삼각형의 한 예각을 알 수 있으면 삼각법을 사용하여 세 변의 상대적 길이를 계산해낼 수 있다고 생각했다.

그의 수학은 완전했지만, 각을 정확히 측정할 기구가 없었다. 그가측정한 지구-태양-달이 이루는 각도는 87도였다(실제는 89.85도). 이값을 삼각법에 적용해 구한 태양까지의 거리는 달까지 거리의 19배였다. 실제 값은 약 400배로, 큰 오차를 보이긴 했지만 당시의 조건

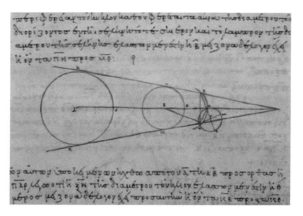

아리스타르코스의 태양, 지구, 달(왼쪽부터)의 상대적 크기를 계산한 그림.

을 고려한다면 대단한 업적이다.

달과 태양의 겉보기 크기가 거의 같으니, 그 둘의 실제 크기는 거리에 비례할 것이라 생각한 아리스타르코스는 태양이 달보다 약 19배 먼 거리에 있다면, 달보다 19배가 커야 하며, 달은 지구의 3분의 1이므로 태양은 지구보다 약 6배 커야 한다는 결론을 내렸다. 물론 참값과는 많은 차이가 나지만, 여기에서 본질적으로 중요한 문제 하나가 제기된다. 지름이 6배 크다면 부피로는 200배가 넘는다. 이처럼 거대한 태양이 조그만 지구 둘레를 돌아야 하는가?

이 의문에 대해 그는 지구와 다른 행성들이 태양 주위를 돌고 있다는 결론을 내렸다. 그리고 지구는 하루 한 바퀴 자전하면서 태양 주위를 공전한다는 태양중심설을 처음으로 주장했다. 이 거대한 땅덩어리가 태양 둘레의 허공을 날아다닌다는, 참으로 파격적인 주장이었다.

그러나 당시 아리스타르코스의 이러한 주장은 지지를 받지 못했다. 한마디로 태양중심설은 일반의 상식과 체험을 정면으로 거스르는 것이었다. 그러나 상식이 과학적 진실과 별로 관계가 없다는 사례는 무수히 많다. 우리가 눈으로 보고 체험하는 자연이 실재의 모습이라고 생각하는 것은 큰 착각이다. 그래서 아인슈타인은 '상식이란 18살 때까지 모은 편견들의 집합'에 지나지 않는다고 말하기도 했다.

당시 사람들이 아리스타르코스의 태양중심설을 반박한 근거는 대략 다음 세 가지였다.

첫째, 지구가 움직이고 있다면 앞에서 불어오는 바람을 느껴야 하고, 발이 땅에서 미끄러지는 느낌이 있어야 하는데, 전혀 그렇지가 않다.

둘째, 모든 물체는 우주의 중심으로 향하려는 경향을 갖고 있는데, 태양이 우주의 중심이라면 왜 지구상의 물체들이 태양으로 끌어올려지지 않는가?

셋째, 지구가 태양 둘레를 돈다면 시차視差*로 인해 별들의 위치가 달라져야 하는데, 그런 현상은 전혀 발견되지 않고 있지 않은가?

물론 오늘날 우리는 현대 물리학을 동원해 이에 대해 완벽하게 정답을 작성할 수 있다. 뒤에서 자세하게 설명하겠지만 우선 간단히 정리하면, 첫째 반박에 대해서는 갈릴레오의 상대성 이론, 둘째 반박에 대해서는 뉴턴과 아인슈타인의 중력 이론, 셋째 반박에는 측정

---

* 동일점을 두 개의 관측점에서 보았을 때의 방향의 차, 즉 두 방향 사이의 각도를 말한다. 천문학에서는 별의 시차를 이용해 별까지의 거리를 구하는 경우가 많다.

된 별까지의 막대한 거리가 정답이 될 것이다.

그러나 불행하게도 당시의 아리스타르코스는 이러한 반박을 잠재울 수 없었다. 뿐만 아니라 그의 태양중심설은 대중의 큰 반발을 불러일으켰다. 그의 지동설에 분노한 사람들은 아리스타르코스가 신을 모독하는 불경죄를 저질렀다면서 재판에 부쳐야 한다고 주장하기까지 했다.

당시의 우주론은 정지해 있는 원통형의 지구 위에 별이 가득 찬 여러 겹의 천구들이 덮어 씌워져 있는 형태인 아낙시만드로스의 원통형 모델로, 해, 달, 별들이 지구 주위를 돈다는 것이었다. 아리스토텔레스 역시 이 원통형 모델을 이어받아 천구의 수를 54개까지 늘렸다. 천구가 지구를 둘러싸고 있다는 생각은 이후 2천 년간 우주론에 크나큰 영향을 미쳤다.

대체로 이러한 상황 속에서 인류 최초로 '지동地動'을 발견해낸 아리스타르코스의 예지는 시대를 초월한 것이었다. 그가 기원전 3세기에 행성의 배치를 확실하게 그려냈음에도 불구하고, 그로부터 코페르니쿠스에 이르는 1,700년 동안 누구도 행성의 정확한 배치를 알지 못했다.

인류 최초로 지구가 허공에 뜬 채로 태양 둘레를 돈다는 사실을 발견함으로써 천문학사에서 위대한 거보를 내딛었던 아리스타르코스. 우리는 이 천재에게 경의를 표해야 할 것이다. 그의 이름은 달 구덩이 중 하나에 붙여졌는데, 그 중심 봉우리는 달에서 가장 밝은 부분이다.

천동설을 완성한 대인배 천문학자

'나는 누구인가?'를 알고 싶다면 먼저 자신이 있는 곳,
바로 우주를 알아야 한다.

– 조용민(한국 물리학자)

막대기와 각도기 하나로 지구 크기를 측정하다

아리스타르코스 다음에 나타난 걸출한 인물은 그로부터 한 세대 뒤
의 사람인 에라토스테네스(BC 276경~194경)였다. 르네상스의 레오
나르도 다 빈치와 겨룰 만한 다재다능한 인물로, 주목할 필요가 있다.

헬레니즘 시대에 활약한 그는 천문학자이자 수학자, 지리학자, 역
사가, 철학자였다. 당시 알렉산드리아의 한 대형 도서관의 도서관장
이었으니, 말하자면 당대의 통섭統攝이자 석학이었던 셈이다. 오죽하
면 세상에서 두 번째로 아는 것이 많다는 뜻에서 베타(β)라는 별명
이 붙었겠는가. 첫 번째는 플라톤이었다.

에라토스테네스는 천문학사에서 최초로 한 천체의 크기를 측정한 인물로 불멸의 이름을 남겼는데, 그가 측정한 천체는 물론 지구였다. 천문학에서 측정이 차지하는 중요도는 절대적이다. 모든 물리량은 측정될 때에 그 진정한 의미를 가진다. 따라서 측정은 우주를 이해하는 첫 걸음이며, 천문학의 이정표라 할 수 있다. 아리스토텔레스 이후 인류가 오랫동안 지구 중심의 우주관에서 벗어나지 못했던 중요한 이유의 하나는 지구 바깥 세계까지의 거리를 알지 못했기 때문이다.

에라토스테네스 당시의 그리스인들은 이미 지구가 둥글다는 사실을 알고 있었다. 바다로 둘러싸인 반도에서 살고 있었던 그들은 체험적으로 그 사실을 잘 알 수 있었다. 멀리 수평선에서 들어오는 배를 보면 먼저 돛대 끝이 보이고 차차 배의 몸통이 올라오는 것을 볼 수 있다. 이는 곧 바다의 표면이 휘어져 있음을 뜻하는 것이다.

이 곡률은 생각보다 커서 1km에 75cm나 된다. 그러니까 10km 떨어진 거리의 바다 수면은 눈의 수평 시각선보다 7.5m 아래에 있다는 뜻이다. 이 곡률대로 연장해나가면 지구 둘레 길이가 계산되는데, 그 답은 약 40,000km다. 이처럼 지구가 구형이라는 사실을 알고 있었던 그리스 철학자들은 지구 반대편에 있는 사람들에 대해선 어떻게 생각했을까? 이 문제는 요즘도 어린 아이들이 불쑥 잘 던지는 질문이기도 하다. "아빠, 지구 반대편 사람들은 왜 떨어지지 않나요?"

물론 지구의 중력 때문이라고 대답하겠지만, 중력이라는 개념이 없었던 그리스 철학자들이 고안해낸 답은 이렇다. "우주에는 중심이 있는데, 모든 것들은 이 중심을 향해 끌어당겨지고 있다. 지구는 우주의 중심에 붙박여 있기 때문에 지구 반대편 사람들도 지구에서 떨어지지 않고 우리처럼 이렇게 붙어 있는 것이다."

이런 지구의 크기를 측정하는 일에 최초로 도전한 사람이 에라토스테네스였다. 2,300년 전의 고대인이었던 에라토스테네스가 지구 크기를 측정하는 데 사용했던 방법과 도구는 무엇이었을까? 그 방법은 너무나 단순한 것으로, 해의 그림자를 이용한 것이었다. 도구는 각도기와 작대기 하나였다.

어느 날 에라토스테네스는 도서관에 있던 파피루스 책에서 '남쪽의 시에네(지금의 이집트 아스완) 지방에서는 하짓날인 6월 21일이 되면 수직으로 꽂은 막대기의 그림자가 없어지고 깊은 우물속 물에 해

최초로 천체의 크기를 측정한 에라토스테네스.
2,300년 전 막대기와 각도기 하나로 지구의 크기를 오차 범위 10%로 측정했다.

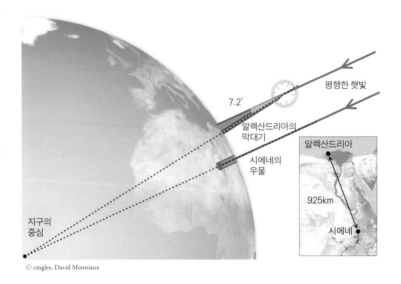

평행한 햇빛

7.2°

알렉산드리아의
막대기

시에네의
우물

지구의
중심

알렉산드리아

925km

시에네

© cmglee, David Monniaux

가 비치어 보인다'는 문장을 읽었다. 이는 곧 시에네가 북회귀선* 상
에 있는 지역임을 뜻한다.

에라토스테네스는 실제로 6월 21일을 기다렸다가 막대기를 수직
으로 세워보았다. 하지만 알렉산드리아에서는 막대 그림자가 생겼
다. 이는 지구 표면이 평평하지 않고 곡면이라는 뜻이다. 에라토스
테네스가 파피루스 위에 지구를 나타내는 원 하나를 컴퍼스로 그리
는 순간, 엄청난 일이 일어났다. 수학적 개념이 정확한 관측과 결합
되었을 때 얼마나 큰 위력을 발휘하는가를 확인해주는 수많은 사례
중의 하나다. 그림자 각도를 재어보니 7.2도였다. 햇빛은 워낙 먼 곳

---

* 북위 23°27'의 위도선. 지구 자전축은 공전면에 대해서 23°27' 기울어져 있다. 태양이 가장 북쪽의 위
  도에서 똑바로 위에 오는 날을 하지라 하고, 그 위도선을 북회귀선이라고 한다.

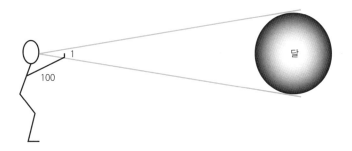

에서 오기 때문에 두 곳의 햇빛이 평행하다고 보고, 두 엇각은 서로 같다는 원리를 적용하면, 이는 곧 시에네와 알렉산드리아 사이의 거리가 7.2도 원호라는 뜻이다.

에라토스테네스는 사람을 시켜 두 지점 사이의 거리를 걸음으로 재본 결과 약 925km라는 값을 얻었다. 그다음 계산은 간단한 것이다. 925×360/7.2를 하면 약 46,250이라는 수치가 나오고, 이는 실제 지구 둘레 4만km에 약 10%의 오차밖에 안 나는 것이다. 2,300년 전 고대에 막대기 하나와 각도기, 사람의 걸음으로 이처럼 정확한 지구의 크기를 알아낸 에라토스테네스야말로 위대한 지성이라 하시 않을 수 없다.

이와 같이 하여 인류 최초로 한 천체의 크기를 알아냈던 에라토스테네스는 선배들이 개발해놓은 방법을 이용해 달의 실제 크기와 거리를 금방 알아냈다. 아리스타르코스는 달의 크기가 지구의 4분의 1

이라는 사실을 알았지만, 지구의 실제 크기를 몰라 달의 실제 크기 역시 알 수가 없었지만, 에라토스테네스에 의해 그 업적은 결실을 맺게 되었다.

에라토스테네스가 달까지의 거리를 추정해낸 방법 역시 너무나 간단한 것이었다. 보름달일 때 달의 시직경은 0.5도이다. 에라토스테네스는 보름달을 향해 팔을 쭉 뻗고 한 눈으로 보면 손톱이 달을 완전히 가린다는 사실을 알았다. 앞의 그림에서 보듯이 눈에서 손톱까지, 그리고 눈에서 달까지 이르는 선들이 이루는 두 삼각형은 닮은 꼴이다. 손톱 크기와 팔길이의 비는 1 : 100쯤 되니까, 달까지의 거리는 달 지름의 100배 정도임을 알 수 있다. 그의 계산에서 나온 달까지의 거리는 약 32만km였다.

에라토스테네스는 지구를 25개쯤 늘어놓으면 달까지 닿을 수 있다고 생각했을 것이다. 실제 달까지의 거리는 약 38만km니까, 그가 구한 값의 오차는 20% 미만이다.

소수素數를 걸러내는 '에라토스테네스의 체'를 고안하는 등, 수학에서도 큰 업적을 남긴 그는 황도경사각(지구축 기울기)을 정확히 측정하고, 윤년이 포함된 달력과 항성목록을 만드는 한편, 천문학에서 영감을 받은 시와 희곡을 쓰기도 했다.

인류 역사상 최초로 한 행성의 크기를 정확하게 측정해낸 사람으로 이름을 길이 남긴 에라토스테네스는 만년에 실명을 하자 곡기를 끊고는 스스로 생을 마감했다. 고대 그리스-로마인들은 온전한 육신을 더 이상 지탱하기 힘들다고 생각되면 이렇게 곡기를 끊고 스스로 삶을 마무리하는 경우가 드물지 않았다.

비틀림 저울 하나로 지구의 질량을 잰 헨리 캐번디시.

지구의 무게를 잰 남자

에라토스테네스가 지구의 크기를 알아냈다면 질량은 얼마나 될까? 그 답을
알아낸 것은 그로부터 2100년 후의 일로, 1797년 영국의 한 천재 물리학자
헨리 캐번디시가 구했다. 그가 이용한 기구 역시 단순한 것이었다. 캐번디
시는 막대기 양 끝에 작은 금속 공을 마치 저울처럼 실로 매달았다. 작은 금
속 공 옆에 큰 금속 공을 놓고 공 사이에 작용하는 인력에 의해 막대기가 비
틀리는 정도를 측정했다. 비틀림 정도를 통해 그는 만유인력 상수를 얻었으
며 이것으로 지구의 질량을 정확히 계산했다.

중력이란 것이 큰 규모에서는 지구를 공전시키고 물체를 낙하시키는 강한

힘을 보이지만, 사실 자연계에 작용하는 힘 중에서도 가장 약한 것이다. 1m 떨어진 3톤짜리 두 트럭 사이에 작용하는 중력의 힘은 모래알 하나를 움직일 정도라 한다.

뉴턴의 만유인력 법칙에 따르면, 두 물체 사이에 작용하는 중력은 두 물체의 질량의 곱을 그들 사이의 거리 제곱으로 나눈 값에 비례하며, 그 비례상수는 중력상수 G로 나타낸다. 거의 1년에 걸친 정밀한 측정 끝에 캐번디시는 중력상수 값을 구해냈다. 그것으로 계산한 결과 지구의 질량이 6×10^{21}톤, 지구 밀도는 5.48이라고 발표했다. 이는 오늘날 초정밀 장비를 사용해 얻은 지구 질량 값에 1% 정도의 오차밖에 안 나는 것이다.

상상도 안 갈 만큼 엄청난 질량이지만 태양 질량의 33만분의 1에 지나지 않는다. 그러나 이 태양도 우리 미리내은하 속에 중력으로 결합된 4천억 개의 항성 중 하나일 뿐이며, 태양 주위를 도는 행성처럼 은하 주위를 약 2억 년에 한 바퀴씩 돈다.

고대세계 최고의 천문학자

에라토스테네스 다음으로 약 1세기 만에 나타난 걸출한 천재는 에게해 로도스섬 출신의 히파르코스(BC 190경~120경)였다. 그가 남긴 천문학 업적은 세차운동 발견, 최초의 항성목록 편찬, 별의 밝기 등급 창안, 삼각법에 의한 일식 예측 등 그야말로 눈부신 것이다. 또한 그는 지구 표면에 있는 위치를 결정하는 데 엄밀한 수학적 원리를 적용하여 오늘날과 같이 경도와 위도를 이용해 위치를 나타낸 최초의 인물이기도 하다.

고대에 흔히 그랬던 것처럼 별의 위치를 적경과 적위에 따라서 관측한 히파르코스는 그 자료를 목록으로 만들었다. 이것이 최초로 완성된 별의 목록이다.

기원전 134년 전갈자리에서 신성이 나타났다. 당시의 사람들에게 이것은 큰 충격이었다. 하늘은 영원불변의 존재라는 아리스토텔레스의 말을 굳게 믿고 있었기 때문이다. 이 일로 히파르코스는 별들의 위치를 정확하게 나타내는 일이 중요하다고 생각하고 별 목록을 작성하기로 결심했다. 기원전 129년에 완성된 히파르코스의 목록에는 1,080개의 별이 수록되어 있으며, 별의 겉보기 등급을 오늘날에 쓰이는 것과 비슷한 6등급 체계로 분류했다. 당시로서 이 항성목록은 기념비적인 업적이었다.

히파르코스는 바빌로니아와 고대 이집트인들이 남긴 천체관측 기록을 연구하고, 스스로의 관측기록과 비교하며 세차운동(끄떡질)을

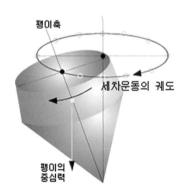

세차운동. 회전하는 강체에 돌림힘이 작용할 때, 회전하는 물체가
이러저리 움찔거리며 흔들리는 현상을 세차라 한다.

발견했으며, 이로써 1년의 길이를 6¼분의 오차 내로 계산해냈다.

그는 돌던 팽이가 멈추기 전에 팽이 축을 따라 작은 원을 그리는 것처럼 지구 자전축의 북극점도 그러한 모습으로 회전한다는 세차운동의 이론을 정립하고 그 값을 계산해냈다. 1년 동안 춘분점이 이동한 각도를 구하고, 360도를 이 값으로 나누어 구한 값이 26,000년이었다(오늘날의 참값은 25,800년). 이 놀라운 발견은 날카로운 관찰력과 고된 관측작업의 결과였다. 그는 또한 천체운동에 관한 계산의 기초로서 삼각법을 고안하고 사인함수표를 제작한 삼각법의 아버지로, 늘 삼각표를 몸에 지니고 다녔다고 한다.

히파르코스는 달까지의 거리를 구하기도 했는데, 그 방법은 에라토스테네스의 지구 크기 측정과 비슷한 것이었다. 즉, 두 개의 다른 위도상 지점에서 달의 높이를 관측해 그 시차로 달이 지구 지름의 30배 가량 떨어져 있다는 것을 계산해냈다. 이 역시 참값인 30.13에 놀랍도록 근접한 값이었다. 이로써 그는 아리스타르코스가 구한 값(지구 지름의 9배)을 크게 수정한 셈이 되었다. 또 4계절의 길이가 똑같지 않은 것에서 착안하여 태양의 궤도를 이심원離心圓으로 계산하고, 마찬가지로 달의 이심원을 정해 태양과 달의 운행표를 만들어 일식과 월식을 예보했다.

그러나 히파르코스는 선배격인 아리스타르코스의 태양중심설에는 한결같이 반대하고 지구중심설을 구축했다. 그런데 모든 천동설 천문학자들을 가장 괴롭힌 문제는 행성들의 이상 운동이었다. 지엄한 아리스토텔레스의 우주론에 따라, 천상의 모든 물체들은 완전한 원운동을 하지 않으면 안된다. 그러나 어떤 행성들은 이상한 곡선

경로로 움직이기도 하고, 특히 화성은 때로는 뒷걸음질치듯 역행운동을 하기도 한다.

이처럼 지구중심 천구론은 실제 관측 결과와 많은 부분에서 어긋났다. 천동설 주창자들은 이 어긋남을 메꾸기 위해 하나의 수학적 도구를 궁리해냈는데, 이른바 주전원*周轉圓, epicycle이다. 행성들의 곡선운동을 원운동의 결합으로 설명해내려는 교묘한 방책이었다. 지구 중심 체계에서 이심원은 중심이 지구에 있는 거대한 원이고, 주전원은 중심이 이심원의 원주를 따라 회전하는 작은 원이다.

히파르코스는 지구 중심인 아리스토텔레스의 우주 모형을 받아들여, 천구의 수를 7개(해-달-수성-금성-화성-목성-토성)로 줄이고, 거기에 주전원이라 불리는 작은 원을 덧붙였다. 이 주전원은 이심원이라는 큰 원궤도를 따라 지구를 공전한다. 이는 행성의 역행운동을 설명하기 위한 장치였다. 이로써 태양, 달, 행성의 운동에서 관측되는 대부분의 불규칙성을 잘 설명할 수 있게 되었다.

고대인에게 천체는 천상의 존재, 곧 신성한 존재로 영혼을 갖고 있었다. 아리스토텔레스는 하늘과 땅을 가르는 경계에 달이 있다고 생각했다. 달이 우주의 천체들 가운데 유일하게 형태의 변화를 보여주기 때문이다. 대체로 이런 형편이었기 때문에 아리스타르코스의 태양중심설은 당시 사회에서는 발붙일 데가 없었다. 하지만 히파르코스의 연구업적과 지구중심 우주론은 약 300년 뒤에 등장한 프톨레

---

* 지구상에서 관찰했을 때, 천구상을 서쪽에서 동쪽으로 움직이는 듯이 보이던 행성이 어느 순간 반대로 동쪽에서 서쪽으로 향하는 것같이 보이는 시운동을 말한다. 일반적으로 내행성은 내합內合, 외행성은 충衝의 가까이에서 역행하며, 다른 경우에는 순행한다. 이것과는 별도로 태양계 내에서 여러 행성이나 위성의 공전방향 중에서 지구와 반대 방향으로 운동하는 것도 역행이라 한다.

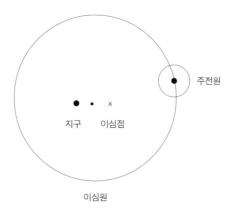

주전원

주전원

지구 이심점

이심원

주전원과 이심원. 프톨레마이오스가 천구상에서 행성들의 역행과 순행을 설명하기 위해 제안한
행성의 운동궤도. 행성이 주전원의 작은 궤도를 돌면서 대원의 큰 궤도를 돌고 있다. 중심은 X(이심)며
지구는 중심에서 벗어나 있다. 프톨에마이오스는 이러한 모형을 바탕으로 행성들의 밝기가
1년 동안 변하는 것과 행성의 역행운동을 설명했다.

마이오스에 의해 집대성되어 이후 1,400년 동안 서구인의 정신세계
를 지배하게 되었다.

히파르코스는 나이 쉰 살이 되어 로도스섬 해변 가까운 산꼭대기
에 천문대를 세우고 천체를 관측하고 제자 포시도니오스에게 구면
삼각법을 가르치면서 은둔생활에 들어갔다. 포시도니오스는 만년에
고향 로도스를 떠난 적이 없는 스승 옆에서 그와 함께 은둔생활을
하여 히파르코스의 계승자라는 영광이 주어졌다. 히파르코스는 고
대 그리스 시대 최고의 천문학자였다. 히파르코스 이후 적어도 300
년 동안 그를 능가하는 천문학자는 나타나지 않았다.

가장 위대한 책, 알마게스트

히파르코스의 진정한 제자는 그로부터 약 2백 년 뒤 이집트의 테바이드에서 태어났다. 영어권에서는 톨레미라 불리는 프톨레마이오스(AD 83경~168경)가 바로 그 주인공이다.

그가 쓴 『알마게스트』는 고대 천문학 지식을 아우르고 넓힌 것이다. 그 이론의 치밀함과 수학적 우아함으로 1,400년 동안 최고의 천문학서로 군림했다. 원래 제목은 '수학 대계'였던 것을 후대 학자들이 다른 천문서와 구별하기 위해 '가장 위대한 책'이라는 뜻인 '알마게스트'로 이름 붙인 것만 봐도 이 책의 위대함을 능히 짐작할 수 있을 것이다.

위대함은 책뿐이 아니었다. 프톨레마이오스라는 인물 자체도 위대했다. 그는 자기 책에서 히파르코스를 자주 언급하고 높이 평가했

프톨레마이오스의 지구중심 모델에 대한 16세기의 묘사.

다. 두 사람의 연구업적이 거의 300년 정도의 시차가 있음에도 불구하고, 프톨레마이오스는 뛰어난 동시대 사람을 대하듯이 존경심을 가지고 이야기했다. 이 때문에 둘 중 누구에게 연구업적이 돌아가야 하는지 구별하기 어려운 경우도 있다. 원래 학자들의 업적 다툼은 치열하다. 17세기에 미적분 발견을 놓고 뉴턴과 라이프니츠가 머리 터지게 싸운 것은 과학사에서 빙산의 일각에 지나지 않는다.

자신의 학문적 스승인 히파르코스와 업적을 놓고 따지거나 다투지 않는 프톨레마이오스의 대범함을 보면 그는 확실히 대인배였던 것 같다. 그가 남긴 다음 말을 보면 그 그릇 크기와 함께 천문학자로서의 자긍심도 대단했음을 알 수 있다.

"여기저기 움직이는 천체를 관찰할 때면 나는 두 발로 땅을 딛고 서 있는 게 아니다. 나는 제우스 신 앞에 서서 수많은 신들이 주는 장생불사의 암브로시아(신들이 먹는 불사의 식물)를 배불리 먹는 것이다."

2세기 중반 이집트의 알렉산드리아에서 활약하다가 죽었다는 것 외에 프톨레마이오스의 삶의 세밀한 부분은 거의 알려져 있지 않다. 그는 알렉산드리아에 있는 무제이온에서 천문학, 점성술, 광학, 지리학 등을 연구했다. 무제이온은 오늘날 박물관의 원형으로 일종의 왕립 연구소이자 도서관이었다. 바로 4세기 전 에라토스테네스가 관장을 맡았던 곳이다.

프톨레마이오스의 업적으로 꼽히는 것은 꼽아본다면, 해, 달, 행성의 위치 계산법, 일식·월식 예측법을 개발하고, 관측기계 사분의를 고안했으며, 달의 비등속 운동을 발견하고, 대기에 의한 빛 굴절

작용을 발견한 것 등이다. 그러나 그의 최대 업적은 프톨레마이오스 체계로 알려진 천동설을 확립한 것이다.

프톨레마이오스는 당시 대부분의 사람들이 그랬듯이 지구가 우주의 중심에 있으며, 모든 천체들이 지구를 중심으로 공전한다고 생각했다. 중력의 존재가 알려지지 않았던 당시로서는 너무나 당연한 생각이었으며, 인간의 경험치에도 잘 들어맞는 것이었다. 그러나 우리가 딛고 사는 이 땅덩어리 자체가 허공을 날아다닌다는 지동설의 주장 역시 뿌리 깊은 전통를 갖고 있었다.

그 같은 주장을 깨뜨리기 위해 프톨레마이오스가 내세운 근거는 다음과 같은 것이었다. 만약 하늘이 움직이지 않고 지구가 움직인다면 그 결과로 특별한 현상들이 관측되어야 한다. 모든 물체는 우주의 중심으로 떨어진다. 지구가 우주의 중심에 고정되어 있지 않고 움직인다면 낙하하는 물체가 어떻게 지구 중심을 향해 떨어지겠는가?

또 하나의 논거는 지구 자전에 관한 것이었다. 만약 지구가 24시간에 한 번씩 자전한다면, 위를 향해 수직으로 던져진 물체는 같은 지점에 떨어지지 않아야 하지만, 실제로는 바로 그 자리에 떨어진다는 게 그의 논리였다. 또 그는 "지구가 자전한다면 산산조각 난 지구가 천구 너머로 내던져지는 우스꽝스런 꼴이 될 것"이라고 말했다.

하지만 프톨레마이오스의 이 같은 주장은 1,500년 뒤 달리는 배 위에서 낙체실험을 한 갈릴레오에 의해 완벽하게 깨어졌다. 달리는 배에서도 물체가 정확히 수직으로 떨어졌던 것이다. 이것이 바로 같은 관성계에서는 모든 물리법칙이 동일하게 적용된다는 것을 입증한 갈릴레오의 상대성 이론으로, 나중에 아인슈타인의 특수 상대성 이론으로 진화하게 된다.

어쨌든 지구가 우주의 중심에 있다는 가정에서 출발한 프톨레마이오스의 우주관은 그때까지의 천동설을 집대성한 결정판이라 할 수 있다.

지구가 중심에 있고 태양계의 천체들은 달, 수성, 금성, 태양, 화성, 목성, 토성의 순서로 있다고 생각한 프톨레마이오스는『알마게스트』에서 천동설에 바탕을 두고 행성의 움직임을 원운동으로 설명하려 노력했다. 그를 설명하기 위해 천동설 선배들이 개발했던 주전원, 이심원 등과 같은 복잡한 수학적 도구들을 도입했다. 이러한 도구들은 행성들이 실제로는 타원궤도를 따라 운행한다는 사실을 모르고 있던 헬레니즘 시대의 과학자들이 행성의 움직임을 이상적인 원운동으로 설명하기 위해 고안한 것들이다.

오늘날의 눈으로 보면 프톨레마이오스가 틀렸다고 간단히 말하기 쉽지만, 그의 천문학은 지동설과 타원궤도를 몰랐던 헬레니즘 천문학의 기준에 따라 평가해야 한다. 그렇게 본다면『알마게스트』는 원운동을 이용하여 과거 어떤 우주체계보다 정확하게 행성의 위치와 움직임을 수학적으로 예측할 수 있게 해주었다. 이는 과학적 모형이 갖추어야 할 가장 중요한 필요조건, 즉 예측력을 충족시킨 매우 훌륭한 책이었다.

나의 영혼은 '불멸'을 마신다

서기 150년에 출판되어 여러 세기 동안 천문학 교과서로 군림했던 『알마게스트』는 9세기 들어 아랍어 번역판까지 나왔다. 사실 가장 위대한 책이란 뜻의 '알마게스트'는 아랍어판 제목이었다.

　이처럼 성서에 버금가는 지위를 누렸던 『알마게스트』에도 비판이 전혀 없었던 것은 아니었다. 예컨대, 수많은 천구와 80개가 넘는 주전원을 가지고 있던 프톨레마이오스 체계에 대해 불만이었던 12세기 카스티야 왕 알폰소 10세는 이렇게 투덜거렸다고 전한다. "만약 전능한 신이 창조하기 전에 나와 의논했더라면 좀더 단순한 우주를 만들라고 권했을 텐데…."

프톨레마이오스와 『알마게스트』. 천문학 뮤즈와 천문관측하는 프톨레마이오스를 묘사한 16세기 목판화. 가장 위대한 책이란 뜻의 '알마게스트'는 아랍어판 제목이었다.

어쨌든 프톨레마이오스의 천동설에 맞설 만한 논리가 없었던 당시 천동설은 그 시대 천문학의 대세가 되었고, 그 위력은 무려 천 년 이상 이어져 15세기까지 서구 기독교 사회에서 신성불가침의 우주관이 되었다. 기독교가 이 천동설을 잘 받아들인 데는 항성천구 바깥으로 천당과 지옥을 배치할 만한 넓은 공간이 있기 때문이라고 영국 물리학자 스티븐 호킹은 이색적인 주장을 펴기도 했다.

최초로 지동설을 주창한 아리스타르코스에서 천동설을 확립한 프톨레마이오스까지는 4백 년의 세월이 가로놓여 있다. 그렇다면 그동안 지동설은 영원히 지하로 들어가고 말았는가? 그렇지는 않다. 아리스타르코스로부터 300년 남짓 지난 시점에서 철학자이자 작가인 플루타르코스가 아리스타르코스의 지동설에 대해 말하는 등, 지식인 사회에서 지동설에 관한 토론이 꾸준히 맥을 이어왔다.

그리고 그로부터 한 세대쯤 뒤에 또 한 사람이 아리스타르코스의 태양중심설 우주체계가 지닌 의미에 대해 언급했다. 그가 다름아닌 천동설의 우두머리 프톨레마이오스였다. 그는 이렇게 서슴없이 고백했던 것이다.

"별들의 세계에서 일어나는 현상들을 관찰해보면, 태양이 행성들의 중앙에 있다고 해도 방해되지는 않을 것이다."

『알마게스트』로 천 년 이상 인류의 우주관을 주도했던 프톨레마이오스는 불멸의 이름을 남겼다. 영국의 런던 수학회 사람들이 즐겨 부르는 〈천문학자의 술타령Astronomer's Drinking Song〉이라는 노래에까지 그의 이름이 남아 있다. '오래전에 톨레미 선생/지구는 멈추어 있다고 생각했네/그 양반은 실수할 줄도 모른다네/술을 진탕 마시고 취할 줄 알았다면/지구가 돈다는 것을 알았을 텐데/그래서 선생, 내가 말하는 건데/진리를 발견하는 가장 좋은 방법은/매일 술병을 비우는 거라오.'

유럽에서는 중세 암흑기를 지나는 동안 과학 발전이 제자리걸음을 면치 못하다가, 15세기에 이르러서야 아랍권의 『알마게스트』가 역수입되어 천문학의 수준이 프톨레마이오스 시대에 이르렀다. 그리고 역설적이게도 『알마게스트』를 토대로 발전한 유럽 천문학계에서 이윽고 코페르니쿠스의 지동설이 등장하게 되었다.

'가장 위대한 책' 『알마게스트』를 남긴 프톨레마이오스의 천문학에 대해서는 이쯤에서 끝내기로 하고, 마지막 여담 하나로 마무리 짓도록 하자. 업적을 놓고 데데하게 자기 것을 챙기지 않았던 대인배 프톨레마이오스는 우주 속의 자신의 존재를 다음과 같은 말로 표현했다.

> "나는 죽고 말 목숨이다. 그렇다. 덧없는 하루살이 인생이다. 그러나 별들이 총총히 빛나는 밤하늘을 바라보는 순간, 나는 더이상 땅을 딛고 서 있는 게 아니다. 나는 창조주와 손이 닿고, 나의 살아 있는 영혼은 불멸을 마신다."

그는 천문학이란 날개를 달고 승천한 천문학자였다.

인간은 우주의 중심이 아니다

태양계는 우리 은하의 중심이 아니며,
우리 은하 역시 우주의 중심이 아니다.
하물며 우리는 그 무엇의 가장자리조차도 아니다.
– 닐 타이슨(미국 천문학자)

만물의 중심에는 태양이 있다

프톨레마이오스 이후 1,400년 동안 굳건히 군림해오던 지구 중심의
우주관을 뒤엎은 사람이 바로 1514년 지동설을 들고 나온 교회 참사
원 니콜라우스 코페르니쿠스였다. 그는 우주의 중심에 놓인 지구를
가차없이 끌어내리고 태양을 거기다 갖다놓았다. 이로써 대우주의
중심이었던 지구는 한 교직자에 의해 변방의 작은 행성으로 전락하
고 말았다.

코페르니쿠스는 1473년 폴란드 북부 지방 토룬에서 유복한 상인
의 아들로 태어났다. 토룬이라면 우리에게도 낯익은 지명이다. 바로

모더니즘 시인 김광균의 명시 '추일서정秋日抒情'의 시구에서 만나는
지명이다.

> 낙엽은 폴란드 망명 정부의 지폐
> 포화砲火에 이지러진
> 도룬 시의 가을 하늘을 생각하게 한다.

10살 때 아버지를 여의고 성직자인 외삼촌 손에서 자랐던 코페르
니쿠스는 사실 프로 천문학자가 아니었다. 대학에서 의학과 함께 잠
시 천문학을 공부한 적은 있지만, 본업은 어디까지나 교회의 행정직
원이었고, 부업은 의사였다. 그는 라틴어, 폴란드어, 독일어, 그리스
어, 이탈리아어를 모두 능숙하게 할 수 있었다.

그는 평소 프톨레마이오스의 천동설 우주론에 커다란 불만을 갖
고 있었다. 프톨레마이오스의 이론대로 정말 지구가 중심에 자리잡
고 있다면 화성의 역행 같은 현상은 결코 일어나서는 안된다고 그는
생각했다. 또한 금성과 수성이 실제로 지구 둘레를 돈다면 가끔씩
태양으로부터 멀어질 때가 있어야 하는데, 그러한 현상이 전혀 관측
되지 않았던 것이다.

다른 의문도 있었다. 행성들이 주전원을 돈다고 하는데, 어떻게 행
성이 아무것도 없는 허공을 중심으로 돌 수 있으며, 속도가 느려졌
다 빨라졌다 할 수 있는가? 이는 분명 상식적이지 않다. 지구 중심의
천동설로 인해 빚어지는 모순이 틀림없다고 그는 생각했다.

코페르니쿠스는 1,700년 전 그리스의 아리스타르코스가 처음 제

안했던 태양중심설을 다시 검토해보았다. 우주의 중심을 지구에서 태양으로 가져가자 이제껏 복잡하게만 보였던 행성들의 운동이 한눈에 들어오는 게 아닌가! 그는 태양 위에 올라서서 멀리 회전하는 행성들의 운행을 상상해보았다. 그러자 프톨레마이오스 체계가 지닌 복잡성들이 눈 녹듯 사라지고 단순한 우주체계가 뚜렷이 떠올랐다. 각 행성들 간의 거리도 쉽게 계산되었다.

바로 여기서 '코페르니쿠스적인 전환'이란 말이 나왔다. 곧, 사고방식이나 견해가 기존의 것과 크게 달라짐을 뜻하는 말로, 철학자 칸트가 자신의 인식론을 설명하기 위해 최초로 쓴 말이다.

코페르니쿠스는 오랜 탐구 끝에 마침내 수많은 원들을 필요로 하는 프톨레마이오스의 천동설을 버리고 아리스타르코스의 지동설로 되돌아갔다. 그가 이러한 결론에 이른 것은 아리스타르코스처럼 태양의 거대한 크기를 생각한 때문이 아니고, 태양을 중심으로 모든 행성들이 돈다고 생각했을 때 행성의 움직임을 예측하는 수학이 더욱 아름답고 간단해지며, 행성의 역행운동도 아주 쉽게 설명할 수 있었기 때문이다(코페르니쿠스는 자신의 책 원래 원고에서 아리스타르코스를 언급했다가 무슨 이유에선지 나중에 선을 그어 지워버렸다).

코페르니쿠스는 금성과 수성의 위치를 정확하게 확정한 최초의 천문학자였다. 그는 놀랄 만한 정확성을 가지고 당시까지 알려진 수성, 금성, 화성, 목성, 토성의 순서와 거리를 밝혀냈으며, 그중 두 행성(수성, 금성)이 태양에 더 가깝다는 것을 알았고, 그것들이 지구보다 안쪽 궤도에서 더 빠른 속도로 태양 둘레를 돈다는 사실도 확인했다.

1514년, 코페르니쿠스는 이러한 태양중심 우주론을 담은 자신의 첫 저서『짧은 해설서Commentariolus』를 완성했다. 이 책은 정식으로 출판되지는 않고 필사본으로 주변 사람들에게만 읽혀졌다. 교직자 신분으로 이러한 책을 출판해서 교회와 마찰을 빚고 싶지 않았기 때문이다.

그러나 40쪽짜리의 이 필사본이 1,400년을 버텨온 철옹성인『알마게스트』를 여지없이 뒤흔들어놓았다. 천문학 역사에서 가장 급진적인 내용을 담고 있는 이 소책자는 코페르니쿠스가 우주를 구성하는 기초라고 생각하는 7가지 원칙을 내걸었다.

1. 모든 천구들은 공통의 한 중심점을 가지고 있지 않다.
2. 지구는 우주의 중심이 아니다. 지구는 무게가 향하는 중심, 달 천구의 중심일 뿐이다.
3. 모든 천구들은 태양을 둘러싸고 있다. 그러므로 우주의 중심은 태양의 근처에 있다.
4. 태양에서 지구까지의 거리는 대천구(항성천구)의 높이와 비교하면 매우 짧아 감지할 수 없을 정도이다.
5. 대천구의 겉보기 운동은 실제 운동이 아니라, 지구의 운동에 의해 생긴 결과이다. 지구는 고정된 극을 회전축으로 삼아 자전하며, 하늘 가장 높은 곳에 있는 항성들의 대천구는 움직이지 않고 가만히 있다.
6. 태양의 겉보기 운동은 실제 태양의 운동이 아니다. 지구와 지구의 궤도 껍질의 운동으로부터 나온 것이다. 즉, 지구는 다른 행성들과 마찬가지로 태양을 중심으로 회전하고 있다. 그러므로 지구는 적어도 두 가지 운동을 하

고 있다.

7. 행성의 역행운동은 실제 운동이 아니다. 그것은 지구의 운동 때문에 그렇
게 보이는 것이다.

천년 동안 서양 지식인 머리를 옥죈 성구

그런데 어째서 대명천지에서 1,700년이나 지나서야 지동설이 다시
나온 걸까? 인류 지성이란 게 무색해지는 장면이 아닐 수 없다. 이는
그 뒤에 무소불위의 절대권력 교회가 버티고 있었기 때문이다. 맹신
은 사람을 바보로 만든다. 이 분야에서 집단저능화 현상이 나타나
오랫동안 지속되었다고 볼 수밖에 없을 것이다. 그 동안 내로라하는
천재들이 왜 없었겠는가. 그러나 아무리 천재라 하더라도 시대의 대
세를 거스르기란 쉽지 않은 법이다.

그런 면에서 지동설을 세상에 내민 코페르니쿠스는 진정 영웅이
었다. 하지만, 무척 조심스런 영웅이었다. 그는 자신의 태양 중심 우
주론을 담은 첫 저서 『짧은 해설서』를 완성하고도 바로 출판하지 않
았다. 요즘으로 비유하자면, 획기적 학설을 담은 베스트셀러를 쓰고
도 세상에 내놓지 않았다는 뜻이다.

태양중심설을 담은 코페르니쿠스 우주체계는 성서의 가르침을 정
면으로 거스르는 것이었다. 신성불가침의 책 성서에는 분명 태양이
움직이고 있다고 언명하고 있었다. 『구약』 중 여호수아 10장 12~13
절에 이런 내용이 나온다.

"여호와께서 아모리 사람을 이스라엘 자손에게 붙이시던 날에 여호수아가 여호와께 고하되 이스라엘 목전에서 가로되 태양아 너는 기브온 위에 머무르라 달아 너도 아얄론 골짜기에 그리할지어다 하매, 태양이 머물고 달이 그치기를 백성이 그 대적에게 원수를 갚도록 하였느니라. 야살의 책에 기록되기를 태양이 중천에 머물러서 거의 종일토록 속히 내려가지 아니하였다 하지 아니하였느냐."

만약 태양이 움직이지 않고 정지해 있는 거라면 어떻게 여호수아가 태양에게 멈추라고 명령할 수 있겠는가. 결국 지동설은 성서에 대한 해석과 진리 문제로 귀결되었다. 이 성구는 두고두고 말썽이 되어 서양 지식인들의 머리를 옥죄었으며, 수많은 사람들이 이 성구

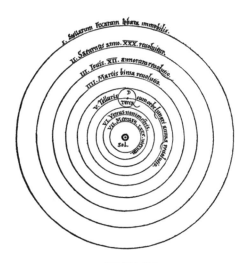

코페르니쿠스 체계

로 인해 엄청난 고통을 받아야 했다.

브루노가 로마 광장에서 화형을 당하고, 갈릴레오가 피렌체 자택에 종신연금을 당한 것도 이 한 문장 때문이라 해도 과언이 아닐 것이다. '성서는 천국으로 가는 방법을 말해주는 것이지 하늘의 운행을 말해주는 것은 아니다'란 갈릴레오의 항변도 이 성구 하나로 무력화되었다.

종교개혁의 불길을 댕긴 마르틴 루터도 새로운 천문학 체계를 믿을 것인가, 성서를 믿을 것인가를 두고 고민하다가 결국 후자로 돌아갔다. 그는 어느 저녁식사 자리에서 코페르니쿠스에 대해 이와 같이 말했다.

"요즘 한 천문학자가 나타나, 태양이나 달 대신 지구가 공전한다는 걸 증명했다는 소문이 돌고 있더군. 그것은 마치 달리는 마차나 배를 탄 사람이 자신은 정지해 있고 땅이나 나무 같은 주변의 것들이 움직이는 거라고 주장하는 것과 마찬가지 아닌가?" 하고 반론을 편 뒤, 다음과 같은 말로 못을 박았다. "여호수아는 지구가 아닌 태양을 보고 머물라고 명령했다네." 나아가 루터는 코페르니쿠스를 '새로운 점성술사'라 불렀으며, "이 얼간이가 아름다운 천문학을 통째로 뒤집어엎으려 하고 있어"라고 짐짓 예언자 같은 소리를 하기까지 했다.

1,700년 전 아리스타르코스가 지동설을 발표했을 때도 독신죄에 몰렸었는데, 코페르니쿠스 시절이야 더 말해 무엇하랴. 몇 년 전 여론조사 결과, 아직도 미국 인구 중 22%가 태양이 지구 둘레를 돈다고 믿으며, 4%는 모르거나 관심이 없다고 한다. 더욱이 '지구가 편

평하다고 믿는 모임'이라는 단체까지 건재하고 있다고 하니, 참으로 못 말릴 사람들이 어느 시대, 어느 부류에나 있는가 보다. 인간이란 원래 완고한 법이다.

어쨌든 우리가 딛고 사는 이 땅덩어리가 허공을 날아다닌다는 혁명적인 생각을 담은 코페르니쿠스의 필사본은 삽시에 입소문을 타고 번져나갔고, 천문학자들이 모인 곳이면 어디서나 열띤 토론의 대상이 되곤 했다. 정작 코페르니쿠스 자신은 이러한 토론에 한번도 참석지 않았으며, 자신의 이론을 가르치지도, 책으로 출판하지도 않았다. 그의 책은 30년 세월이 지난 다음, 1543년에야 이 책이 『천구의 회전에 관하여』란 제목을 달고 정식으로 출판되었다. 죽기 며칠 전 그는 병상에서 이 책을 받아 보았다. 전하는 말에 의하면, 뇌졸증으로 혼수상태에 빠져 있던 그에게 책의 인쇄본을 쥐어주자 잠깐 눈을 떴다가 다시 감았다고 한다. 향년 70세. 평생을 독신으로 살았다.

그 책에는 다음과 같은 코페르니쿠스의 유명한 문장이 있다.

"만물의 중심에는 태양이 있다. 온 우주를 동시에 밝혀주는 휘황찬란한 신전이 자리잡기에 그보다 더 좋은 자리가 또 어디 있겠는가. 어떤 이는 그것을 빛이라 불렀고, 또 어떤 이는 영혼이라 불렀고, 다른 이는 세상의 길라잡이라 불렀으니, 그 얼마나 적절한 표현인가. 태양은 왕좌에서 자기 주위를 선회하는 별들의 무리를 가족처럼 거느리고 있다. 지구는 태양에 의해 잉태되고, 그에 의해 해마다 열매를 맺는 것이다. 이리하여 감탄할 만한 우주의 조화와, 다른 방법으로는 찾아볼 수 없는 운동속도와 공전궤도 반지름 사이의 조화 관계를 우리는 이 태양계 외에서는 발견할 수가 없는 것이다."

그러나 코페르니쿠스의 지동설은 그다지 받아들여지지 않았다. 무엇보다 이 거대한 크기와 질량을 가진 지구가 태양을 중심으로 우주공간을 돈다는 것이 경험적으로 수용되기 어려웠던 탓이다. 게다가 그의 모형에서는 위와 아래를 판정할 기준점이 없었으므로 무거운 물체가 왜 지구 중심점으로 떨어지는가를 설명할 수 없었다. 베이컨 같은 경험론 철학자도 이러한 이유로 지동설을 받아들이지 않았으며, 1636년에 설립된 하버드 대학에서도 수십 년간 천동설을 가르쳤을 정도다.

자연은 인간에 연연해하지 않는다

위대한 코페르니쿠스에게도 한계는 있었다. 코페르니쿠스가 "최초의 근대 천문학자이면서 마지막 프톨레마이오스 천문학자였다"라고 평가받는 데는 몇 가지 이유가 있다.

첫째는 천문 계산에서 프톨레마이오스의 체계에서 완전히 벗어나지 못했다는 점이다. 그는 천체들이 투명한 수정水晶 천구에 붙어 궤도에 따라 운동한다고 믿었다. 둘째는 프톨레마이오스 체계를 따라 행성의 불규칙한 운동을 여러 원들의 결합을 통해 설명하려 했다는 점이다. 그러나 태양을 중심으로 한 행성체계를 설정함으로써 '행성들의 관계'를 밝혀냈다는 점에서 현대 우주론으로 한 걸음을 내디딘 것으로 평가받고 있다.

그런데 우주의 중심을 지구에서 태양으로 옮김에 따라 피할 수 없는 중력 문제가 발생한다. 무슨 힘이 지구상의 물체를 지표에 붙들어두고 있는가 하는 의문이다.

이에 대해 코페르니쿠스는 각각의 천체들은 제각기 고유한 무게를 갖고 있으며, 이 무거운 천체들은 자체의 중심으로 향하는 속성을 지니고 있다고 주장했다. 이 생각이 궁극적으로는 만유인력에 이르게 되지만, 당시의 코페르니쿠스는 이러한 문제에 답할 만한 물리학을 갖고 있지 못했다. 그 답은 뉴턴이 출현하기까지 200백 년 이상을 더 기다려야 했다.

코페르니쿠스의 『천구의 회전에 관하여』가 출간되고 70년이 지나기까지 교회의 금서목록에 포함되지 않았던 것도 그 영향이 제한적이었음을 말해준다. 그의 책은 1616년에 배교적 저술로 금서목록에 올랐다가 19세기 초에야 풀려났다.

또 하나 기억해야 할 사항은 17세기가 되어 갈릴레오, 케플러 등을 만나지 않았다면 그의 지동설은 혁명은커녕 흔적도 없이 사라져버렸을지도 모른다는 점이다. 그러나 코페르니쿠스의 지동설은 우주에 대한 인류의 인식을 근본적으로 바꾸어 놓았으며, 근대과학의 출발을 알리는 신호탄이 되었다. 괴테의 다음과 같은 말이 코페르니쿠스에 헌정된 가장 감동적인 찬가일 것이다.

"모든 발견과 견해 중에서 코페르니쿠스의 지동설만큼 인간 정신에 큰 영향력을 끼친 것은 없을 것이다. 그것은 인간이 우주의 중심에 위치한다는 엄청난 특권을 포기하게 만들었다. 인류에게 이보다 더 큰 변혁을 가져온 것은 결코 없었다. 왜냐면, 이 사실을 인정함으로써 이제껏 인류가 애지중지하던 많은 것들이 연기처럼 허공 속으로 사라져버렸기 때문이다. 믿음과 경건, 낙원은 어디로 가버렸는가! 그의 동시대인들이 새로운 사상의 위대함과 자유로운 관점을 요구하는 학설에 대해 끝까지 저항하고, 심지어 그런 일은 꿈조차 꾸려 하지 않았다는 것은 전혀 놀랄 만한 일이 아니다."

근대과학은 코페르니쿠스가 우주의 중심에서 지구를 치워버린 1543년에 시작되었다고 할 수 있다. 코페르니쿠스의 이름을 딴 '코페르니쿠스 원리Copernican principle'는 "지구는 우주의 중심이 아니며 지구는 천체 중에서 특별하지 않다"라고 일깨운다. 인간은 어떤 의미에서도 우주의 중심이 아니라는 사고가 하나의 원리로 확립되었다. 이미 동양에서 오래전 노자老子가 한 말처럼 천지불인天地不仁, 자연은 인간에 연연해하지 않는다는 것이다.

갈릴레오가 코페르니쿠스를 가리켜 지동설의 부활자로 일컬었듯이, 코페르니쿠스가 지동설의 최초 주창자는 아니다. 그러나 지구에서 우주의 중심 지위를 빼앗아 태양으로 옮긴 그의 지동설은 중세의 암흑시대를 벗어나 근대과학의 출발을 알리는 신호탄이 되었고, 인류 문명사상 가장 중요한 전환을 가져왔다.

오늘날 우리는 태양도 우주의 중심이 아님을 알고 있다. 심지어 우리은하도 우주의 중심이 아니다. 어느 천문학자의 말처럼 우리는 그 무엇의 중심도 아니요, 심지어 가장자리조차도 아니다. 언제나 자기 중심적인 인간에게 인간이 우주의 중심이 아니란 것을 가장 먼저 가

프롬보르크 대성당 안의 코페르니쿠스 묘.

르쳐준 사람이 바로 코페르니쿠스였다.

1807년 나폴레옹이 정복군을 이끌고 폴란드에 들어가 코페르니쿠스 생가를 방문했을 때, 위대한 과학자를 기념하는 동상 하나 세워져 있지 않은 것을 보고는 깜짝 놀랐다고 한다. 동상은커녕 무덤조차 밝혀지지 않았다. 성당 지하묘지에 묻힌 것은 알지만, 어느 것이 코페르니쿠스의 무덤인지도 알려져 있지 않았다.

그런데 지난 2005년, 수세기 동안 고고학자들이 찾으려 노력했던 코페르니쿠스 유해가 사후 5세기 만에 발견되었다. 그가 재직한 폴란드의 프롬보르크 대성당 지하묘지에서 발견됐는데, 부러진 코와

프롬보르크 대성당 정원에 세워진 코페르니쿠스 동상.

왼쪽 눈 위 흉터, 이빨 그리고 그가 사용한 책에서 나온 머리카락 두 올의 DNA 검사를 통해 그의 유해임이 확인되었다. 코페르니쿠스의 유해는 무명으로 묘비도 없이 묻혔다가, 사망한 지 5세기 만에 최고의 예우가 갖춰진 가운데 '국민영웅'으로 재안장되었다.

유골을 바탕으로 재현한 말년의 코페르니쿠스.

대성당측은 코페르니쿠스의 사망 467주기 다음 날 치러진 장례에서 코페르니쿠스의 지동설에 대해 가해진 가톨릭 교회의 탄압에 유감을 표했다. 폴란드 국민들은 코페르니쿠스를 국민영웅으로 칭송하는 추모행사를 가졌으며, 새로 세워진 검은 화강암의 묘비에는 지동설을 표시하는 태양계의 도형을 새겨넣어 500년 전 그의 업적을 기렸다. 역시 조심스러운 영웅의 부활담다고나 할까.

우주에 이정표를 세우다

만약 절대적인 엄밀함을 추구하면서
평생 동안 가장 헌신적인 삶을 산 사람에게 주는 상이 있다면,
독일의 천문학자 요하네스 케플러가 그 상을 받았을 것이다.

― 스티븐 호킹(영국 물리학자)

온갖 불행을 타고난 천문학자

코페르니쿠스의 지동설이 근대 과학의 출발점이 된 것은 부정할 수 없는 사실이지만, 그 지동설에도 허점은 있었다. 천동설 개념보다 단순하긴 했으나, 실제 천체의 위치를 예측하는 데는 오히려 천동설보다 정밀하지 못했다. 게다가 코페르니쿠스는 여전히 천체들이 완전한 원운동을 하며, 천체들이 수정구에 붙어 있다고 생각했다.

이런 코페르니쿠스에서 한걸음 더 나아가 천상의 비밀을 보다 명징하게 세상에 내보인 사람이 바로 독일 출신의 천문학자 요하네스 케플러(1571~1630)였다. 행성운동에 대한 최초의 과학적인 이론인

'케플러 법칙'은 문자 그대로 우주로 향한 인류의 위대한 거보巨步였다.

온갖 불행을 타고났던 천문학자 케플러의 초상화. 그린 이는 미상.

코페르니쿠스 이후 최고의 천재 천문학자로 꼽히는 케플러이지만, 그의 생애는 가난과 질병, 전쟁과 추방으로 점철된 비참하기 이를 데 없는 삶이었다. 우선 그의 삶의 행로를 잠시 따라가 보기로 하자.

요하네스 케플러는 코페르니쿠스의 지동설이 발표된 지 28년 후인 1571년 12월 27일, 독일의 작은 도시 바일에서 태어났다. 칠삭둥이인 데다 태어나면서부터 병약했다(케플러는 자기의 수태기간을 분 단위까지 계산했다. 224일 9시간 53분). 케플러의 표현에 따르면, 아버지는 "부도덕하고 거칠고 싸움꾼"인 용병이었고, 어머니는 여관집 딸로 "성미가 까다롭고 수다스러운" 여자였다.

그는 양친 누구로부터도 그다지 사랑을 받지 못한 듯하다. 4살 때는 천연두를 앓아 그 후유증으로 근시에 복시複視까지 겹쳐 평생을 고통받으며 살았다. 내장기관도 좋지 않았고, 손가락도 온전하지 못해 가족들이 보기에 장래에 선택할 수 있는 직업이라곤 성직밖엔 없어 보였다. 아버지는 그가 어린 시절 집을 떠나고는 영영 돌아오지 않았다. 한마디로 모든 불운을 한몸에 타고난 아이가 바로 어린 시절의 케플러였다.

케플러가 우주에 관심을 갖게 된 데는 그의 어머니 영향이 컸다.

케플러가 6살 때 본 1577년의 대혜성

그가 6살 때인 1577년에 나타난 혜성*을 어머니가 그에게 보여주었던 것이다. 그리고 1580년 9살 때, 그의 어머니에 의해 또 다른 천문현상인 월식을 관찰할 수 있었다고 훗날 그는 저서에서 회고했다. 이렇게 케플러는 어려서부터 우주를 알게 되었고, 이것이 어린 그의 가슴 속에 씨앗이 되어 평생에 걸쳐 천문학에 사랑을 쏟게 되었다.

가족들은 어린 케플러를 성직자로 만들기 위해 수도원 학교에 넣었다. 병약하고 내성적인 케플러가 동급생들에게 인기가 있을 리 없었다. 스스로도 "나는 성격도 별로 안 좋고…" 등등의 부정적인 묘사를 하기 일쑤였다. 아이들에게 왕따 당하거나 매 맞는 적도 드물지

---

* 공식 명칭 C/1577 V1. 1577년 지구 근처를 지나간 혜성. 저명한 덴마크 천문학자 튀코 브라헤는 혜성 관측자료로부터 혜성 및 그와 유사한 천체들은 지구 대기 현상이 아닌, 대기보다 높은 곳을 지나가는 물체임을 알아냈다.

않았다. 그는 정신적인 불안정에서 비롯된 우울증을 갖고 있었으며, 자존감 없는 성장기를 보냈다. 한마디로 밑바닥 3류 인생으로 온갖 멸시를 받으며 어린 시절을 보내야 했다.

그러나 결코 무시할 수 없는 하나의 재능이 있었는데, 바로 명석한 두뇌였다. 그가 집안이 가난하여 거의 학비 지원을 받을 수 없었음에도 대학까지 갔던 것은 오로지 뛰어난 머리 덕분이었다. 빼어난 성적으로 항상 장학금을 받아냈던 것이다. 특히 수학에서 그는 발군의 재능을 보였다.

1589년 케플러가 튀빙겐 개신교 대학에 들어갔던 것은 신학을 전공해 성직자가 되기 위해서였다. 그의 대학생활은 그야말로 암울했다. 젊은이라면 누구나 저지르기 십상인 자잘한 죄들을 하나하나 수도 없이 회개하면서 자신은 영원히 구원받지 못하리라는 절망 속에 신학교 생활을 했다.

케플러는 대학에서 신학과 철학을 전공했지만, 틈틈이 수학과 천문학을 공부하며 과학 지식을 쌓아나갔다. 그가 천문학에 관심을 쏟게 된 것 역시 신앙과 무관하지 않았다. 우주 창조에서 신이 했던 역할에 대한 믿음을 굳게 지니고 있었던 케플러는 세상의 종말이 어떠할 것인지 늘 궁금했으며, 감히 '신의 마음'을 헤아려보고자 했다.

주된 관심이 독실한 기독교 신자였음에도 불구하고, 그는 점점 천문학으로 빠져들었다. 그것도 코페르니쿠스의 지동설에 점차 기울어져, 나중에는 가장 열렬한 코페르니쿠스 우주 모형의 옹호자가 되었다. 수학의 천재였던 케플러는 프톨레마이오스 체계보다 코페르니쿠스 체계가 수학적으로 더욱 아름답다고 생각했다.

그는 특히 유클리드 기하학을 배우면서 완전한 형상과 코스모스의 영광을 엿보았다는 느낌을 받았다. 그때의 심경을 케플러는 이렇게 표현했다. "기하학은 천지창조 이전부터 있었다. 기하학은 신의 뜻과 함께 영원히 공존한다. (…) 기하학은 천지창조의 본보기였다. (…) 기하학은 신 그 자체다."

대학을 졸업하고 신학 학위 과정에 들어가려 했던 케플러에게 그라츠 주립학교(그라츠 대학의 전신)에서 수학과 천문학을 가르쳐달라는 제안이 들어왔을 때, 23살의 그는 주저 없이 목사의 길을 버리고 신학교를 떠났다. 그라츠에서 케플러에게 맡겨진 임무 중의 하나는 예언과 부합하도록 점성력*占星曆을 뜯어고치는 일이었다. 당시 이런 일은 관행이었다. 16세기에는 천문학과 점성술의 그 경계가 모호했다.

케플러의 첫 달력이 나왔을 때 그가 예상치 못한 결과가 나타났다. 그는 터키의 침공과 추운 겨울을 예견했는데, 두 가지 예측이 모두 들어맞아 예언자로 명성을 얻게 되었던 것이다. 그는 살면서 궁할 때마다 점성술로 돌아오곤 했지만, 그 자신은 점성술을 믿지 않았다. 점성술에 대한 그의 한탄이 그것을 증명해준다. "점성술은 어머니인 천문학을 먹여살리는 슬픈 창녀일 뿐이다."

---

* 별의 모양이나 밝기 또는 자리 등을 고려하여 나라의 안위와 개인의 길흉을 점치는 데 쓰이는 달력.

신은 기하학자인가?

케플러가 우주를 창조한 신의 마음을 알기 위한 기나긴 여행을 떠나게 된 것은 하나의 계시 때문이었다. 천문학의 일대 혁신을 가져온 계시의 순간은 어느 화창한 여름날, 그가 학생들에게 기하학을 가르칠 때 찾아왔다.

행성은 왜 여섯 개뿐인가?(당시엔 수, 금, 지, 화, 목, 토성만 알려져 있었다) 행성들은 왜 코페르니쿠스가 알아낸 간격의 궤도만을 따라 도는가? 행성들의 궤도 반지름과 공전주기와의 관계에 대한 이 같은 의문은 이전의 어느 천문학자도 제기하지 않았던 문제였다. 더욱이 이 같은 의문들은 모두 그 값을 가지는 정량적인 것이라는 점이 결정적으로 중요한 요소였다. 케플러의 생각은 태양계 구조의 근본에까지 닿았던 것이다.

이 여섯 개의 행성은 기하학적 도형들이 완벽하게 서로 아귀가 딱 맞아떨어지듯이 그렇게 태양 주위에 배열되어 있을 것이다. 왜냐하면, 신은 기하학자니까. 이런 아름다운 그림이 그의 뇌리를 스쳐 나갔다. 그림 속의 도형은 '플라톤 다면체'로 알려진 정다면체였다. 정다각형을 면으로 해서 만들어지는 정다면체는 4, 6, 8, 12, 20면체 다섯 가지밖에 없다. 정다면체는 다른 정다면체 안에 꼭 맞게 들어갈 수 있다.

케플러는 이 정다면체의 가짓수와 행성의 수 사이에 틀림없이 모종의 관계가 숨어 있다고 생각했다. 그리고 행성이 여섯 개밖에 없는 까닭은 정다면체가 다섯 가지밖에 없기 때문이라는 결론에 도달했다. 나아가, 행성의 여섯 개 구들을 유지해주는 하나의 투명 구조물을 플라톤의 입체에서 찾아냈다고 확신했다. 그는 이것을 '우주구조의 신비'라 불렀다. 플라톤의 입체와 행성 간 거리의 연관성에는 창조주의 기하학이 숨어 있다고 굳게 믿었다. 스스로 죄 많은 피조물로 여기던 케플러는 어쩌다 자신이 신의 선택을 받아 이런 놀라운 우주의 비밀에 접하게 되었는지 못내 감격스러워했다.

> "이 발견으로 내가 느낀 환희는 말로 표현할 수 없다. (…) 이 가설이 코페르니쿠스 궤도와 부합하는지 확인하고 계산하느라 숱한 밤과 낮을 보냈다. 그리고 나는 천체들이 하나씩 행성들 속에서 정확한 위치에 맞아들어가는 것을 관찰했다."

케플러는 자신의 가설을 입증할 수학적 증명과 과학적 관측을 얻기 위해 기나긴 여정에 들어섰다. 이후 케플러의 고난에 찬 삶은 구도자의 고행과 다를 바 없었으며, 그의 여생은 이 '신의 기하학'을 푸는 데 오롯이 바쳐졌다.

그는 태양계의 비밀을 푸는 기하학적 열쇠를 손에 쥐었다고 확신했지만, 여전히 다른 의문들이 남아 있었다. '왜 바깥쪽 행성은 안쪽 행성보다 느리게 태양 둘레는 도는가?' 이는 케플러 이전의 어떤 천문학자도 제기하지 않았던 문제였다. 케플러는 이에 대해 태양으로부터 나오는 빛과 같은 어떤 보이지 않는 힘이 행성들을 조종한다고 결론 내렸다. 중력의 개념은 케플러에서 비롯되었다고 할 수 있다.

케플러는 25살 때 자신의 이런 이론을 담아 『우주구조의 신비』(1596)라는 제목으로 책을 출간했다. 시력이 나빠 결코 뛰어난 관측

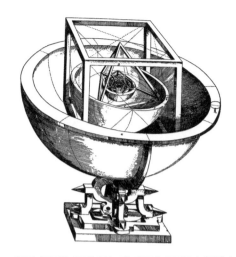

케플러의 플라톤 다면체 우주 모델. 케플러는 플라톤의 다면체와
행성 간 거리의 연관성에는 창조주의 기하학이 숨어 있다고 굳게 믿었다.

자가 될 수 없었던 케플러가 순전히 수학적 지식에 바탕한 이성과
상상력만으로 우주의 본성을 설명해내려고 시도했던 결과물이 『우
주구조의 신비』였다.

　그는 자신의 책을 여러 곳에 보냈다. 갈릴레오도 그 책을 받은 사
람 중의 하나였지만, 서문만 읽어보고는 내용은 끝내 읽지 않았다.
반면 덴마크 황실 수학자이자 우라니보르크 천문대장인 튀코 브라
헤는 케플러의 이론에 감명 받았을 뿐 아니라, 그의 '천재성'을 알아
보았다.

　결론적으로 말해, 케플러의 정다면체 가설은 과녁을 벗어난 것이
었다. 그러나 『우주구조의 신비』의 전제가 잘못된 것이라고 해도 케
플러의 결론은 여전히 놀랄 만큼 정확하고 확고한 것이었다. 행성간

거리에 수학적 비밀이 숨어 있음을 예측한 이 가설은 나중에 비록 다른 얼굴로 나타났지만, 근대과학의 길을 닦는 과정에 필수적인 주춧돌이 되었던 것이다.

『우주구조의 신비』는 높은 평판을 받고 성공을 거두었으며, 케플러의 삶을 바꾸어놓았다. 시골 학교의 수학 선생에 지나지 않았던 케플러는 이 책으로 인해 유럽 천문학계에 이름이 알려졌고, 이윽고 튀코 브라헤의 초청을 받아 같이 일하게 되었던 것이다.

『우주구조의 신비』를 출간한 이듬해인 1597년 26살 때, 케플러는 제분소집 맏딸이었던 딸 가진 23살의 과부 바바라 뮐러와 결혼했다. 결혼생활은 행복하지 못했다. 일찍 얻은 두 아이는 어린 나이에 병으로 죽었고, 케플러는 격심한 정신적 고통을 겪었다. 그는 고통을 잊기 위해 저작에 몰두했다.

그러나 무지했던 그의 아내는 남편의 일을 전혀 이해하지 못했다. "남편이 예술가이든 구두 수선공이든 아무런 차이도 없었다"고 했던 하이든의 아내 같았다. 더욱이 부잣집 딸이었던 바바라는 남편의 가난한 직업을 경멸하기까지 했다. 케플러는 일기에 아내를 "뚱뚱하고 혼란스럽고 어리석다"라고 묘사하고, "아내를 나무라기보다 내 손가락을 깨무는 편이 낫다"고 한탄했다. 이들의 결혼은 바바라가 티푸스로 세상을 떠나기까지 14년 동안 계속되었다.

케플러가 그라츠를 떠나 프라하의 튀코에게로 간 것은 거의 운명적이라 할 만했다. 그라츠에 신교 박해 바람이 불어 추방이냐 개종이냐의 갈림길에 처했기 때문이다. 기꺼이 추방의 길을 택한 케플러는 그의 강고한 일면을 내보이는 한마디, "나는 위선을 행하라고 배운 적이 없다. 나의 신앙은 진지한 것이다. 나의 신앙이 농락의 대상이 될 수는 없다"는 말을 남기고 의붓딸과 병든 아내를 데리고 프라하로 향하는 고난의 길에 올랐다.

하늘이 내린 최고의 관측가 튀코

역사상 가장 위대한 육안 관측 천문학자로 꼽히는 튀코 브라헤(1546~1601)는 덴마크 귀족 출신으로, 그보다 더 많은 일화를 가진 천문학자는 없을 것이다. 과학사에서 성 대신 늘 이름으로 불리는 과학자가 둘 있는데, 갈릴레오 갈릴레이와 튀코 브라헤가 그들이다.

먼저, 튀코는 '튀는 코'를 가지고 있었다. 무슨 말인고 하면, 자기 코가 아니라 합금으로 만든 모조 코를 죽을 때까지 붙이고 다녔다는 얘기다. 대학을 다니던 20살 때, 사촌형제와 누가 수학을 잘하는가를 놓고 다툰 끝에 칼로 결투를 벌이다가 상대의 칼날에 의해 코가 뭉턱 잘려나갔던 것이다. 조금만 칼끝이 깊이 들어갔더라면 그는 살아남지 못했을 것이다.

나중에 사촌과 화해하기는 했지만, 그 후 튀코는 죽을 때까지 금과 은, 구리로 된 코 보형물을 착용했다. 색상이 피부 색깔과 비슷해 그렇게 튀지는 않았다고 한다. 모조 코를 붙일 때는 반죽과 풀을 사용했다. 1901년 6월 24일 그의 무덤이 공개되었을 때 두개골에서 발견된 녹색 흔적이 보형물 속에 포함된 구리가 남긴 것이었다. 튀코의 시체는 프라하에 있는 교회 무덤에 보관되어 있다.

튀코의 다른 유명한 일화는 그의 '사랑'을 꼽을 수 있다. 그는 높은

튀코의 초상화

귀족 신분임에도 불구하고 키르스텐이라는 이름을 가진 평민 여자와 사랑에 빠져 평생 사실혼 관계로 살았다. 귀족은 평민과 정식 결혼할 수 없었기 때문이다. 평민과의 사이에 태어난 아이들도 귀족 후계자가 될 수 없고 상속도 불가능했다. 이 문제로 튀코는 평생을 골머리 썩으며 살았지만 결코 아내를 버리지 않았다. 완고하고 독단적인 성격의 튀코였지만 사랑에 있어서만은 순정파였던 모양이다.

이러한 튀코가 천문학에 관심을 쏟게 된 것은 14살인 1560년 8월 21일, 코펜하겐에서 일어난 일식에서 비롯되었다. 튀코는 천문학자들이 달의 궤도를 적은 관측표를 통해 일식 같은 현상을 예상할 수 있다는 사실에 깊이 매료되었다. 이후 점점 천문학에 빠져들수록 관측표들의 오류가 눈에 들어오기 시작했고, 나중에는 더 큰 오류들이 여기저기서 눈에 띄자 이런 오류들을 바로잡기 위해 천체관측에 자신을 바치기로 결심했다.

튀고의 저돌성과 명석한 두뇌는 머지않은 시간 안에 그를 유럽 최고의 관측자로 올려놓았다. 매의 눈을 가진 튀코는 망원경이 발명되기 35년 전부터 행성의 겉보기 운동을 측정하는 데 자신의 모든 것을 바쳤다. 관측이야말로 천문학에서 최고의 덕목으로 믿고 1년의 길이를 단 1초의 오차로 측정한 천재 관측천문가. 이것이 튀코 브라헤를 규정할 수 있는 가장 큰 특징이었다.

튀코의 신성

튀코를 최고의 천문가 반열에 올려놓은 사건은 26살인 1572년 11월 11일에 일어났다. 관측소에서 나와 집으로 돌아가던 중 튀코는 카시오페이아자리에 낯선 별 하나가 밝게 빛나고 있는 것을 발견했다. 평소에는 다섯 개의 별이 W자를 이루며 빛나던 것이 그날은 다섯 별보다 더 밝은 낯선 별 하나가 빛나고 있었던 것이다(현재 그 별은 SN 1572로 불린다).

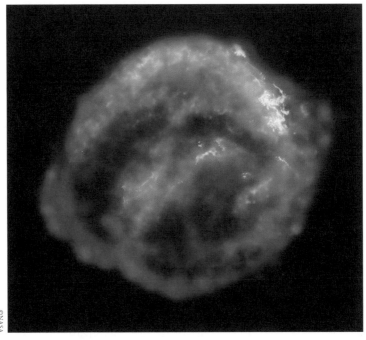

©NASA

튀코의 신성. 1572년 카시오페이아자리에 출현한 초신성으로 튀코가 발견했다. 항성은 변하지 않는다는 당시의 관념에 큰 충격을 주었다. 이 신성 발견으로 튀코는 일약 유명한 천문학자가 되었다.

후에 '튀코의 신성'으로 불리게 된 이 별의 발견은 엄청난 행운이었다. 왜냐하면, 우리은하에서 1천 년간 맨눈으로 볼 수 있는 신성은 단 3번밖에 나타나지 않았기 때문이다. 따라서 튀코의 신성 발견은 우주적인 행운이라 할 만한 것이었다.

튀코는 그 후 2년 동안 육분의를 이용하여 집요하게 그 별을 관측하며 새로운 별의 연주시차^{年周視差}*를 측정하려고 했으나, 행성들에 비해 그 운동이 상대적으로 너무나 작아서 행성이 아니라는 결론을 내렸다. 그 별은 18개월 동안 시야에서 사라지지 않고 움직임도 보이지 않았으나, 시간이 갈수록 점점 희미해져갔다.

그 당시까지만 해도 별은 수정천구에 고정된 상태로 빛을 내뿜으며, 영원불변의 존재라는 아리스토텔레스의 가르침이 대세를 이루고 있었기 때문에 새로운 별의 등장과 소멸은 큰 충격이었다. 튀코는 이 관측을 토대로 1573년에 『새로운 별^{De Nova Stella}』을 출판했으며, 여기에서 이런 경험적인 증거를 무시하고 전통적인 천문학 체계를 고집하는 자들을 강하게 비판했다.

그는 책의 서문에서 이들을 놓고 "오, 머리가 아둔한 자들이여, 오, 하늘을 관찰하는 눈 먼 자들이여"라고 일갈하고, 새 별이 혜성이나 소행성이 아니라 고정된 별들의 천구에 속해 있다는 점을 분명하게 밝혔다. 튀코가 새로운 별에 붙인 '노바^{nova}'라는 새 용어는 신성^{新星}을 의미하는 용어로 지금까지 쓰이고 있다.

---

* 지구가 태양을 중심으로 공전 운동을 함에 따라 천체를 바라보았을 때 생기는 시차를 일컫는다. 즉, 천체와 지구를 잇는 직선과 천체와 태양을 잇는 직선이 이루는 각으로 나타낸다.

우주의 드라마 초신성 폭발

그럼 튀코가 발견한 그 별은 무엇이었을까? 바로 초신성이라 불리는 별로, 사실 '신성'은 아니다. 별이 없던 곳에서 갑자기 밝은 별이 하나 나타나 온 하늘의 별들을 압도할 정도로 눈부시게 반짝일 경우 예로부터 이런 별을 가리켜 초신성이라 했다. 하지만 정확하게 말하자면, 늙은 별의 임종이다.

거대한 덩치의 별이 생애의 마지막에 이르러 남은 연료를 다 태우고 나면 더이상 에너지를 생산할 수 없게 된다. 그러면 무슨 일이 일어나는가? 내부의 압력과 중력의 균형이 무너짐으로써 급격한 중력붕괴를 일으켜 대폭발을 일으키는 것이다. 이때 별이 내뿜는 빛은 온 은하가 내는 빛보다 더 밝다. 그야말로 우주의 드라마라 할 만한 대폭발인 것이다.

1572년의 초신성은 튀코가 발견하고 관측해서 튀코 초신성이라고 불리는데, 그로부터 30년 뒤인 1604년에도 초신성이 나타나 요하네스 케플러에 의해 관측되어 케플러 초신성이라는 이름을 얻었다. 이것이 우리은하에서 가장 최근에 관측된 초신성이다. 대략 한 은하당 100년에 3개 꼴로 초신성이 폭발하는데, 그 후 400년이 지나도록 우리은하에서 초신성 폭발은 관측되지 않았다. 그래서 사람들은 "초신성 폭발은 위대한 천문학자가 활동하는 시기에만 나타난다"는 우스갯소리를 하기도 한다.

1572년과 1604년에 관측된 초신성들은 유럽에서 천문학 발전에 큰 역할을 했다. 아리스토텔레스는 세계를 달을 경계로 하여 천상과 지상으로 나누고, 천상의 세계는 영원불변하며, 지상의 세계는 덧없

우라니보르크의 사분의 앞에 있는 튀코. 튀코는 사분의를 사용하여
화성을 정밀하게 관측한 것으로 유명하다.

고 변화무상한 세계라고 규정했다. 그러나 튀코는 초신성이 그 '천
상의 세계'에서 일어난 사건임을 밝힘으로써 아리스토텔레스의 분
류법은 덧없이 사라지고 말았다.

튀코의 초신성 발견은 꽤 유명한 업적이어서 그의 명성은 전 유럽
에 알려졌고, 천문학자로서의 위상도 높아졌다. 유명한 천문학자 튀
코를 계속 잡아두기 위해 프레데리크 2세 왕은 코펜하겐과 엘시노
어 사이의 해협에 있는 작은 섬 벤을 튀코에게 주고, 그곳에 천체관
측소를 지을 수 있도록 재정지원도 해주었다. 1576년, '하늘의 성'이
란 뜻을 가진 우라니보르크 천문대는 이렇게 해서 탄생했다.

유럽 최대의 규모로, 비싸고 정밀한 천문관측 장비들을 구비하고

있었던 우라니보르크는 일종의 연구소 같은 것으로, 약 100명의 학생과 장인들이 1576년부터 1597년까지 그곳에서 일했다.

튀코는 이 천문대에서 자신이 만든 사분의*와 혼천의를 사용하여 별자리들을 중심으로 태양, 화성, 목성, 토성 등의 궤도를 관측하고, 최고 수준의 정밀도를 자랑하는 방대한 관측기록을 남겼다. 그 관측의 정밀도는 당시 가장 훌륭한 것이다. 사람들이 튀코에게는 코가 없기 때문에 그처럼 별을 잘 관측할 수 있었을 거라는 우스갯소리를 할 정도였다.

'별들은 허공에 떠 있다'

튀코의 관측 인생에서 빠뜨릴 수 없는 것이 1577년에 발견한 혜성이다. 바로 6살의 케플러가 언덕에서 어머니의 손을 잡고 바라본 그 혜성이다. 튀코는 혜성의 움직임을 면밀하게 관측, 분석한 끝에 당시 사람들의 생각을 바꾸어놓는 데 성공했다. 그 당시 사람들은 혜성은 지구 대기에서 일어나는 현상이라고 생각하고, 불길한 일이 일어날 조짐으로 여겼다. 그러나 튀코는 혜성의 출현은 달과 지구 사이 대기에서 일어나는 현상이 아니라, 먼 곳에서부터 날아오는 천체임을 밝혀냈다. 즉, 행성들 사이, 행성들의 궤도를 가로질러 여행한다는 결론을 도출해냈던 것이다. 이로 인해 1572년 초신성 관측처럼 수정구라는 개념에 문제점이 생기게 되었다. 혜성이 투명한 수정구가 존

---

* 망원경 이전의 천체관측기구. 눈금이 있는 4분원의 금속고리가 있는데, 그 중심을 축으로 연직면 안에서 움직이는 통으로 별을 보며 천정거리를 잴 수 있다.

재할 것이라는 위치들을 통과하여 운행되었기 때문이다.

튀코가 내린 최종적인 결론은 수정구란 존재하지 않으며, 별들은 허공에 떠 있는 존재라는 것이었다. 이것은 우주론의 역사에서 튀코가 이루어낸 가장 빛나는 성취였다. 이로써 수천 년 동안 내려오던 수정천구는 튀코에 의해 말끔히 거두어지게 되었다. 별들은 수정구에 붙박여 있는 것이 아니라 우주공간에 떠 있는 존재들이었던 것이다. '천체들은 우주공간에 떠 있다'는 튀코의 발견이 없었다면 중력의 개념도 나올 수 없었을 것이며, 뉴턴의 만유인력 법칙도 발견되기 어려웠을 것이다.

튀코는 이러한 관측업적 외에도 천문학사에 튀코 체계라고 불리는 우주 모델을 남겼다. 그의 모델은 지구 중심의 프톨레마이오스와 태양 중심의 쿠페르니쿠스를 접합시켜놓은 일종의 절충설이었다. 튀코의 주장에 따르면 지구가 우주 중심에 고정되어 있고, 태양과 달, 별들이 1년을 주기로 지구를 중심으로 공전하고 있으며, 그 태양의 둘레를 다섯 행성들이 공전한다는 것이다.

튀코가 지동설을 인정할 수 없었던 것은 정밀한 측정으로도 별의 연주시차*를 발견할 수 없었다는 점과 모든 물체가 지구 중심으로 떨어지는 이유가 지구가 우주의 중심이 아니면 설명할 수 없다는 점 때문이었다. 또한 그는 코페르니쿠스의 지구 자전 운동도 터무니없는 주장이라고 생각했다. 왜냐하면 만약 지구가 자전한다면, 서쪽으로 발사한 포탄이 동쪽으로 발사한 포탄보다 멀리 가야 하는데, 그

---

* 지구의 공전 궤도 반지름을 기선으로 하여 별까지의 시차를 측정한 것. 이 방법으로 별까지의 거리를 알 수 있다.

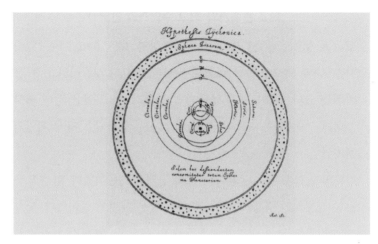
튀코의 우주 모델. 지구중심설과 태양중심설을 절충한 것이다.

렇지 않다는 것이었다. 그것은 당시의 기술로는 지구의 크기에 비해 너무 작은 거리 차이기 때문에 측정되지 않았을 뿐이다.

그러나 이 새로운 체계에서는 프톨레마이오스 체계에서 제시되었던 이심이 제거되어 보다 쉽게 해석할 수 있었고, 태양의 움직임이 다른 행성들의 움직임과 함께 뒤섞이는 것을 설명할 수 있다는 장점이 있었다.

튀코는 자신의 우주 모델을 정확한 관측으로 증명하고 싶었다. 당시 가장 정확하고 풍부한 행성 관측자료를 갖고 있었지만, 튀코에게는 그것을 요리할 만한 수학적인 밑천이 부족했다. 이에 반해, 케플러는 시력이 나빠 관측에는 약했지만, 강력한 이론적인 무기, 곧 수학을 갖고 있었다. 이런 면에서 본다면 둘은 어느 정도 궁합이 맞는 짝이라 할 수 있었다.

최고 관측가와 최고 수학자의 만남

튀코의 초청으로 케플러가 프라하에 도착한 것은 1600년 1월 1일이었다. 스승과 제자로 만난 54살의 튀코와 29살의 케플러라는 두 톱니바퀴는 그다지 부드럽게 돌아가지 못했다. 한 사람은 당대 최고의 기량을 자랑하는 관측의 귀재였고, 다른 한 사람은 당시 제일의 이론가였다.

이들의 협력은 쉽지 않았다. 튀코의 경계심 때문이었다. 평생 모은 자료를 잠재적인 경쟁자에게 내준다는 것은 어려운 일이었다. 튀코는 데이터를 조금씩 내주며 조심스레 연구를 할당해나갔다. 튀코의 풍부한 자료로 자신의 정다면체 가설을 입증할 것을 기대했던 케플러는 크게 실망했다. 둘은 다툼과 화해를 반복했다. 그러나 그런 상태가 오래 가지는 않았다.

케플러 함께 일한 지 18개월 만에 튀코가 병으로 급사한 것이다. 어느 날 한 남작의 만찬회에 초대되어 포도주를 과음한 뒤 예법을 지키기 위해 소변을 참다가 방광염에 걸렸고, 그것이 악화되어 며칠 후 숨을 거둔 것이다. 브라헤는 숨을 거두기 직전 그토록 아끼던 관측자료를 케플러에게 모두 물려준다고 유언했다. 그리고 마지막 밤은 가벼운 혼수상태에서 시를 짓는 사람처럼 독백을 되풀이했다. "내 삶이 헛되지 않게 하소서. 내가 헛된 삶을 살았다고 하지 않게 하소서!"

케플러는 튀코의 임종을 『튀코의 관측일기』 마지막 쪽에 다음과 같이 묘사했다.

프라하에 있는 튀코와 케플러 동상. 사분의를 든 쪽이 튀코, 두루마리를 든 쪽이 케플러.

"1601년 10월 24일, 그는 몇 시간 동안 정신착란 속에 빠져들었다. 가족들은 눈물을 흘리고 기도하며 그를 진정시키려 애썼다. 이윽고 그는 흥분상태에서 벗어나 평화롭게 아주아주 먼 길을 떠났다. 그리고 이제 일생 동안 천문관측으로 분주했던 그에게 휴식이 찾아왔다. 38년의 세월에 걸친 천문관측도 그렇게 막을 내렸다."

역사적으로 유명한 사건에는 늘 음모론의 꼬리표가 따라붙듯이 튀코의 죽음도 예외가 아니었다. 음모론의 내용은 튀코의 관측자료를 탐낸 케플러가 수은으로 그를 독살했다는 설이다. 하지만 이 역시 여느 음모론처럼 400년 만에 가짜 뉴스임이 밝혀졌다. 2012년 11월 튀코의 무덤을 발굴해본 결과, 튀코의 시체에서는 수은은 물론이고 다른 어떤 독극물도 발견되지 않았다. 연구팀은 튀코가 살해당했다

는 것은 불가능하며, '방광이 터져서 죽은 것으로 보인다'는 결론을
내렸다.

뒤코는 프라하에 있는 교회 무덤에 안치되었는데, 묘비에는 그가
죽기 전 작성한 글이 새겨졌다. "현인처럼 살다가 바보처럼 죽었다."

케플러의 '화성 전쟁'

뒤코가 죽은 후 케플러는 그 뒤를 이어 황실 수학자로 임명되었고,
뒤코의 자료 분석에 밤낮 없이 매달렸다. 얼마나 손에 넣기를 갈망
했던 자료였던가? 20년에 걸친 케플러의 행성 연구는 이렇게 시작
되었다. 케플러가 가장 시간과 정열을 쏟아부었던 과제는 화성궤도
계산이었다. 지구와 화성이 실제로 태양 주위를 어떤 식으로 운동
하기에 화성이 우리 눈에 공중제비를 돌듯이 역행운동을 하는 것일
까?

실제로 화성을 관측하노라면, 이제껏 왼쪽으로만 운행하던 화성
이 어느 날부터 갑자기 오른쪽으로 방향을 틀어 움직이기 시작하는
것을 볼 수 있다. 그러다가 얼마 후엔 이윽고 다시 방향을 돌려 왼쪽
으로 운행을 하는 것이다. 이것이 유명한 화성의 역행운동으로, 예
로부터 수많은 천문학자들로 하여금 머리를 싸매게 한 불가사의한
현상이었다.

기원전 6세기의 피타고라스부터 플라톤, 프톨레마이오스 등 모든
천문학자들이 행성들의 궤도는 원이라고 믿어 의심치 않았다. 원이
야말로 가장 완벽한 기하학적 도형이므로 완벽한 존재들인 천상의

천체들은 마땅히 원운동을 해야 하는 것이다. 갈릴레오, 튀코, 코페르니쿠스도 행성궤도가 원이라는 데에 티끌만한 의심도 없었다. 코페르니쿠스는 원형이 아닌 궤도는 "생각만으로도 끔찍하다"라고 단언했을 정도였다.

케플러 역시 화성이 태양 주위를 원궤도에 따라 돈다고 간주하고, 브라헤의 관측자료를 분석하면서 궤도계산에 매달렸다. 쉽게 끝날 것 같았던 계산은 8년간이나 계속되었다. 그는 복잡하고 지루한 계산을 무려 70차례나 되풀이했다. 이른바 케플러의 '화성 전쟁'이라 일컬어지는 지난한 작업이었다. 그는 자신의 책에 이 과정을 지루하다고 느낄지도 모르는 독자를 위해 이런 각주를 달아두기까지 했다.

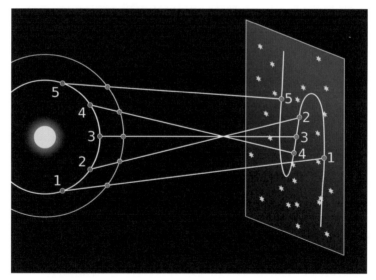

겉보기 역행운동. 지구(푸른색)에서 화성(붉은색)과 같은 외행성을 관측할 때
공전 속도의 차이로 외행성이 거꾸로 도는 것처럼 보이는 현상.

"이 지루한 과정이 진력나시거든, 이런 계산을 적어도 70번이나 했던 저를 생각하시고 참아주십시오."

이 오랜 고역 끝에 나온 결론은 원궤도의 포기였다. 아무리 계산하고 끼워맞춰도 원궤도는 튀코의 자료와 메워질 수 없는 오차를 보였다. 8′(1°의 60분의 8). 어쩌면 무시할 수도 있는 수치였다. 그러나 튀코에 대한 케플러의 믿음은 굳건했다. "거룩한 분의 섭리로 우리는 튀코 브라헤라는 성실한 관측자를 가질 수 있었다. (…) 내가 8′의 오차를 모른 체했다면, 나는 내 가설을 땜질하는 식으로 적당히 고쳤을 수도 있었을 것이다. 그러나 그것은 무시될 수 없는 성질의 오차였다. 바로 이 8′이 천문학의 완전 개혁으로 이끄는 새로운 길을 내게 열어주었던 것이다."

원궤도의 포기는 쓰라린 것이었다. 기하학에 대한 그의 신앙이 크게 흔들렸다. 이때 받았던 충격을 그는 이렇게 표현했다. "천문학이라는 마구간에서 원형과 나선형을 쓸어 치우자 손수레 한가득 말똥만 남았다." 말똥이란 타원이었다.

케플러는 타원공식을 사용해 다시 자료를 분석했다. 그 공식은 고대 그리스 페르가의 아폴로니오스(BC 262경~200경)가 처음 만들어낸 식이었다. 결과는 튀코의 관측값과 완전 일치했다! "오, 전능하신 하나님, 제가 당신 다음으로 당신이 했던 생각을 해냈습니다!" 하고 케플러는 탄성과 탄식을 함께 토해냈다. "자연의 진리가 나의 거부로 쫓겨났었지만, 인정을 받고자 겉모습을 바꾸고 슬그머니 뒷문으로 들어왔으니…아, 나야말로 정말 멍청이였구나!" 케플러의 제1법칙은 이렇게 탄생했다.

화성이 타원궤도를 돈다는 것은 이렇게 오랜 노역 끝에 얻어진 것이었다. 다른 행성들도 타원궤도를 돌지만, 화성보다는 훨씬 원에 가깝다. 태양은 타원궤도의 중심에 위치한 것이 아니라, 중심을 조금 벗어난 초점에 자리한다. 행성의 공전속도는 태양이 가까울수록 빨라지고 멀어질수록 느려진다. 이런 운동 때문에 행성이 태양을 향해 계속 떨어지는 중이지만, 결코 태양에 곤두박질하지는 않는다.

최초로 태양계의 모습을 정확히 짚어낸 케플러는 코페르니쿠스의 오류를 다음과 같이 정리했다.

1. 행성들은 정확한 원이 아닌 타원궤도를 따라 돈다.
2. 행성들은 계속해서 운동속도를 바꾼다.
3. 태양은 이들 궤도의 정확한 중심에 있지 않다.

그러나 케플러는 왜 행성이 타원궤도를 도는지, 그 이유를 밝히지는 못했다. 그것은 또 다른 수학 천재 뉴턴이 나타나기를 기다려야 했다.

17년에 걸쳐 완성한 케플러 법칙

행성운동을 규정한 타원의 법칙과 동일면적의 법칙은 1609년에 그의 책 『새 천문학』에 발표했다. 이 책에서 케플러는 행성의 공전 운동이 태양의 자전에 원인이 있다고 보았다. 태양의 자전에 의해 생기는 소용돌이 운동이 행성의 공전 운동을 일으킨다고 생각했던 것이다. 케플러는 자신이 발견한 제1, 제2 법칙을 1618년에서 1621년에 걸쳐 목성의 갈릴레이 4대 위성에 적용해본 결과, 멋들어지게 성립하는 것을 확인했다,

케플러의 법칙 중 제3법칙인 '조화의 법칙' 발견은 그야말로 사막에서 바늘 찾기처럼 지난한 작업이었다. 이 하나를 찾기 위해 그는 다시 10년의 시간을 더 쏟아부어야 했다. '행성의 공전주기 제곱은 태양까지의 거리 세제곱에 비례한다.' 이 법칙의 발견은 일찍이 '세계는 수로 이루어져 있다'는 피타고라스의 선언을 실증한 셈이었다. 케플러 이전에도 자연계를 지배하는 어떤 법칙이 있을 거라고 짐작되기는 했지만, 이처럼 아름다운 수학적인 법칙이 있으리라고 누구도 생각해보지 못했다. 케플러가 보여준 것은 우주는 수학적인 아름다운 질서와 법칙이 지배하는 세계라는 것이었다.

1619년, 『세계의 조화』에서 그의 제3법칙 조화의 법칙을 발표함으로써 케플러의 3대법칙은 완결되었다. 1602년부터 연구를 시작했으므로 모두 17년의 세월이 걸린 셈이다.

케플러 법칙을 문장으로 요약하면 다음과 같다.

1. 모든 행성의 궤도는 태양을 하나의 초점에 두는 타원궤도다.
   -타원궤도의 법칙

2. 태양과 행성을 잇는 직선은 항상 일정한 넓이를 쓸고 지나간다.
   -면적 속도 일정의 법칙

3. 행성의 공전주기의 제곱은 행성과 태양 사이 평균 거리의 세제곱에

비례한다. **-조화의 법칙**

  생각해보면, 조화의 법칙이라고 불리는 케플러 제3법칙은 신이 우주를 수학적으로 창조했을 거라는 강한 믿음이 없었더라면 결코 발견하기 어려웠을 것이다. 그렇다면 당시 세상에는 케플러 외에는 행성운동의 법칙을 발견해낼 사람은 거의 없었을 거라는 추론도 가능하다. 케플러가 아니었다면 인류의 우주에 대한 이해는 더욱 늦어졌을 것이다.

  케플러는 3대법칙을 완결한 후, 자신이 신이 우주를 설계한 논리를 발견했다고 믿은 나머지 엄청난 희열감을 느꼈다. 그는 이 기쁨을 『세계의 조화』에 이렇게 썼다. "나는 이 책이 지금이든 또는 후세든 읽히기를 기다릴 것이다. 시기는 중요치 않다. 나는 한 사람의 독자를 위해 백 년을 기다릴 수도 있다. 하느님도 한 사람의 증인을 위해 6천 년을 기다리시지 않았는가."

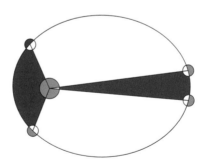

면적 속도 일정의 법칙. 태양과 행성을 연결하는 선분이
같은 시간 동안 쓸고 가는 면적은 항상 일정하다.

행성운동의 법칙을 최초로 과학적으로 규명한 케플러 법칙은 튀코 브라헤의 정밀한 관측자료가 없었더라면 결코 세상에 태어나지 못했을 것이다. 그런 의미에서 튀코의 마지막 독백, "내 삶이 헛되지 않게 하소서!"라고 했던 유언은 그의 제자에 의해 훌륭히 이루어진 셈이다. 특히 이 법칙들은 행성운동의 거리와 시간관계를 밝힘으로써 60년 후 뉴턴의 중력 방정식을 발견하는 데 핵심적인 수학적 기초를 제공해주었다.

케플러는 놀랍게도 태양과 행성 사이에는 보이지 않는 어떤 힘이 작용하며, 행성운동의 근본 원인이 우주의 중심인 태양에서 비롯되는 자기력과 유사한 성격의 것이라고 제안함으로써 중력 또는 만유인력을 예견했던 것이다. 이런 의미에서 진정한 태양중심설은 코페르니쿠스가 아니라 케플러에 의해 시작되었다고 할 수 있으며, 천체물리학의 출발점 역시 케플러라고 할 수 있다.

유성우가 내리던 밤 떠나다

연구가 수행되는 중에도 케플러의 신변에는 고통이 떠나지 않았다. 1611년, 30년 전쟁의 군인들이 옮긴 전염병 탓에 그의 아내와 가장 사랑하던 아들이 세상을 떠났다. 엎친 데 덮친 격으로 그의 후견인이던 루돌프 황제가 폐위됨에 따라 케플러는 졸지에 일자리를 잃고 프라하를 떠나 린츠로 돌아갔다. 그곳에서 수잔나 로스팅어라는 고아 출신의 24살 처녀와 재혼하여 둘 사이에 7명의 자녀를 두었지만, 성인으로 장성한 자녀는 둘밖에 안되었다.

얼마 안 있어서는 그의 어머니 카타리나가 마녀로 고발당하는 일이 벌어졌다. 당시 그녀가 살고 있던 고장에서 마녀의 죄명을 쓰고 6명이나 화형당할 만큼 분위기가 심각한 상태였다. 케플러는 만사를 젖혀놓고 당국을 찾아다니며 진정서를 넣거나 재판기록을 꼼꼼히 검토하여 변론하는 등의 일로 어려운 시간을 보내야 했다. 당시 마녀 누명을 한번 쓰면 벗어나기 어려웠음에도 유명인사인 아들의 변호 덕분에 그의 어머니는 1년 정도 감옥살이를 한 후 석방되어 6달 후 세상을 떠났다.

이러한 갖가지 가족 문제 속에서도 케플러의 작업은 꾸준히 지속되어, 『코페르니쿠스 천문학 개요』『루돌프 행성운행표』를 출판했다. 이 운행표는 코페르니쿠스의 것에 비해 30배가 더 정확하게 행성의 위치를 예측할 수 있게 해주어 원양 항해자들에게 크게 환영받았다.

이처럼 인류를 위한 거보를 내디딘 존재였지만, 케플러의 만년은 겨울 흐린 날처럼 스산했다. 30년 전쟁이 유럽을 휩쓰는 가운데, 케플러는 모든 후원자들을 잃고 가난에 내몰렸다. 그의 만년은 궁핍과 고난으로 얼룩졌다. 그러던 중 어느 추운 늦가을, 밀린 급료를 받기 위해 노구를 끌고 먼 길을 나섰다가, 독일 레겐스부르크에서 병을 얻어 며칠 고열에 시달리다 숨을 거두고 말았다. 1630년 11월 15일이었다. 향년 59세. 그날 밤 하늘에서 유성우가 내렸다고 한다.

출생에서부터 임종에 이르기까지 불우하기만 했던 이 거인의 유해는 성벽 밖 성 베드로 개신교 공동묘지에 쓸쓸히 묻혔다. 빗돌에는 그가 지은 다음과 같은 문장이 새겨졌다.

"어제는 하늘을 재더니, 오늘 나는 어둠을 재고 있다. 나는 뜻을 하늘로 뻗쳤었지만, 육신은 땅에 남는구나."

그러나 그의 무덤도 30년 전쟁 와중에 군대에 의해 훼손되어 완전히 사라지고 말았다.

케플러가 평생을 바쳐 고난과 싸우며 이룩해낸 그의 업적은 후세 과학사학자들에 의해 '과학혁명의 열쇠'라는 평가와 함께 케플러를 그 혁명의 중심인물로 올려놓았다. 과학사가 제임스 R. 뵐켈은 케플러의 업적이 갈릴레오의 업적보다 천문학적으로 더욱 중요하다고 평가했다. 케플러는 행성운동 제3법칙을 연구할 당시, 지구에 적용되는 측정 가능한 물리법칙들이 다른 천체들에도 똑같이 적용된다

케플러의 친구가 남긴 케플러의 묘비석 스케치.
케플러의 무덤에 대한 남아 있는 자료는 이게 전부다.

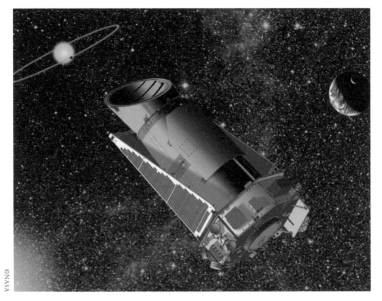

©NASA

제2의 지구를 찾기 위해 2009년에 발사된 케플러 우주망원경.

는 점을 간파했고, 이로써 인류사 최초로 천체 운동에서 신비주의가 배제되었던 것이다.

2009년, 미국 항공우주국NASA은 케플러의 천문학에 대한 기여를 기리기 위해 우주 망원경에 케플러의 이름을 붙였다. 이것이 케플러 계획*이다. 그리고 유엔은 갈릴레오가 최초로 망원경 천체관측을 행하고 케플러가 그의 『새 천문학』을 발간한 지 400주년 되는 2009년을 '세계천문의 해'로 정해 그를 기렸다. 그러나 무엇보다 『코스모

---

* NASA가 개발한 우주 광도계를 이용하여 3년 반에 걸쳐 10만 개 이상의 항성들을 관측하여 지구형 행성을 탐지한다는 계획. 외계행성이 모항성을 돌면서 항성을 가려 항성의 밝기가 감소하는 것을 감지하는 것이 목적으로, 이를 위해 2009년 케플러 우주망원경이 발사되었다.

스』의 작가이자 후학인 칼 세이건의 다음과 같은 말이 케플러를 위한 최상의 찬사가 될 것이다.

"우주 탐사선이 광대한 우주를 가로질러 외계로 달려갈 때, 사람이고 기계고 가릴 것 없이 확고부동한 이정표가 하나 있다. 그것은 케플러가 밝혀낸 행성운동에 관한 세 가지 법칙이다. 평생에 걸친 수고로 그는 발견의 환희를 맛보았고, 우리는 우주의 이정표를 얻었다."

최초로 천상세계의 문을 열다

우주라는 이 거대한 책은 수학이라는 언어로 쓰여 있으며,
수학을 표현하는 문자는
삼각형이나 원을 포함한 그 밖의 도형들이다.
- 갈릴레오

르네상스적 천재 갈릴레오

코페르니쿠스의 지동설은 그의 죽음과 함께 거의 100년 동안이나
잊혀진 이론이 되었다. 코페르니쿠스의 지동설이란 말하자면, 논리
와 추론의 산물이었다. 감각을 맹신하는 세상 사람들에게는 이 거대
한 땅덩어리가 허공을 날아다닌다는 주장은 그야말로 황당한 소리
에 지나지 않았다. 요컨대, 지동설은 심증도 물증도 없었던 것이다.
그러다가 17세기에 접어들어 최초로 강력한 지동설 물증을 들이댄
사람이 나타났다. 그가 바로 근대 물리학의 아버지로 불리는 갈릴레
오 갈릴레이(1564~1642)다.

근대과학의 아버지 갈릴레오
갈릴레이의 72살 때 초상. 지동설을
주장했다가 종교재판에서 종신
자택연금형을 받고, 만년에는
실명까지 하여 불우하게 생을 마쳤다.

과학사상 성보다는 이름으로 불리는 이들이 더러 있는데 갈릴레오도 그 중 한 사람이다. 15세기의 조상인 갈릴레오 보나우티가 저명한 내과의사이자 행정장관으로 이름을 떨친 바람에 가문에서 그의 명예를 기리기 위해 아예 성을 갈릴레이로 바꾸었고, 우리의 갈릴레오는 그 조상의 세례명을 받아 갈릴레오 갈릴레이가 되었다. 또한 이탈리아에서는 관습적으로 이름을 씀으로써 갈릴레오로 불리게 되었다. 이것이 그가 늘 이름으로 불리게 된 이유다.

1564년 피사에서 태어난 갈릴레오는 어려서부터 영민함을 보였다. 음악가인 아버지는 일곱 아이 중 장남인 갈릴레오에게 큰 기대를 걸었다. 집안은 그다지 넉넉지 못했다. 그래서 아버지는 아들을 피사 대학의 의학부에 넣었다. 갈릴레오는 수학자가 되고 싶었지만, 당시 수학자의 연봉은 의사의 30분의 1밖에 안되는 박봉이라 어쩔 수 없는 선택이었다.

의학부에 다니던 1583년, 갈릴레오는 피사의 사탑 교회에서 천장에 매단 램프가 흔들리는 것을 우연히 보고 있다가, 문득 어떤 생각이 번개같이 스치는 것을 잡았다. 추의 무게나 진폭의 크기에 관계없이 추가 한 번 왕복하는 데 걸리는 시간은 항상 같다는 '진자의 등시성'을 발견했던 것이다. 그는 이 원리를 이용해 맥박계를 발명했다.

코페르니쿠스의 지동설이 나온 지 40년 만에 이 위대한 법칙을 발견한 갈릴레오가 의학에 기여한 것은 이것이 전부였고, 결국 수학과 천문학으로 전향해 근대 물리학과 천문학의 문을 연 과학의 아버지가 되었다.

갈릴레오가 과학자로서 성공할 수 있었던 비결은 그의 빼어난 지성 외에도 지칠 줄 모르는 지적 호기심에 있었다고 할 수 있다. 그는 언젠가 이렇게 푸념처럼 말한 적이 있다. "도대체 내 궁금증은 언제 멈출까?" 갈릴레오는 뛰어난 이론가이자 정교한 실험가였고, 날카로운 관찰자이자 솜씨 좋은 발명가이기도 했다. 더욱이 손재주까지 뛰어나, 무엇이든 필요한 도구는 최고의 품질로 생산해내는 실력을 지니고 있었다. 당대 최고 수준의 망원경도 그의 손에서 나왔다. 그는 또 음악가이자 연주자여서 곡을 쓰거나 류트 연주를 하기도 했으며, 그림 실력도 프로급이었다. 그 실력은 후에 그의 책에 실린 실감나는 천체 스케치에서 발휘되었다. 그야말로 르네상스적인 천재였다.

하지만 신은 공평해서 그에게 좋은 성품을 내려주지는 않았던 모양인지, '싸움꾼'이란 별명을 얻을 만큼 독선적이고 자기중심적인 성격으로 많은 적을 만들었다. 이것이 결국 만년의 그를 고통의 나락으로 떨어뜨리는 데 일조했지만, 그에 대해선 나중에 살펴보기로 하자.

무엄하게도 아리스토텔레스에게 도전하다

갈릴레오에게 늘 따라다니는 유명한 일화가 피사의 사탑에서 했다는 낙체실험이다. 결론적으로 말하자면, 갈릴레오가 낙하운동이 어떻게 이루어지는지 처음으로 정확하게 밝힌 사람이라는 점은 맞지만, 피사의 사탑에서 낙체실험을 했다는 것은 그의 제자 비비아니의 각색으로 보인다는 것이 대체적인 시각이다.

갈릴레오가 피사의 사탑에서 무거운 물체와 가벼운 물체를 떨어뜨려 두 물체가 동시에 떨어진다는 것을 증명했다는 얘기는 제자이며 전기 작가였던 비비아니가 쓴 갈릴레오의 전기에나 나오지, 전혀 증거가 없는 것으로 보아 창작일 확률이 높다는 얘기다. 원래 글쟁이들은 거짓말을 곧잘 하는 버릇이 있다. 제 입맛에 맞을 때 특히 그렇다.

그때까지 떨어지는 물체는 그 무게가 무거울수록 빨리 떨어진다는 아리스토텔레스의 설명이 주류를 이루고 있었다. 아리스토텔레스의 실수는 아무런 실험도 해보지 않은 채 그냥 직관으로 그렇게 단정해 버린 데서 비롯된 것이었다. 경험으로 볼 때 무거운 물체는 가벼운 물체보다 빨리 떨어지지 않은가. 망치와 깃털을 떨어뜨릴 때 망치가 더 빨리 떨어진다.

하지만 인간의 감각이나 직관이란 그렇게 믿을 만한 게 못된다. 천동설이 수천 년 위세를 떨친 것만 봐도 알 일이다. 하늘의 태양을 보고 누가 지구가 그 둘레를 돈다고 생각하겠는가. 어쨌든 지엄한 아리스토텔레스에게 2천년 만에 최초로 도전장을 내민 사람이 갈릴레오였던 것은 사실이다. 그는 공개적으로 아리스토텔레스는 틀린 애기만 한다고 대담한 비판을 하기도 했다.

'무거운 것은 빨리, 가벼운 것은 천천히 떨어진다'는 아리스토텔레스의 생각에는 논리적인 모순이 있음을 갈릴레오는 간파했다. 예컨대, 무거운 물체 A와 가벼운 물체 B를 막대기로 연결해서 자유낙하를 시켜보자. 아리스토텔레스의 주장대로라면, A와 B를 합친 것이 A보다 무거우므로 A보다 빨리 떨어져야 한다. 그런데 가벼운 B는 무거운 A의 낙하속도를 감소시키고, 무거운 A는 가벼운 B의 낙하속도를 증가시키도록 작용해야 하므로 연결된 A+B는 A와 B 속도의 중간값이 되어야 한다. 이것은 A보다 더 빨리 떨어져야 하는 앞의 상황과 명백히 서로 모순된다. 따라서 아리스토텔레스의 자유낙하설은 오류라고 갈릴레오는 생각했다.

그는 또 우박을 다른 예로 들어 아리스토텔레스의 주장이 잘못된 것임을 보였다. 우박이 떨어질 때 보면 크고 작은 우박들이 거의 동시에 지표를 때린다. 만약 무게에 따라 속도가 다르다면 큰 우박들이 떨어진 후에 잔 우박들이 떨어져야 할 것이 아닌가 하는 것이 갈릴레오의 논거였다.

갈릴레오는 탁월한 발상으로 물체의 낙하실험을 했는데, 피사의 사탑에서 한 게 아니라 집에서 나무로 경사로를 만들어놓고 그 위에 무게가 다른 청동 공들을 굴렸다. 이것은 물체의 낙하속도를 크게 줄여 낙하의 성격을 자세히 파악하기 위한 교묘한 실험장치였다. 그는 청동 공을 수없이 굴려본 결과, 무거운 공이든 가벼운 공이든 등가속운동을 하며 같은 속도로 굴러떨어진다는 사실을 확인했다.

중력은 공평하게도 먼지이든 바윗덩이든 간에 모든 물체에 같은 크기로 작용한다. 다만 공기 저항이라는 요소만 제거한다면 우리는 눈으로도 그것을 확인할 수도 있다. 현대에 와서 우리는 그 실험을 직접 눈으로 볼 수 있었다. 공기가 없는 달에서 낙체실험이 이루어 졌던 것이다.

1971년 아폴로 15호의 우주인이었던 데이비드 스콧은 우주선에 실어갔던 망치와 깃털을 달 표면 위에서 떨어뜨리는 실험을 했다. 전 세계 시청자들이 TV로 지켜보는 가운데 그는 어깨 높이에서 망치와 깃털을 떨어뜨렸고, 두 물체는 동시에 달 표면에 떨어졌다. 그러자 스콧이 지구인들을 향해 외쳤다. "갈릴레오가 옳았습니다!"

우주의 문을 열어젖히다

이 천재의 역사는 지금으로부터 400년 전인 1609년 어느 가을날 밤에 막을 열었다. 갈릴레오가 자작 망원경*을 밤하늘의 달로 겨누었을 때 우주가 비로소 인류 앞에 그 문을 활짝 열어젖혔던 것이다.

망원경을 통해 달의 모습을 본 순간, 갈릴레오는 경악했다. 그때까지 완전무결한 구球로 알고 있었던 달이 기실은 수많은 곰보자국이나 있을 뿐만 아니라, 지구와 같이 산과 계곡을 가진 천체였던 것이다. 수많은 분화구들이 산재해 있고, 바다처럼 보이는 매끈한 부분도 있었다. 그래서 이런 지역을 일컫는 용어로 갈릴레오가 썼던 '바다Mare'라는 표현을 그대로 쓰고 있다.

---

* 네덜란드의 안경업자 리퍼세이가 1608년 망원경을 만들었다는 소식을 듣자마자 갈릴레오는 직접 제작에 나서 9배짜리 굴절망원경을 만들었다. 지금 보면 쌍안경급의 빈약하기 짝이 없는 물건이지만 세상을 바꾸어놓기에는 부족함이 없었다.

베니스 총독에게 자신이 만든 망원경을 보여주고 있는 갈릴레오.
주세페 베르티니가 그렸다.

앞에서도 잠시 언급했듯이, 중세인들의 자연관을 지배한 것은 두 사람의 견해, 곧 아리스토텔레스와 프톨레마이오스 체계였다. 아리스토텔레스는 세계를 이분법으로 나누었다. 천상 세계와 지상 세계가 그것이다. 두 세계의 경계에 있는 것이 바로 달이었다. 천상 세계는 신성하고 완전하며, 완전한 운동은 시작과 끝이 없이 계속 반복되는 원운동이라고 생각했다. 따라서 별들은 모두 원운동을 한다고 결론지었다.

이에 반해 달 아래 지상 세계는 퇴화하는 세계이다. 지상의 것들은 변화하고 소멸되기 때문이다. 그리고 이처럼 불완전한 것들은 직선운동을 한다고 생각했다. 프톨레마이오스의 천동설은 이 위에 세워진 것이다. 이 두 사람의 견해는 기독교 신학에 수용되었고, 신성불가침의 '진리'로 통용되었다.

갈릴레오가 망원경으로 달을 본 순간은 아리스토텔레스의 우주론이 치명적인 결함을 드러낸 순간이었다. 그것은 또한, 천체들이 지구와 다른 별개의 존재가 아니며, 지상의 명백한 성질들을 우주도 지녔음을 보여주기 시작한 순간이기도 했다.

천상 세계가 완전하지 않다는 사실은 나중에 갈릴레오가 망원경으로 태양을 관찰하고 흑점을 발견한 데서도 드러났다. 행성이 완전한 구가 아니라는 사실은 토성에 대한 관측에서 확인되었다. 토성의 고리를 최초로 발견한 사람도 갈릴레오였다. 그러나 망원경의 성능이 낮은 탓으로 그것이 고리인 줄 모르고 토성에 귀 같은 것이 달려 있는 것으로 생각했다.

갈릴레오는 또 그의 망원경을 통해 은하수가 실제로는 항성들의 거대한 모임이라는 사실도 알아냈다. 이처럼 우주를 열어젖힌 데 결정적인 역할을 한 망원경 발명에 관한 얘기는 여타 과학사에 자세히 나오니 여기서는 줄이기로 하자.

단, 고대 그리스인들이 기원전부터 유리제품을 만들었고, 유리가 빛을 굴절시킨다는 사실을 알고 있었음에도 망원경이 17세기에 들어서야 발명된 것은, H. G. 웰스*의 해석에 의하면, 철학자들이 너무나 오만해서 유리 제조업자로부터 무엇인가 배우려는 자세가 전혀

---

* '과학소설의 아버지'로 불리는 영국의 소설가이자 문명비평가. 『타임머신』『투명인간』『우주전쟁』 등 공상 과학소설을 100여 편 썼다. 나중에 세계정부와 사해동포주의 운동에 매진했다. 저서로 『세계문화사 대계』가 있다.

되어 있지 않았던 탓이었다. 그는 "오만 때문에 받게 되는 가장 큰 형벌은 '무지'이다"고 말했다.

지동설의 확고한 물증을 잡다

지동설에 관한 결정적인 증거는 이듬해 있었던 목성과 금성의 관측에서 얻어졌다. 1610년 1월 7일, 갈릴레오는 목성 근처에서 세 개의 별들을 관측했다. 이어진 며칠 동안의 관측에서 이들 별이 상대적인 위치를 바꾸는 것을 보았고, 이윽고 며칠 뒤에는 또 다른 네 번째 별을 찾았다. 이 네 개의 별들은 목성을 모성으로 하여 도는 위성들이었다. 이것은 엄청난 발견이었다. 왜냐면, 천동설은 모든 천체는 오로지 지구 주위만을 공전한다고 주장하기 때문이다.

갈릴레오가 발견한 목성의 네 위성(후에 갈릴레이 위성이라 불린다)은 말하자면, '작은 태양계' 모형으로, 이론적으로만 알려져 있던 지동설의 모형이 실제로 하늘에 존재하고 있었던 것이다. 그러나 이것만으로 천동설이 완전히 타파된 것은 아니었다. 반론을 펴는 학자들의 논리는 대략 이랬다. "아리스토텔레스의 글 중에 위성을 언급한 부분이 없으므로 위성은 존재하지 않는다. 그 위성들이란 게 망원경을 통해서만 볼 수 있으므로 어디까지나 망원경이 만들어낸 허상들로, 실제로는 존재하지 않는 것들이다. 나는 망원경을 통해 그것들을 보지 않겠다. 고로 위성이란 존재하지 않는다. 또, 설령 목성의 위성이 존재한다 하더라도, 그것들은 비물질적인 하늘의 재료로 만들어져 있으며, 그것들이 서로의 주위를 돌든지 말든지 무슨 상관인가? 단단한 고체 물질로 이루어진 지구 주위를 도는 것은 마찬가지 아닌가."

이러한 반론들을 한방에 날려버릴 수 있는 결정타가 그해 연말 나왔다. 바로 금성의 위상 변화*였다. 금성은 햇빛을 반사하여 빛을 내므로, 만약 태양과 금성이 모두 지구 둘레를 돈다는 천동설이 맞다면 금성은 언제나 초승달 모양으로 보여야 할 것이다. 만약 금성과 지구가 태양 주위를 돈다면, 금성은 달처럼 다양한 위상 변화를 보일 것이다. 결과는 어떠했는가?

1610년 12월 11일, 여러 날 동안 망원경으로 금성을 관측해오던 갈릴레오는 마침내 금성 역시 달처럼 모든 종류의 위상변화를 보인다는 사실을 확인했다. 이 현상은 프톨레마이오스의 천동설로는 설명

* 달이나 행성은 스스로 빛을 내지 못하고 태양빛을 반사시켜 빛을 내므로, 지구에서 보았을 때 그들의 공전에 따른 지구-태양-해당 천체의 위치 변화에 따라 우리 눈에 보이는 겉보기 모양이 변한다. 이를 위상변화라 한다.

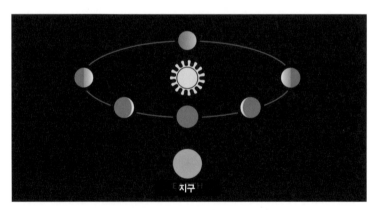

1610년 갈릴레오에 의해 관측된 금성의 위상변화. 이로써 천동설의 관에 마지막 대못이 박혔다.

이 불가능한 것이었다. 이것은 아리스토텔레스의 이분법을 정면 격파하고, 행성이 태양 주위를 공전한다는 지동설의 움직일 수 없는 증거였다. 이로써 천동설의 관에 마지막 대못이 박혔다. 고대 그리스의 천동설 천문학은 종말을 고하고 태양 중심의 새로운 체계가 등장하게 되었다.

그러나 갈릴레오의 지동설 물증들이 곧바로 받아들여진 것은 아니다. 인간은 원래 완고한 법이라 좀처럼 자기 생각을 바꾸려 하지 않는 법이다. 당시 철학자인 길리오 리브리 같은 이들도 자신의 주장을 고수하기 위해 망원경을 들여다보는 것조차 거부했다. 얼마 후 리브리가 죽었을 때 갈릴레오는 이렇게 중얼거렸다고 한다. "리브리가 천국으로 가는 길에 결국 태양의 흑점과 목성 위성, 금성의 위상 변화를 보게 되겠군."

그대가 태워졌으므로…

이처럼 지동설의 강력한 물증들을 확보한 갈릴레오였지만, 이 사실을 곧바로 발표하지 않았다. 드러내놓고 지동설을 주장하는 것이 얼마나 위험한 일인가 잘 알고 있었기 때문이다. 코페르니쿠스의 지동설을 열렬히 지지했던 브루노가 종교재판 끝에 화형당한 것이 불과 10년 전이었다.

이탈리아의 자유주의 사상가인 조르다노 브루노(1548~1600)는 자연 자체가 신이라고 주장하며, "우주는 무한하게 퍼져 있고 태양은 그중 하나의 항성에 불과하며, 밤하늘에 떠오르는 별들도 모두 태양

로마의 캄포 데 피오리 광장에 세워진
브루노의 동상.

과 같은 종류의 항성이다"라는 무한 우주론을 주장했다. 그리고 우주 어딘가에 지구인과 같은 생명체가 존재할 것이라고 믿었다. 이는 명백히 로마 가톨릭에 위배되는 사상이었다.

브루노는 요주의 인물이 되어 조국을 탈출하여 14년 동안 프랑스, 영국 등 각지를 떠돌다가 1591년 귀국한 직후 이단자로 체포되었다. 그리고 로마에서 감옥에 갇혀 8년 동안 가혹한 심문을 당한 끝에 예수회의 추기경인 로베르토 벨라르미노가 주재한 재판에서 사형을 선고받았다. 그래도 그는 끝까지 회개하기를 거부했다.

그는 벨라르미노 추기경에게 "나는 내 주장을 철회해야 할 아무런 이유가 없고, 그러지도 않을 것이다. 나는 철회할 것이 아무것도 없다"라고 말했다. 마침내 화형이 선고될 때, 종교재판소의 심문관들에게 한 그의 고별사는 유명하다. "나에게 화형을 언도하는 당신들이 형을 받는 나보다 더 두려움에 떨고 있군요."

1600년 2월 19일 일요일, 브루노는 망토를 입은 '자비와 연민단'이라는 광신도 무리가 이끄는 수레에 실린 채 구경거리가 되어 로마 거리를 돌아다닌 후, 로마 캄포 데 피오리 광장에서 내려졌다. 사슬에 묶인 채 맨발로 형장으로 걸어가는 브루노에게 수도승과 교황청 관리들이 마지막으로 참회를 종용했으나 그는 눈썹 하나 까딱하지 않았다. 이윽고 브루노는 광장을 둘러싼 수많은 사람들이 지켜보는 가운데 예수회 사제들에 의해 발가벗겨진 뒤 불에 타죽었다.

그로부터 300년이 흐른 후인 1899년, 프랑스 작가 빅토르 위고, '인형의 집'을 쓴 노르웨이 극작가 헨리크 입센, 무정부주의자 바쿠닌 등의 지식인들이 사상의 자유를 위해 순교한 브루노를 기리며 그가 화형당한 로마의 캄포 데 피오리 광장에 동상을 건립했다. 브루노의 동상에는 이런 글귀가 새겨졌다.

"브루노에게.
그대가 불에 태워짐으로써 그 시대가 성스러워졌노라."

동상이 광장 한켠에 세워지자 이에 분개한 교황 레오 13세는 노구를 이끌고 성 베드로 광장에서 항의의 금식기도를 했다고 한다.

캄포 데 피오리 광장에는 지금 시장이 서고 있다고 하는데, 로마에 가면 한번 들러볼 것을 권한다. 묘한 매력과 힘을 느끼게 하는 동상이 당신을 기다리고 있다.

파국으로 몰아넣은 『천문 대화』

시대상황이 대체로 이러했으므로 소심한 갈릴레오로서는 몸조심할 수밖에 없었다. 그러나 학자가 자기 업적에 끝까지 입을 다문다는 것은 기자가 특종을 포기하는 것보다 힘든 법이다. 갈릴레오는 마침내 1632년 2월 『천문 대화』(원제는 '프톨레마이오스와 코페르니쿠스의 두 세계체계에 대한 대화')라는 책을 펴내 자기 생각을 밝혔다. 그것도 라틴어가 아닌 이탈리아어로 출판하여 대중이 읽을 수 있도록 했다.

그 결과, 책은 큰 성공을 거두었으나 갈릴레오의 여생은 그렇지 못했다. 반년도 못되어 책은 금서목록에 올랐고, 그는 로마의 종교재판소에 소환되어 10명의 지엄한 추기경 앞에 섰다. 그 배경에는 갈릴레오에게 속고 배신당했다고 믿는 교황 우르바누스 8세(1568~1644)의 분노가 도사리고 있었다.

『천문 대화』가 출판되기 전만 해도 교황은 스스로 갈릴레오와 절친한 친구 사이라고 말하곤 했다. 두 사람은 고향이 피렌체로 같을 뿐만 아니라, 파도바 대학 동창이었다. 갈릴레오는 대학에서 의학을 공부했고, 4살 아래인 우르바누스는 법학을 전공했다. 바르베리니 추기경이었다가 1623년 55세의 나이로 교황에 선출된 우르바누스는 로마를 찾은 갈릴레오를 여섯 차례나 알현했을 정도로 그를 극진히 대하며 존경한다는 말까지 했다. 당대 최고의 자연철학자에게 바치는 찬사였다.

무엇이 이 두 사람의 사이를 갈라놓았는지 정확히 알 수는 없지만, 『천문 대화』에 나오는 어리석은 인물 심플리치오가 교황을 풍자한 것이라는 풍문이 교황을 격분케 했다고 한다. 자신의 거듭된 호의를 배신으로 갚았다고 생각했을 수도 있다. 어쨌든 우르바누스와 갈릴레오의 충돌은 종교와 과학 사이에 적대감을 조성한 상징적인 악례를 남겼고, 가톨릭은 아직까지도 그 후유증을 떨치지 못하고 있다.

갈릴레오가 종교재판소에 들어선 이후의 일은 널리 알려진 그대로이다. 30년 전에 브루노에게 화형을 언도했던 그 재판소가 아니던가. 브루노와 같은 강골을 타고나지 못한 70세 노경의 갈릴레오가 속으로 긴장하지 않았을 리 없다. "성경은 하늘에 어떻게 가는지를 말해줄 뿐, 하늘이 어떻게 움직이는지를 말해주지는 않는다"는 갈릴레오의 신념은 아무런 도움도 되지 않았다. 그는 고문의 위협을 앞세운 심문관 앞에 꿇어앉아 '철학적으로 우매하고 신학적으로 이단적인 지동설'을 스스로 철회할 것이며, 이후 그러한 주장을 하지도 않고 가르치지도 않겠다고 선서하고는 종신형을 언도받았다. 그리고 자택에 종신 연금되었다.

교황청 추기경위원회로부터 심문을 받고 있는 갈릴레오.
1857년 크리스티아노 반티가 그렸다.

알려진 이야기에 따르면, 갈릴레오가 법정을 나서면서 "그래도 지구는 움직인다"고 중얼거렸다고 하는데, 이는 사실이 아닌 듯하다. 불구덩이에서 막 벗어난 그에게 그럴 배짱이 어디 있겠는가. 하지만 전설은 언제나 그렇듯이 대중의 바람을 담고 있는 법이다.

갈릴레오는 또 처음으로 자연의 법칙이 수학적임을 명확하게 밝힌 사람이었다.

"철학은 우주라는 드넓은 책에 씌어졌다. …그것은 수학의 언어로 씌어졌으며, 그것의 문자는 삼각형, 동그라미와 다른 기하학적 수치들이다."

갈릴레오는 연금 상태에서 그의 마지막 대작 『두 새로운 과학에 관한 대화』를 헌신적인 딸의 도움을 받아가며 쓰기 시작했다. 낙체의 가속운동 법칙을 수립한 이 저작은 근대 물리학의 초석을 놓은 것으로 평가받고 있다. 그만큼 이 책이 물리학에 기여한 공적이 너무도 커서 아이작 뉴턴의 운동법칙을 미리 예견한 것이라고 주장하는 학자들까지 있다. 그럼에도 불구하고 이 책은 이탈리아에서 출판되지 않고 비교적 자유스러운 네덜란드에서 1638년에 출간되었다. 그리고 이 해에 갈릴레오는 실명하고 말았다. 오랜 망원경 관측이 눈을 혹사시킨 탓이었다.

아인슈타인은 갈릴레오에 대해 이렇게 평했다. "순전히 논리적인 측면에서 도달한 명제는 실제적인 측면에서는 공허하다. 갈릴레오는 그것을 잘 알았기 때문에 특히 그 점을 과학계에 귀가 아프도록 알려주었다. 그는 근대 물리학의 아버지며 실제로 근대 과학의 창시자인 것이다."

불우한 만년을 보낸 근대과학의 아버지

끝으로, 갈릴레이와 동시대의 불우한 천문학자 케플러 사이에 있었던 '얽힘'에 대해 잠시 살펴보기로 하자. 케플러가 1596년 코페르니쿠스의 체계를 지지하는 『우주구조의 신비』를 출간하면서 갈릴레오와 편지를 교환하는 사이가 되었다. 당시 갈릴레오는 파도바 대학에서 기하학과 천문학을 가르치고 있었다. 그는 프톨레마이오스 체계를 열성적으로 강의하는 교수였지만, 이 체계를 실제로 믿지는 않았다.

1597년 갈릴레이는 케플러에게 "프톨레마이오스 체계는 믿을 수 없다"는 내용의 편지를 보내면서, "몇 년 전부터 지구가 태양 둘레를 돈다는 사실을 확신했지만, 이런 의견을 발표하기가 꺼려진다"고 덧붙였다. 이에 대해 케플러는 "이 세상의 무지로 자신의 올바른 생각이 묻혀버리는 것에 주의해야 합니다. (…) 신념을 갖고 앞으로 나아가십시오"라는 격려의 편지를 보냈다. 그러나 갈릴레오는 그로부터 10년 동안이나 이 충고에 따르지 않았다.

10여 년이 지난 후 갈릴레오는 다시 케플러의 지지와 도움을 받게 되었다. 1610년, 갈릴레오가 자작 망원경으로 관측한 결과물들, 곧 달의 표면, 목성의 위성, 은하수의 별들에 관한 내용을 『별들의 사자使者』라는 제목으로 발표했다. 갈릴레오는 책의 신뢰도를 높이기 위해 케플러에게 여러 차례 자문을 구했으며, 그때마다 케플러는 '별들의 사자와의 대화'라고 불리는 편지로 아낌없는 조언을 해주었다.

이 책은 출간 후 즉각 격렬한 논쟁을 불러일으켰다. 프톨레마이오스 체계를 크게 뒤흔드는 내용이었기 때문이다. 케플러는 반대파에 맞서서 "그 누가 이 메시지 앞에서 감히 침묵할 수 있겠는가? 바로 여기, 신의 명백하고도 풍부한 사랑이 넘쳐흐르노니, 이를 느끼지 못할 자 누구겠는가"하며 갈릴레오를 적극 두둔했다.

갈릴레오는 케플러의 지원으로 이런 비판들을 모두 잠재울 수 있었지만, 케플러에게 고맙다는 말 한마디 하지 않았다. 그럼에도 케플러는 갈릴레오의 무례에 불만을 표시하지 않았다. 갈릴레오는 지동설을 취하면서도 천문학 이론의 개혁을 이룬 케플러에 아무런 관심도 표하지 않았으며, 끝까지 케플러의 법칙을 무시하고 원운동을 고수했다.

갈릴레오는 결혼은 하지 않았지만 1남 2녀의 자녀가 있었다. 파도바 대학 시절에 사귄 마리나 감바라는 여자와의 사이에 태어난 아이들이었다. 12년간 은밀히 만나며 관계를 유지했던 두 사람이 이윽고 파경을 맞아 헤어질 때, 4살짜리 아들은 여자가 데려갔으나 9살, 10살의 두 딸은 갈릴레오에게 남겨졌다. 얼마 지나지 않아 양육에 진저리를 친 갈릴레오는 두 딸을 수녀원에 보내고 말았다. 그들은 자라서 둘 다 수녀가 되었다. 훗날 어른이 된 장녀 비르기니아는 아버지를 용서했으나, 막내딸 리비아는 자기를 버린 아버지를 끝까지 용서하지 않았다.

비르기니아는 갈릴레오가 연금당한 이듬해 병으로 죽었다. 그녀는 죽기 직전까지도 늙은 아버지를 곁에서 헌신적으로 돌봤다. 딸의 죽음은 노경의 갈릴레오를 황폐화시켰다. 그녀의 세례명 마리아 셀레스테 Seleste(천체, 하늘빛)는 아버지인 갈릴레오가 지어준 것으로, 현재 금성의 한 지명으로 남아 있다.

딸을 잃은 갈릴레오는 얼마 후 눈까지 멀고 말았다. 이리하여 그의 생에서 모든 빛은 사라졌다. 그의 물리적 우주는 자신의 손과 손가락으로 만질 수 있는 영역

갈릴레오의 큰딸 비르기니아. 그녀의 이른 죽음은 갈릴레오의 만년을 황폐화시켰다.

안으로 축소되었다. 그래도 그에게 하나의 위안은 남아 있었다. 어렸을 때 아버지에게 배운 류트를 연주하는 것이었다. 1642년 8월 눈을 감을 때까지 그는 류트를 손에서 놓지 않았다. 향년 78세.(이해 연말 영국에서 아이작 뉴턴이 태어났다).

평생을 바쳐 진실을 추구했던 그의 육신은 죽은 이후에도 편안히 쉴 수가 없었다. 그의 오랜 후원자였던 토스카나 대공이 공식적인 장례를 치르고 기념비를 세우려 했지만, 우르바누스 교황이 가로막고 나섰다. 그러한 행위를 한다면 자신에 대한 직접적인 모독으로 간주할 것이라고 경고한 것이다. 끝까지 갈릴레오를 용서치 않았던 우르바누스는 그로부터 2년 뒤 '선종'했다.

교황의 서슬 퍼런 경고로, 역사상 최고의 과학자 중 한 사람의 유해가 사후 100년 동안이나 교회 종탑 지하실에 대충 묻힌 채 방치되었다. 갈릴레오의 제자 비비아니가 스승의 묘를 이장하려고 갖은 애를 썼지만 살아생전에 그 꿈을 이루지 못했다. 갈릴레오는 죽은 지

갈릴레오와 비비아니. 실명한 스승에게 배우고 있는 모습이다.

한참 뒤인 1737년에야 산타크로체 대성당 입구의 커다란 기념비 아래에 묻혔다.

갈릴레오의 묘를 파냈을 때 놀라운 일이 일어났다. 관이 두 개가 나왔던 것이다. 두 유골 중 하나는 노인이었고, 다른 하나는 젊은 여자였다. 스승을 위해 아무것도 해줄 수 없었던 비비아니가 스승의 딸 마리아 셀레스테 수녀를 함께 묻어주는 것으로 고인의 명복을 빌었던 것이다.

갈릴레오의 복권은 그가 죽은 지 350년이 지난 1979년에야 "교회가 갈릴레오에게 유죄를 선고한 것은 실수였다"고 인정한 교황 요한 바오로 2세에 의해 이루어졌다.

생이 얼마 남지 않았을 때 한 갈릴레오의 탄식을 옮기는 것으로 이 불행했던 거인에 관한 글을 접기로 하자.

"슬프다. 앞선 모든 시대의 학자들이 보편적으로 받아들였던 한계를 내가 탁월한 관찰과 명석한 논증으로 백배, 아니 천배나 넘게 확장시켜놓은 이 하늘, 이 지구, 이 우주가 이제는 나의 육체적 감각으로 채워지는 좁은 영역 안으로 움츠러들고 말았구나!"

피렌체의 산타크로체 대성당에 있는 갈릴레오의 묘. 조각상은 지구본을 안고 있으며, 손에는 그가 만든 망원경을 들고 있다. 큰딸과 같이 묻혔다.

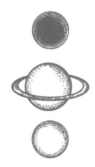

우주의
작동원리를
찾았다!

2 장

하늘과 땅을 통합하다

우리에게 영감을 주는 별들을 바라보라.
절대자의 생각이 느껴지는가?
모든 것들은 뉴턴의 수학을 따라
그들의 길을 말없이 가고 있구나.

– 아인슈타인이 뉴턴을 기념하여 쓴 글

'기적의 해' 1666년

케플러가 평생을 바쳐 추구한 목표는 천상 세계를 움직이는 우주의 조화를 밝히는 것이었다. 케플러의 경우 그것은 신의 마음을 아는 일이기도 했다.

행성의 운동 질서를 정확히 밝힌 케플러의 3대 법칙은 그가 평생을 바친 수고로 얻어진 것이었다. 그러나 그것으로 신의 마음을 모두 알았다고는 할 수 없었다. 그 질서를 받쳐주는 그 무엇, 곧 행성들이 태양 둘레를 돌게 하는 힘이 무엇인가 하는 것은 제대로 설명하지 못했던 것이다. 그는 다만 행성운동의 근본적인 힘은 자기력과

40대 후반의 뉴턴 초상화.
고드프리 넬러가 그렸다.

유사한 성격의 힘이라고 이해했을 뿐이었다.

이와 같은 의문에 정확한 답안을 작성한 사람은 케플러 3대 법칙이 완성되고 70년이 지난 뒤 중력 이론을 발표한 영국의 아이작 뉴턴(1642~1727)이었다. 모든 시대를 통틀어 가장 위대한 천재, 마호메트와 예수 다음으로 인류 역사를 바꾼 인물로 평가받는 뉴턴의 성장과정과 삶에 대해서는 여타 과학사에서 자세히 다루고 있으므로, 여기에서는 뉴턴이 케플러의 뒤를 이어 천문학에 발전에 어떤 기여를 했는가에만 초점을 맞춰 얘기해보기로 하자.

1666년, 런던은 시가지의 5분의 4가 불타는 화재가 있어났다. 이른바 런던 대화재다. 게다가 흑사병까지 돌아 런던은 그야말로 죽음의 도시가 되었다. 케임브리지에서 공부하던 뉴턴은 학교가 문을 닫는 바람에 울즈소프의 고향집으로 내려갔다. 무엇에도 얽매이지 않는 1년여의 기간 동안 그는 수학과 역학, 광학에 몰두했다. 그 결과물들은 엄청났다. 뉴턴의 세 가지 대발견으로 일컬어지는 만유인력의 법칙을 발견하고 미분과 적분의 발견, 빛의 스펙트럼 분해로 빛의 기본성질을 밝혀냈던 것이다.

뉴턴 스스로도 '기적의 해'로 일컫는 이 시기는 그의 나이 스물 네다섯 살 무렵으로, 그의 생애 중 가장 창의력이 폭발했던 때였다. 과학사에서 이와 비슷한 예를 찾자면 아인슈타인이 상대성원리를 발표했던 1905년*을 들 수 있을 뿐이다.

사과와 관련된 유명한 일화도 이 시기의 일이었다. 어느 날 저녁, 달이 막 하늘에서 빛나려 할 즈음, 과수원의 사과나무 아래서 졸고 있던 뉴턴의 머리 위로 사과가 떨어졌다(정말 사과가 머리 위에 떨어졌을까? 뉴턴은 적어도 4번 그렇다고 말했다). 잠에서 편뜩 깨어난 뉴턴은 사과가 왜 아래로 똑바로 떨어지는지 의문을 갖게 되었다.

하늘을 올려다보니 달이 빛나고 있었다. 그 순간 사과는 떨어지는데 달은 왜 떨어지지 않을까 하는 생각이 들었다. 그러다가 달도 떨어지고 있는 중이라는 생각이 떠올랐다. 하지만 달은 지구로 떨어지는 동시에 옆으로 진행하고 있으므로, 이 두 운동의 결합이 지구 주위를 도는 궤도로 나타난다는 데까지 생각이 미쳤다. 만약 지구가 달을 끌어당기는 작용을 하지 않는다면 달은 일직선으로 지구를 지나쳐버렸을 것이다.

마침내 그는 사과가 아래로 떨어지는 데는 어떤 힘이 작용하며, 그 힘은 행성을 포함해 우주 만물에 적용된다는 통찰에 이르렀다. 지구가 태양 둘레를 도는 것 역시 마찬가지라는 생각이 들었다. 지구와 태양은 서로를 잡아당긴다. 말하자면 서로를 향해 끊임없이 떨어지고 있는 것이다. 사과가 땅에 떨어지는 것은 지구에 비해 사과가 너무나 가볍기 때문이다.

사과 같은 물체가 떨어지는 일은 태초부터 있었다. 갈릴레오도 물체의 자유낙하를 실험해본 적이 있었다. 달이 지구 둘레를 돈다는

* 알베르트 아인슈타인이 26살인 1905년, 광양자 가설, 브라운 운동, 특수상대성 이론 등 과학사에 길이 남을 중요한 이론을 불과 몇 달 사이 세 편의 논문으로 발표했기 때문에 이렇게 불린다. 유엔이 그 백주년 되는 2005년을 '물리의 해'로 선포, 인류에 끼친 아인슈타인의 공적을 기렸다.

사실 역시 옛적부터 알려진 것이었다. 그러나 이 두 가지 현상이 같은 힘에 의해 일어난다는 엄청난 사실을 인류 최초로 깨달은 사람은 뉴턴이었다. 뉴턴의 중력법칙을 만유인력의 법칙이라고 하는 까닭이 바로 여기에 있다.

그러나 중력이라는 개념을 창시한 사람은 뉴턴이 아니다. 케플러만 해도 자연의 신비로운 힘이 행성을 운동하게 하는데, 그것은 자기력 비슷한 종류라고 말한 적이 있듯이, '중력은 지구에서만 작용하는 그 무엇'으로 줄곧 가정되어왔다.

뉴턴은 달의 궤도로부터 달이 초당 얼마만큼 지구를 향해 떨어지는지 계산할 수 있었는데, 그것은 사과보다 훨씬 더 느리게 떨어지고 있었다. 이는 필시 달이 사과보다 훨씬 더 먼 거리에 있어 지구 인력이 거리에 비례하여 감소하기 때문일 거라고 뉴턴은 생각했다. 빛의 강도는 거리의 제곱에 반비례한다는 사실이 알려져 있었으므로, 지구의 인력도 그와 같은 방식으로 역제곱 법칙에 따를 것이라 생각했다. 계산 끝에 달의 낙하속도를 구했는데, 그것은 참값의 8분의 7이었다.

생각보다 많은 오차를 보인 이 값은 자기 이론이 정확히 맞지 않음을 말해준다고 생각한 뉴턴은 실망한 나머지 그 이론을 덮고 말았다. 왜 그런 값이 나왔을까? 당시 뉴턴은 지구의 반지름을 참값보다 작은 값을 채택하여 계산한 결과 상당한 오차를 초래했던 것이다.

그 후 중력 이론은 잊혀진 채 있다가 20년이나 지난 뒤인 1684년에 다시 뉴턴의 관심사가 되었다. 1684년 8월 어느 날 동료 천문학자인 에드먼드 핼리(핼리 혜성의 발견자)가 뉴턴을 찾아왔다. 그때 뉴턴은 스승의 뒤를 이어 모교 케임브리지 대학의 루커스 수학 석좌교수로 있었다(스티븐 호킹도 2009년까지 이 자리에 있었다).

핼리는 뉴턴에게 '만약 태양의 인력이 거리 제곱에 반비례한다면 태양 주위를 도는 혜성의 궤도는 어떤 모양일까' 하고 물었다.

얼마 전 건축가이자 천문학자인 크리스토퍼 렌과 세포의 발견자로 유명한 로버트 후크, 그리고 핼리가 한 커피숍에서 토론을 하다가 주제가 천체운동에 이르게 되었다. 큰소리 잘 치는 후크가 그에 관한 법칙이 곧 증명될 거라고 장담했고, 그의 말이 미심쩍었던 렌은 두 달의 여유를 줄 테니 증거를 가져와보라고 말했다. 하지만 후크는 끝내 어떤 증거도 논문도 만들어내지 못했다. 그에게는 그럴 만한 '수학'이 없었던 것이다.

이런 연유로 핼리는 당대 최고의 수학자인 뉴턴을 찾아와 대뜸 혜성 궤도에 관한 질문을 던졌던 것이다.

뉴턴은 조금도 망설이지 않고 대답했다.

"그야 타원이지요."

"그걸 어떻게 알지요?"

"전에 한번 계산해본 적이 있으니까요. 한 20년 전부터 혜성의 궤적을 망원경으로 관측해왔는데, 혜성 운동에 중력법칙을 적용하면 타원궤도가 나오지요."

뉴턴의 말에 핼리는 그야말로 '심쿵'했다. 그 말이 사실이라면 과학사에서 가장 위대한 업적의 하나가 될 거라고 생각했기 때문이다. 그러나 그 계산한 것을 보여달라는 핼리의 요구에 뉴턴은 응할 수 없었다. 성서 연구와 연금술(당시 그는 납을 금으로 바꾸는 연구에 몰두해 있었다), 수학 등 갖가지 내용이 담긴 종이더미가 산처럼 쌓인 속에서 계산한 메모지를 찾아내기란 불가능했기 때문이다. 그래도 핼리는 크게 고무되었다. 당대 최고의 물리학자인 뉴턴이 근거 없는 말을 할 리가 없다고 생각했던 터이다. 뉴턴 역시 핼리에게 고무되어, 다시 한번 그 증명을 하고 이번에는 아예 이론으로 완성해 보여주겠노라 약속했다.

이즈음 뉴턴은 미적분 이론을 완성하여 그 계산에 필요한 수단을 갖고 있었다. 게다가 프랑스의 천문학자 장 피카르가 1671년 새로운 지구 반지름 측정값을 발표했는데, 이것은 뉴턴이 1666년의 계산에 사용했던 것보다 훨씬 정확한 값이었다. 그는 다시 계산했고, 이번에 나온 결과들은 현상과 이론이 딱 일치하는 것이었다!

뉴턴은 곧 9쪽짜리 논문을 완성해 핼리에게 보내주었고, 흥분한 핼리는 논문을 왕립학회에 보내 발표하는 것을 허락해달라고 요청했다. 그리고 논문을 반드시 출판해야 한다고 주장했다. 뉴턴은 크게 숨을 내쉬었다. 출판을 하려면 이것만으로는 부족하다는 생각이 들었다. 태양계 역학 이전에 먼저 모든 운동, 즉 역학의 일반 법칙을 세울 필요가 있었다.

그 후 18개월 동안 뉴턴은 먹는 것도 잊을 정도로 무서운 집중력을 보이며 연구에 몰입하여 1687년 세 권의 책을 세상에 내놓았다. 이것이 인류의 가장 위대한 지적 유산이라고 평가받는『자연철학의 수학적 원리』다. 흔히 '프린키피아'로 불린다. 자연철학이란 형이상학적 관념이 포함된 자연해석이란 뜻으로, 여기에서는 자연과학을 가리킨다.

후크와 벌인 '역제곱' 싸움

이 책의 출간에는 슬픈 일화가 하나 숨어 있다. 중력의 역제곱 법칙 우선권을 놓고 뉴턴과 로버트 후크 사이에 격렬한 논쟁이 벌어졌다. 후크는 최초로 현미경을 발명하여 세포를 관찰한 학자로 유명하다. 뿐만 아니라 물리학, 천문학, 화학 등에도 많은 업적을 남긴 박물학자다. 그는 뉴턴이 6년 전 자기한테서 역제곱 법칙의 아이디어를 훔친 것이라고 주장했다. 그의 말은 사실이지만, 그것을 수학적으로 완성시킨 것은 엄연히 뉴턴이었다.

이 '역제곱' 싸움에서 후크는 패배했다. 먼저 발견했을지는 모르나, 그는 그것을 요리할 연장, 곧 수학을 갖고 있지 못했다. 그의 역제곱 관계 유도는 결함 투성이였다. 여기서도 독립적 통찰에 따라 정확한 분석을 함으로써 보편중력의 법칙을 증명한 것은 뉴턴이었다. 후크가 실패한 데서 최고의 수학자 뉴턴이 성공한 셈이다. 후크 역시 천재이긴 했지만, 뉴턴의 천재성에는 미치지 못해 영광은커녕 누명만 쓴 채 역사의 뒤안길로 밀려났다. 모든 영광은 뉴턴에게 돌아갔다.

관용의 부족은 뉴턴의 성품 중 가장 큰 특징이었다. 후크의 비판에 마음이 상한 뉴턴은 『프린키피아』 제3권의 집필을 거부했다. 몸이 단 핼리가 중간에 나서서 조정하고 달래고 하여 겨우 뉴턴이 다시 펜을 잡게 했다. 뿐만 아니라 출판비까지 부담했다. 뉴턴은 1687년 『프린키피아』 제3권을 낼 때 로버트 후크 이름을 모조리 빼버렸다.

그는 후크에게 보낸 편지에 그 유명한 '내가 남보다 더 멀리 보아 왔다면, 그것은 거인들의 어깨 위에 서 있었기 때문입니다'는 문구를 넣었는데, 이를 두고 어떤 이는 왜소하고 구부정한 체격이라 결코 거인이랄 수 없는 후크를 은근히 모욕한 말이라고 풀이하기도 한다. 근래에 후크에 대한 재평가가 부분적으로 이루어지고는 있지만, 뉴턴의 그늘에 가린 후크로서는 "하늘이 어찌하여 뉴턴과 후크를 같은 시대에 태어나게 했는가?" 탄식했을 법하다.

중력의 작용이 역제곱 법칙에 따른다는 발견 외에 천문학에서 이룬 후크의 업적은 목성 대적점의 발견을 들 수 있다. 목성 대적점이 프랑스의 천문학자 카시니에 의해 발견되었다는 믿음이 널리 퍼져 있지만, 이는 사실이 아니다. 1665년 후크가 개량된 광학 반사망원경을 이용해 목성의 대적점을 관측한 기록을 남겼다.

과학상 가장 위대한 지적 유산

과학사상 가장 위대한 책으로 꼽히는 『프린키피아』에서 제시된 뉴턴의 운동의 세 법칙은 다음과 같다.

1. 외부에서 힘이 가해지지 않으면 물체는 등속 직선운동을 계속한다
   - 관성의 법칙

2. 물체의 운동(운동량)의 변화는 외부에서 가한 힘의 크기에 비례하며, 그 방향은 외부에서 작용하는 힘의 방향과 같다 - 가속도의 법칙

3. 한 물체가 다른 물체에 힘을 가하면, 힘을 받는 물체는 힘을 가하는 물체에 반대 방향으로 똑같은 힘을 미친다 - 작용-반작용의 법칙

© Loodog

뉴턴의 사과나무. 케임브리지 트리니티 칼리지 교정에 있다.

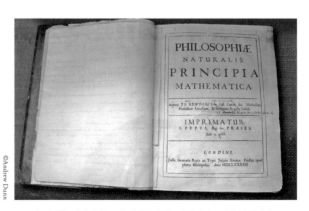

© Andrew Dunn

뉴턴의 『프린키피아』. 2판 인쇄를 위해 뉴턴이 직접 교정을 본 책이다.

과학자들은 세 법칙 중 가장 의미 있는 부분이 '힘=질량×가속도 (F=ma)'라고 하는 가속도의 법칙이라고 입을 모은다. 관성의 법칙과 작용·반작용의 법칙은 갈릴레오와 데카르트의 역학체계를 다룬 내용인 반면, 가속도의 법칙은 뉴턴이 창안해낸 전혀 새로운 개념이다. 모든 힘이 작용하는 곳에는 가속도가 존재한다는 이 법칙은 물리학의 새로운 지평을 열었다.

이 가속도의 방정식은 자연의 운동을 기술하는 최초의 방정식이자 기본형으로 뉴턴 역학의 핵심 개념, 곧 현재의 상태를 알면 미래의 상태를 예측할 수 있다는 심오한 철학을 담고 있다. 그 순간 물체의 운동 상태가 그 물체의 과거와 미래 운동에 대한 모든 정보를 담고 있음을 이 방정식이 알려준다. 또한 이 방정식은 비행기를 하늘로 띄운 날개 양력을 설명해낸 '베르누이 정리'의 기초가 됐으며, 지진해일(쓰나미) 현상, 혈액의 흐름, 빅뱅을 설명할 때도 'F=ma'는 가장 유효한 법칙으로 기능한다.

뉴턴은 운동의 세 법칙에서 중력의 법칙을 이끌어냈다. 뉴턴은 『프린키피아』에서 만유인력의 법칙을 설명하기에 앞서 "나는 이제 세계의 기본 얼개를 선보이겠다"고 자랑스레 선언했다.

일찍이 케플러가 행성 궤도가 타원임을 밝혔지만, 그 원인은 여전히 풀리지 않는 수수께끼였다. 뉴턴은 케플러의 행성운동에 관한 제3법칙(조화의 법칙)에 자신의 원심력 법칙을 적용하여 역제곱 법칙을 이끌어냈다. 그것은 두 물체 사이의 중력이 두 물체 중심간 거리의 제곱에 반비례한다는 법칙이다. 곧, 우주의 모든 물질은 질량의 곱에 비례하고 거리에 반비례하는 힘으로 서로를 끌어당긴다는 것이다. 이른바 만유인력의 법칙이다. 이것은 다음과 같은 간단한 식으로 표현할 수 있다.

$$F = G\frac{m_1 m_2}{r^2},$$

(F는 인력, G는 만유인력 상수, m_1, m_2는 두 물체의 질량, r은 두 물체 사이의 거리)

위 방정식의 뜻은 두 물체의 질량(m_1, m_2)이 커지면 중력(F)은 커지며, 중력의 크기는 두 물체 사이의 거리 제곱(r^2)에 반비례한다는 뜻이다. 또한 두 물체 사이의 거리가 멀어지면 중력은 작아진다.

이 방정식은 갈릴레오나 케플러가 그토록 알고 싶어 했던 천체의 운동 원리를 보여주는 것이다. 만물은 서로를 끌어당긴다. 사과가 땅으로 떨어지는 것은 지구가 우주의 중심이라서 그런 게 아니라, 사과와 지구가 다 질량을 가지고 중력으로 서로를 끌어당기기 때문이다. 다만 지구에 비해 사과의 질량이 너무나 작기 때문에 땅으로 떨어지는 것처럼 보일 뿐이다.

태양과 지구도 마찬가지다. 둘 다 질량을 가지고 중력으로 끌어당기는데, 태양의 질량이 지구에 비해 엄청 크기 때문에 지구가 태양 둘레를 도는 것이다. 뉴턴의 중력 방적식을 이용하면 행성들이 타원궤도를 도는 것을 역학적으로 설명할 수 있다. 행성의 타원궤도는 반세기 전 케플러가 튀코의 관측자료를 분석하여 알아낸 것이다. 수십 년간 튀코가 고된 작업으로 모았던 관측기록들도 이 방정식 하나로 다 알아낼 수 있는 것이었다. 만약 케플러가 이 뉴턴의 만유인력을 듣는다면 얼마나 기뻐했을까?

여기서 알 수 있겠지만, 뉴턴의 중력법칙은 우주 어디에서나 성립하는 보편 법칙이다. 뉴턴은 이 법칙 하나로 하늘과 땅을 통합한 것이다. 우주 안의 만물은 이 공식으로 서로 감응한다. '나'라는 존재도 온 우주의 만물과 서로 중력을 미치고 있다. 우리 집 마당에 사과 한 알이 떨어져도 온 우주가 그 사실을 알고 감응한다는 말이다. 만유인력의 법칙은 태양 중심주의를 물리학적으로 완전히 규명해낸 것으로, 이로써 코페르니쿠스 체계가 옳다는 것이 결정적으로 증명되었다. 지동설은 뉴턴에 의해 드디어 짝이 맞는 역학체계를 갖추게 되었다.

태양과 달, 지구가 같은 물리력의 영향을 받는다는 뉴턴의 주장은 인류의 우주관을 바꿔놓을 만큼 엄청난 것이었다. 뉴턴은 '보편중력'이라는 개념으로 태양과 달, 지구의 인력을 설명했고, 밀물과 썰물의 원리도 찾아냈다. 뉴턴 이전 사람들은 땅 위에서 일어나는 법칙은 땅에서만 가능할 뿐 하늘(우주)이나 바다 속에서는 다른 법칙이 적용된다고 믿었다.

『프린키피아』에서 뉴턴은 행성의 운동을 비롯하여, 조석의 움직임, 진자의 흔들림, 사과의 낙하 같은 다양한 현상들을 단일 원리로 통일하고, 다시 그것을 수학적으로 완벽하게 제시했다. 이 놀라운 솜씨는 마침내 지상의 물리학과 천상의 물리학을 하나로 통합했다. 이것은 갈릴레오가 그토록 이루기를 갈망했으나 끝내 성공하지 못했던 것이었다. 당시 철학자들은 운동의 개념을 물리적, 정신적인 것까지 포함한 모든 현상의 기초라고 생각했다. 이 모든 운동의 뒤에 숨어 있는 유일한 원동력, 즉 중력을 뉴턴이 찾아냈던 것이다.

뉴턴 물리학은 이 세계 안에서 비물질적인 것이 영향을 미친다는 생각의 여지를 허용하지 않았다. 이전에 천상의 세계는 비물질적이며 완전하고 불변하는 신의 세계였다. 그러나 뉴턴은 우주에서 비물질적이고 관념적인 것들을 모두 걷어내고 하나로 통합시켰으며, 인류는 문명사 6천 년 만에 비로소 우주를 이성적으로 사고할 수 있게 된 것이다.

뉴턴 역학이 전하는 복음은 분명했다. 이 세계는 우주 역학의 결과이며, 모든 천체들이 고유한 질량과 그것들의 운행에서 나오는 힘들에 의해 움직이고 있다는 것이다. 행성 운동은 말할 것도 없고, 우주 안에서 일어나는 모든 현상은 원자들의 상호관계에서 일어나는 역학의 결과이다. 그러므로 이 세계 안에 우연이란 것은 없다. '자연은 일정한 법칙에 따라 운동하는 복잡하고 거대한 기계'라고 하는 뉴턴의 역학적 자연관은 18세기 계몽사상의 발전에 지대한 영향을 주었다.

중력을 전달하는 '유령'

우주의 작동원리를 설명하는 뉴턴의 중력이론에도 약점이 없는 것은 아니었다. 만물은 서로를 끌어당긴다고 하는데, 무엇으로 끌어당긴다는 말인가? 예컨대 지구와 달이 서로 끌어당기는 힘, 즉 중력으로 묶여 있는 거라면 달과 지구 사이에 '무엇'이 있어 그런 힘을 전해준다는 말인가? 특히 라이프니츠 같은 대륙의 기계론자들은 뉴턴이 '유령'을 불러내어 기계론적 우주론을 매장해버렸다고 비판했다. '유령'이란 중력이 진공상태에서도 힘을 전한다는 '원격작용'을 일컫는 것이다. 무릇 힘이란 매개체가 있어야 전해진다. 무엇이 중력을 전하는가?

이 질문에 천하의 뉴턴도 답안을 작성할 수 없었다. 그는 이에 대한 변명으로 『프린키피아』 서문에 이렇게 썼다. "나는 가설을 세우지 않는다. 내가 뜻하는 바는 이런 힘들에 대한 수학적 관념을 제공하는 것일 뿐이지, 그것들의 원인이나 소재를 밝히는 것은 아니다."

말하자면, 뉴턴 역시 만유인력의 본질에 대해서는 알고 있지 못하다는 고백이다. 모르는 상태에서 이러저런 얘기를 하고 싶지 않다는 것이다. 그러므로 뉴턴의 만유인력 법칙은 제품의 원재료는 밝히지 않고 사용설명서만 붙어 있는 꼴이다. 이 중력의 본질 문제는 나중에 아인슈타인에 의해 큰 전환을 맞게 되지만, 지금까지도 그 본질은 명확히 밝혀지지 않았다.

어쨌든 우주의 작동원리를 진술하는 뉴턴의 만유인력 법칙과 운동방정식은 자연현상의 인과관계를 가장 완벽하게 입증한 최초의 강력한 도구로, 그 후 200년간 압도적인 찬양을 받으며 막강한 영향력을 발휘했다. 언제나 정확하고 완벽한 예측능력을 보여주었으며 어떤 예외적인 반례도 나타나지 않았다. 지금도 목성으로 우주선을 발사하거나 토성으로 카시니 탐사선을 보내기 위해 정밀한 궤도 계산을 하는 데 뉴턴의 운동방정식과 중력방정식을 쓰고 있다.

그런데 뉴턴의 중력이론이 범우주적으로 적용되는 위대한 보편

법칙인지는 뉴턴 스스로도 깨닫지 못했던 것 같다. 뉴턴은 500년에 한 번쯤 신의 신성한 손길이 있어야 태양계가 유지될 것이라고 생각했다. 그러나 뉴턴의 후계자들은 뉴턴보다 더 뉴턴의 이론을 신봉했고, '프랑스의 뉴턴'이라 불린 『천체역학』의 저자 라플라스는 나폴레옹에게 "우주를 설명할 때 신이라는 가설은 필요치 않다"고 큰소리치기까지 했다.

신의 마음에 가장 가까이 간 사람

뉴턴과 케플러의 관계를 잠시 짚고 넘어가기로 하자. 뉴턴이 이 같은 위대한 발견을 한 데에는 케플러의 공이 지대했음은 누구도 부인할 수 없는 사실이다. 뉴턴 역시 핼리에게 보낸 편지에서 "나는 약 20년 전쯤에 행성운동에 관한 케플러의 법칙에서 이 관계를 추론해낼 수 있었습니다"라고 고백한 적이 있었다. 그럼에도 불구하고 그는 『프린키피아』에 케플러에게 바치는 감사의 말 한마디 하지 않았다. 그가 '거인들의 어깨 위'라고 자못 겸손한 듯 말했을 때, 케플러야말로 거인들의 가장 앞줄에 있었을 텐데도 말이다.

그렇다고 그가 인류에게 준 위대한 선물의 값어치가 감소되는 것은 아니다. 뉴턴 역학으로 인해 우리는 우주의 작동원리와 우주에 대해 깊은 이해에 도달할 수 있는 열쇠를 갖게 된 것이다. 지금도 지구 궤도를 돌고 있는 수많은 인공위성들의 궤도 계산이나 로켓 발사, 그리고 우주 탐사선 등이 모두 300여 년 전에 확립된 뉴턴의 이론적 모델에 기초하고 있다는 것만 보더라도 뉴턴의 공적이 얼마나 큰 것인지를 알 수 있다.

사람들은 뉴턴을 가리켜 '신의 마음에 가장 가까이 간 사람'이라 평했다. 미적분의 발견을 놓고 오랜 기간 뉴턴과 증오에 찬 논쟁을 벌였던 라이프니츠까지 "인류 역사상 뉴턴이 살았던 시대까지의 수학을 놓고 볼 때, 그가 이룩한 업적이 반 이상이다"라고 상찬했다. '낙관주의자의 아버지'로 불리던 라이프니츠는 그런 면에서 대인배였다.

뉴턴의 『프린키피아』가 가져다준 영향은 엄청난 것이었다. 인류가 그토록 찾아헤맸던 우주의 작동원리를 제시함으로써 인간이 우주를 이성적으로 이해할 수 있게 되었으며, 탐구의 대상으로 삼을 수 있다는 사실을 확인시켜주었던 것이다. 아인슈타인은 "이렇게 신비로운 우주를 인간이 이해할 수 있다는 것이 가장 이해하기 힘든 일이다"라는 말을 남겼다.

1999년 미국의 《타임》지는 밀레니엄을 분석한 기사에서 17세기의 인물로 뉴턴을 선정하면서 다음과 같은 찬사를 바쳤다. "그는 이성적인 우주를 상상하고 증명해냈다. 실제로 인류의 정신을 다시 고안해낸 것이다. 뉴턴은 이전에 누구도 상상하지 못했던 지적 도구뿐만 아니라, 인류에게 전례가 없는 자신감과 희망을 주었다."

뉴턴의 천재성과 권위를 말해주는 재미있는 일화가 있다. 1696년 스위스의 수학자 장 베르누이가 당시까지 미해결로 남아 있던 최속강하선 문제*를 동료 수학자들에게 도전 형식으로 제시했다. 처음엔

---

* 수직으로 서 있는 평면에 두 점 O, A가 주어졌다고 하자. 이때 동점動點 하나가 어떤 곡선을 따라 높은 점 O에서 떨어지기 시작하여 낮은 위치 A에 도착한다고 하자. 이 동점이 움직이는 동안 중력만이 작용하여 도달하는 데 걸리는 시간이 가장 짧으려면, 동점은 어떤 곡선을 따라 떨어져야 하는가?

'신의 기하학자' 뉴턴. 윌리엄 블레이크가 그렸다. 영국 테이드 모던 미술관 소장.

기한을 6개월로 잡았지만, 라이프니츠의 요청으로 1년 반으로 연장했다. 뒤늦게 문제를 받아든 뉴턴은 그날 오후 4시에 서재로 들어가 다음 날 아침 출근 때 문제 풀이를 익명으로 부쳤다. 뉴턴은 하룻밤 사이에 변분법이라는 전혀 새로운 분야의 수학을 개발해 그것으로 문제를 풀었던 것이다.

주인공의 이름은 저절로 밝혀졌다. 해답을 받아든 베르누이가 말했다. "발톱자국을 보아하니 사자가 한 짓이로군." 뉴턴의 나이 55세 때였다. 또 다른 일화 역시 베르누이가의 일원과 연관된 것이다. 베르누이가는 여러 명의 저명한 수학자를 배출한 스위스의 수학 명가다. 그중 수리물리학의 창시자로 불리는 다니엘 베르누이의 얘기다. 그가 여행 중에 사귄 사람과 통성명할 때 "나는 다니엘 베르누이입니다"라고 하자, 상대방이 웃으며, "그렇다면 나는 아이작 뉴턴입니다"라고 맞받았다. 베르누이는 이 말을 자기 일생일대의 찬사였다고 죽을 때까지 되뇌며 기뻐했다고 한다.

'바닷가에서 노는 아이'

『프린키피아』로 일약 명사의 반열에 오른 뉴턴은 그 밖에도 뉴턴식 반사 망원경을 만드는 등 광학과 수학에서 많은 업적을 남겼다. 사회적으로는 왕립학회 회장, 국회의원, 조폐국 장관 등을 역임하고 기사작위를 받는 등, 줄곧 영달의 길을 걸었지만, 개인적으로 볼 때 행복한 삶을 살았다고 하기는 어려웠다. 신은 한 사람에게 모든 것을 다 주지는 않는 모양이다.

신이 뉴턴에게 주지 않았던 것은 또 하나 있다. 별의 진화에 대한 연구로 노벨상을 받은 찬드라세카르로부터 인류 최고의 과학천재라는 평을 받기도 한 뉴턴이지만, 단순한 현실문제에서는 사뭇 헤매는 일면을 갖고 있었다.

무엇에 한번 집중하면 어떤 것도 뉴턴을 방해할 수 없었다. 그래서 그는 번번이 식사하는 것도 잊은 채 지나갔으며, 주변 사람에게 자기가 밥을 먹었느냐고 묻곤 했다. 태양을 정면으로 오래 보다가 실명할 뻔한 일까지 있었다.

개와 고양이를 기르고 있었던 뉴턴은 담벼락에 고양이가 다닐 수 있는 구멍을 하나 뚫어주었다. 그런데 개는 덩치가 커서 그 구멍으로 다닐 수가 없었다. 뉴턴은 그 옆에 다시 큰 구멍을 하나 더 뚫었다. 하인이 말했다. "아니, 주인님, 작은 구멍을 좀 더 넓히면 되지 왜 또 구멍을 뚫으셨어요?" 뉴턴은 이에 아무 대꾸도 하지 못했다.

찬드라세카르로부터 아인슈타인이 뉴턴에 비해 차이가 많이 나는 2등이라는 평을 받은 것은 좀 지나치지 않은가 하는 평가도 있겠지만, 거기에는 충분히 그럴 만한 이유가 있다. 아인슈타인은 수학에 그다지 고수가 아니었다. 그래서 연구를 하면서도 수학을 잘하는 친구의 도움을 많이 받았다. 그러나 뉴턴은 위에서 말했듯이 미적분을 발견한 당대 수학의 최고봉이었다. 역사상 가장 위대한 수학자 세 사람을 꼽으라면 아르키메데스, 가우스, 뉴턴을 꼽는다. 그러니 한참 앞서는 과학천재 1위라는 데 토를 달 사람은 없을 것이다.

이런 천재인 뉴턴도 연애에는 소질이 없었던 모양이다. 그는 평생 결혼하지 않은 채 독신으로 살았으며, 로맨스라고는 대학 입학 전 하숙집 딸을 잠시 좋아했던 것이 전부였다. 늙어서는 조카딸 내외의 보살핌을 받았는데, 한때 몰두했던 연금술 연구에서 얻은 수은 중독 때문에 만년엔 심한 신경쇠약을 앓기도 했다. "지난 1년 동안 제대로 먹지도 자지도 못했네. 이전의 일관성 있는 정신도 잃어버렸다네. 분별력이 있는 지금 자네와의 관계를 끊어야겠어. 이젠 다른 친구들도 그만 만나야 될 것 같네"라는 더없이 슬픈 편지를 친구에게 쓰기도 했다.

자신이 발견한 것을 남에게 빼앗길까 봐 늘 전전긍긍했고, 동료 과학자들과 경쟁적이었던 나머지 평생 수많은 적들을 만들고 그들과 싸웠던 뉴턴은 영국 작가 올더스 헉슬리의 말처럼 '우정, 사랑, 부성애 결핍 등 인간적인 면에서는 최악'이었을지도 모른다. 그러나 그가 인류에게 준 선물로 인해 인류는 오늘의 문명사회로 성큼 다가서게 되었다는 점을 부정할 수 없다. 미항공우주국NASA의 과학자들이 명왕성이나 목성의 위성 타이탄에 보내는 탐사 우주선의 항로를 산출하는 데 이용하는 것도 다름아닌 뉴턴의 중력과 운동법칙이다. 인류가 오늘처럼 우주탐사를 해나갈 수 있게 된 것이 모두 뉴턴의 놀라운 업적 덕분인 것이다.

뉴턴은 1727년 3월 20일 새벽, 폐렴 발작과 통풍으로 숨을 거두었다. 향년 85세. 장례식은 성대했다. 여섯 명의 고관대작이 뉴턴의 관을 왕족과 명사들이 묻혀 있는 웨스트민스터 교회로 운구했고, 수만 명의 사람들이 그 뒤를 따랐다. 프랑스 철학자 볼테르도 그 속에 끼어 있었다. 역사상 이처럼 극진한 예우를 받은 과학자는 뉴턴이 유일할 것이다.

뉴턴의 마지막 안식처는 웨스트민스터 사원의 중심부에 마련되었다. 그의 가까이에는 제프리 초서, 로버트 브라우닝, 알프레드 테니슨 같은 쟁쟁한 시인들이 누워 있다. 그리고 가장 가까이에는 거대 망원경으로 무한의 밤하늘을 열어주었던 위대한 천문학자로 천왕성을 발견한 존 허셜이 있다. 뉴턴의 묘비에는 동시대의 시인 알렉산더 포프의 시가 새겨졌다.

> 자연과 자연의 법칙들이 어둠 속에 숨어 있었다.
> 신께서 "뉴턴이 있으라" 하시자, 만물이 밝아졌다.

뉴턴도 죽기 바로 전 스스로를 돌아보는 다음과 같은 아름다운 글을 남겼다.

"내가 세상 사람들에겐 어떻게 보였을는지 모르지만, 내게는 바닷가에서 노는 아이로 보였을 뿐이다. 인간의 발길이 전혀 닿지 않은 드넓은 진리의 바다, 그 앞에서 이따금씩 여느 것보다 더 매끄러운 조약돌이나 더 예쁜 조가비를 발견하고는 즐거워하는 아이였을 뿐이다."

영국 트리니티 대학에 있는 뉴턴 흉상 아래에는 다음과 같은 뜻의 라틴어가 새겨져 있다. "모든 인류 중 그보다 똑똑한 사람은 존재하지 않았다."

벤틀리의 역설

"세계의 기본 얼개를 펼쳐 보이겠다"는 호언장담으로 시작되는 뉴턴의 『프린키피아』는 출간되자마자 많은 논쟁을 불러일으켰다. 그 논쟁 중의 하나가 바로 '벤틀리의 역설'이다.

천문학의 역사에서 유명한 역설이 두 개 있는데, 독일의 천문학자 하인리히 올베르스가 제기한 '올베르스의 역설'과 이 벤틀리의 역설이 바로 그것들이다. 벤틀리의 역설 역시 올베르스의 역설과 마찬가지로, 우주가 유한한가, 무한한가 하는 문제에서 제기된 것이다.

문제의 발단은 뉴턴의 중력이론이 우주가 유한하든 무한하든 반드시 모순을 일으킨다는 점이다. 이건 보통 문제가 아니다. 어쩌면 뉴턴이 호언한 중력이론 자체를 뒤집어엎을 성질의 큰 모순인 것이다.

이 모순을 처음으로 지적한 사람은 영국의 성직자인 리처드 벤틀리(1662~1742)였다. 1692년 그는 뉴턴에게 편지를 보냈다. 우주가 만약 유한하다면, 모든 우주 안의 별들은 인력으로 한데 뭉쳐져 처참한 종말을 맞을 것이고, 반대로 우주가 무한하다면, 임의의 물체를 모든 방향에서 잡아당기는 힘도 무한할 것이므로 모든 별들이 사방으로 찢겨져 혼돈에 찬 종말을 맞게 될 것이다. 그런데 왜 우주는 멀쩡한가? 이것이 바로 중력이론을 우주에 적용할 때 나타나는 역설적인 결과를 최초로 지적한 벤틀리의 역설이다.

뉴턴 역시 중력이론의 모순을 알고 있었다. 심사숙고 끝에 내놓은 뉴턴의 대책은 이런 것이었다. "우주공간에 떠 있는 하나의 별이 무한히 많은 다른 별들에 의해 당겨지고 있다면, 오른쪽으로 끌어당기는 힘과 왼쪽으로 끌어당기는 힘이 서로 상쇄될 것이다. 모든 별들이 이런 식으로 균형을 이루고 있기 때문에 정적인 우주가 유지된다. 그러려면 우주는 무한하며 균일해야 한다."

그러나 이 정적인 균형은 위태롭다. 수많은 별들 중 하나만 삐끗해도 일시에 균형이 무너져 우주적인 대파국을 맞을 수 있기 때문이다.

"별들은 떨어지지 않는다. 우주에는 떨어질 중심점이 없기 때문이다"고 주장하던 뉴턴은 그래도 신의 자비를 구하며 다음과 같이 편지를 마무리했다. "태양과 항성들의 중력에 의해 한 점으로 붕괴되지 않으려면 전지전능한 신의 기적이 계속해서 일어나야 할 것입니다."

지금에서 보면 황당한 얘기처럼 들릴 수도 있는 말이지만,『프린키피아』자체를 인간에게 신의 길을 가르치기 위한 노작으로 보는 뉴턴으로서는 무난한 결론이기도 할 것이다. 오히려 과학이란 단지 물리적 우주를 이해하려는 시도일 뿐이라는 현대의 견해를 뉴턴이 듣는다면 크게 놀랄 것이 틀림없다.

자, 이제 위 역설의 정답을 말해보자. 정답은 빅뱅우주론이 되겠다. 우리가 잘 알다시피 우주는 결코 뉴턴 생각처럼 정적이 아니며, 인력에 반하는 팽창력이 척력으로 작용함으로써 지금의 상태를 유지하고 있는 것이다.

별들도 움직인다고?

무엇을 위한 것인지는 모르지만,
우주에는 일관된 계획이 있다.
– 프레드 호일(영국 천문학자)

핼리 혜성의 발견자

맑은 밤하늘에서 우리가 맨눈으로 볼 수 있는 별의 수는 약 6천 개이다. 우리가 보통 별이라고 하는 것은 태양계에 속해 있는 행성과 위성, 소행성, 혜성 등 천체를 제외하고 밤하늘에서 반짝이는 '항성恒星'을 일컫는다. 항성이란 모두 스스로 빛을 내며, 천구상에서 움직이지 않는 것처럼 보이기 때문에 붙여진 이름이다. 한자의 '恒星'이나 영어의 'fixed star'가 다 그런 뜻이다. 고대인들은 항성들이 붙어 있는 수정천구가 있다고 생각하고, 이를 항성천구라 불렀다.

지동설의 확립으로 이 항성천구라는 개념은 깨어졌지만, 근세에

이르도록 여전히 항성이 불변, 부동
의 존재라는 생각에는 변함이 없었
다. 그런데 이 항성도 움직인다는 사
실을 발견한 사람이 나타났다. 바로
핼리 혜성으로 유명한 영국의 에드
먼드 핼리다. 핼리 혜성의 발견으로
가려진 감이 없지 않지만, 이 항성의
고유운동 발견은 천문학에 미친 최
대 공헌으로 높이 평가되고 있다. 이

30대 초반의 에드먼드 핼리

로써 인류의 영역이 태양계 바깥으로까지 확장되었기 때문이다.

핼리는 입지가 빨랐던 인물이다. 일찍이 천문학에 관심이 깊어 스
무살 때 그리니치 천문대의 왕립 천문학자였던 존 플램스티드의 조
수가 되었다. 천문대에서 개인적인 관측을 마음대로 할 수 있게 되
자 그는 다니던 옥스퍼드 대학을 그만두고, 한 번도 시도되지 않았
던 남반구 하늘을 정확하게 관측하기 위해 아프리카 서해안의 세인
트헬레나 섬으로 가는 배에 올랐다.

1677년 11월 7일, 핼리는 거기서 수성이 지구와 태양 사이의 일직
선상에 놓이는 태양면 통과* 현상을 관측하고, 금성의 태양면 통과
를 이용하면 태양계의 확실한 크기를 결정할 수 있음을 깨달았다.
섬에서 진자 실험을 하기도 했던 핼리는 망원 조종기를 가진 커다란

---

* 지구에서 보았을 때, 내행성이 태양면을 통과하는 현상으로 일면통과라고도 한다. 통과는 세 개의 천체
가 같은 시선상에 일렬로 늘어서야 발생한다. 수성은 7, 13, 46년 주기로 태양면 통과가 일어나고, 금
성은 235, 243년마다의 6월 7일이나 12월 8일에 태양면 통과가 일어난다. 옛날에는 태양면 통과를 통
해 태양까지의 거리를 산정할 수 있는 위치 측정자료가 얻어졌다.

육분의를 이용하여 관측을 한 후, 남반구의 별들을 목록화하는 작업을 했다.

1679년 22살 때 귀국한 그는 『남반구 천체목록』을 출판한 데 이어, 「행성의 궤도에 대하여」라는 논문으로 대학 졸업자격을 인정받고, 왕립협회 회원으로 선출되어 당당한 천문학자로 입신했다. 『남반구 천체목록』에는 341개의 남반구 별들의 위치가 설명되어 있으며, 그의 관측결과들이 성도에 추가됨에 따라 천문학자로서의 명성을 얻게 되었다.

혜성의 회귀를 예언하고 죽다

영국으로 돌아온 지 4년째가 되던 핼리는 그의 삶에서 전기가 된 천문학적 사건을 맞게 되었다. 장대한 꼬리를 가진 대혜성이 출현한 것이다! 오늘날 핼리 혜성이라 불리는 그것이다.

태양계의 방랑자, 혜성은 태양이나 큰 질량의 행성에 대해 타원이나 포물선 궤도를 도는 태양계에 속한 작은 천체를 뜻하며, 우리말로는 살별이라고 한다. 혜성彗星의 '혜彗'가 '빗자루'라는 뜻에서도 알수 있듯이, 빛나는 머리와 긴 꼬리를 가지고 밤하늘을 운행하는 혜성은 예로부터 고대인들에 의해 많이 관측되었다. 그리스어로 혜성을 코멧Komet이라 하는데, 머리털을 뜻한다.

고대로부터 혜성은 불길한 징조로 여겨져왔다. 핼리의 시대에도 혜성은 불행을 알리기 위해 하늘로부터 파견된 사자라는 믿음이 널리 퍼져 있었다. 하지만 뉴턴의 친구인 핼리는 누구보다 만유인력을 잘 이해하고 있었다. 우주의 모든 천체는 만유인력의 영향을 받는다. 이는 곧 혜성이 태양을 향해 떨어져가다가 이윽고 태양을 초점으로 유턴하게 됨을 뜻한다. 핼리는 혜성 연구에서 뉴턴 역학을 적용한 결과, 혜성들이 태양 주위를 타원궤도로 돌고 있고, 혜성들의 궤도는 역제곱 법칙을 성립시킨다는 것을 알아냈다.

핼리는 혜성에 관한 과거의 기록들을 샅샅이 조사했다. 그 결과, 76년 전인 1607년, 그리고 다시 76년 전인 1531년에 밝은 혜성이 나타났다는 사실을 알 수 있었다. 또 그전의 기록들에도 밝은 혜성이 75년 내지 76년을 주기로 관측되었다. 1607년의 혜성에 대해 케플러는 "무한에서 무한으로 직선으로 움직인다"는 결론을 내리고 있었다.

핼리는 위의 혜성들이 모두 같은 것이라고 확신하고, 이 혜성은 약 3/4세기의 공전주기로 거대한 타원을 그리며 태양 둘레를 도는 태양계의 일원이라는 결론을 내렸다. 주기가 좀 차이나는 것은 목성의 인력 때문이라고 생각했다. 핼리는 1705년 뉴턴의 역학을 적용하여 그 궤도를 산정하고 『혜성 천문학 총론』이란 책을 펴냈다.

핼리의 추측이 맞다면, 1682년 밤 인류에게 엄청난 흥분을 불러일으킨 혜성은 다음에는 1758년 말이나 1759년 초에 돌아올 것으로 예상되었다. 핼리가 그때까지 산다면 102살이 될 터이다. 그래서 핼리는 다음과 같은 글을 남겼다. "만약 우리가 예측한 바가 맞다면, 이 혜성은 1758년경에 다시 돌아와야 한다. 그때 우리의 정직한 후손들은 이 혜성이 영국인에 의해 최초로 발견되었음을 감사히 여길 것이다."

핼리는 86살로 세상을 떠났다. 따라서 자신의 예언이 맞았는지 확인하지 못했다. 그러나 예언은 정말로 성취되었다. 핼리가 죽은 지 15년이 지난 1758년, 천문학계는 혜성에 대한 기대와 흥분으로 가득 차 있었다. 이윽고 혜성은 크리스마스 전날 밤 그 아름다운 모습을 나타내며 접근해왔다. 하늘에 나타난 '혜성의 귀환'을 맨 먼저 본 사람은 천문학자가 아니라, 아마추어 별지기인 독일의 한 농부였다. 그는 성탄일 밤 망원경을 들여다보다가 물고기자리 근처에서 빛나는 한 점을 발견했다. 그 후 이 대혜성은 핼리 혜성이라 불리게 되었다.

인류가 최초로 혜성 중에 주기적인 것이 있다는 것을 알게 된 것은 순전히 에드먼드 핼리 덕분이다. 핼리 혜성이 인류에게 모습을 드러낸 이래, 가장 오래된 기록은 기원전 467년 중국 주나라 시대의 문서에서 찾아볼 수 있다. 고대의 기록을 보면, 지금까지 모두 29회의 출현 기록이 있다.

우리나라에서는 혜성을 '빗자루별' 또는 '객성客星'이라고 불렀는데, 『조선왕조실록』에 보이는 핼리 혜성에 관한 여러 기록 중 1835년의 기록을 보면 다음과 같다. "혜성이 저녁에 북극성 부근에 나타났는데, 빛은 희고 꼬리의 길이는 2척 가량이었으며 북극과의 거리가 32도였다. 또 4경에 혜성이 서쪽으로 사라졌는데, 헌종은 측후관을 임명하여 윤번으로 숙직하게 했다."

핼리 혜성은 대부분 얼음과 먼지로 이루어져 있으며, 얼음의 80%는 물이, 15%는 일산화탄소가 얼어붙은 것이다. 나머지는 이산화탄소, 메탄, 암모니아 등이 섞여 있다. 다른 혜성들도 화학적으로 대략 이와 비슷한 구성을 보이고 있다.

1986년 3월 8일에 찍은 핼리 혜성. 76년 주기로 지구를 찾아온다.
앞으로의 방문 연도는 2061년 여름.

근대에 들어 핼리 혜성은 1910년에 이어 1986년에 다시 지구에 출현했다. 이때 각국은 탐사기를 쏘아올렸는데, 소련의 베가 1호, 유럽 우주기구의 지오트 탐사기, 일본의 플래닛 탐사기 등의 카메라에 잡힌 핼리는 얼음에 덮인 핵과 긴 꼬리를 가진 장대한 모습이었다.

다음의 방문 연도는 2061년 여름이다. 지금 지구상에 살고 있는 사람들 중 나를 포함한 과반의 사람들은 이 대혜성이 태양을 향해 장대한 꼬리를 끌며 날아가는 장관을 볼 수 없을 것이다.

항성도 움직인다

천문학사에서 핼리가 유명해진 것은 핼리 혜성 덕분이지만, 사실 그의 최대 업적은 항성의 고유운동 발견이다. 이 발견은 순전히 그의 독특한 취미 덕분이었다.

그는 시간이 있을 때마다 과거의 천문기록을 들춰보는 게 취미였다. 그러다가 프톨레마이오스(100~170년경)의 저작물과 히파르코스(BC 190경~120경)의 관측자료를 자신의 자료와 비교하기 시작했다. 그러던 중 1718년 핼리는 마침내 놀라운 사실을 발견했다. 당시에 관측된 별과 옛날 그리스의 히파르코스가 관측한 별을 비교하여, 약 1,800년 동안에 그 위치에 상당한 차이가 생긴 것을 알았다. 즉, 알데바란(황소자리)은 15°, 시리우스(큰개자리)는 0.5°, 아르크투루스(목자자리)는 1°나 움직인 것이다.

핼리는 다음과 같은 생각을 했다. "문제가 되는 3개의 별은 밤하늘에서 가장 잘 눈에 띄는 별들이기 때문에 지구 가까이에 있는 게 틀림없다. 만약 그들이 스스로 고유의 운동을 하고 100년이나 200년 사이에 눈에 안 띌 정도로 조금씩 움직여 1,800년이란 긴 세월이 지나서야 비로소 그 위치 변화가 나타난 게 아닐까?"

그는 마침내 별들은 오랜 세월에 걸쳐 그 위치가 조금씩 달라지며, 별자리의 모양도 변한다는 결론을 내렸다. 말하자면, 별들이 벌떼 속의 벌처럼 은하계 안에서 움직인다고 생각했던 것이다. 이는 혁명적인 발상의 전환이었다. 예로부터 항성은 움직이지 않는 붙박이별이라고 생각해왔고, 지동설이 보편화되고서도 항성의 부동설은 요지부동이었다. 따라서 행성(고대에는 해와 달도 행성으로 생각했다)의 위

1902년 엽서에 그려진 왕립 그리니치 천문대.

치를 구할 때 믿을 수 있는 이정표 구실을 했다.

그러나 '항성도 움직인다'는 핼리의 놀라운 주장은 잘 받아들여지지 않았다. 무엇보다 그 주장을 뒷받침할 확고한 증거가 없었고, 게다가 겨우 별 3개의 위치 변화를 모든 별에 적용하는 것이 무모한 시도로 보였기 때문이다.

핼리의 위대한 발견이 완전히 입증된 것은 19세기 이탈리아의 피아치(1746~1826)에 의해서였다. 피아치는 개량된 관측기기로 항성의 위치를 정밀하게 관측하여 1813년 7,646개의 항성목록을 출판하였다. 이로써 항성의 고유운동이 결정적으로 입증되었고 이에 대한 연구가 급속히 이루어졌다. 핼리의 발견이 백년 만에 인정받기에 이른 것이다. 항성의 고유운동 발견은 핼리가 천문학에 미친 최대 공헌으로 평가받고 있다. 이를 통해 과학자들은 처음으로 드넓은 태양계 밖으로 눈길을 주게 되었던 것이다.

별의 고유운동을 보다 정밀히 측정할 수 있게 된 것은 19세기 이후 사진술의 발명 덕분이었다. 사진은 천문학자의 관측에 엄정한 객관성을 제공함으로써 천문학의 발전에 엄청난 기여를 했다. 오랜 기간을 두고 촬영한 특정 별의 위치 사진들을 비교하면 별의 위치이동을 정밀하게 잡아낼 수 있게 된 것이다. 하지만 별의 고유운동에 의한 위치이동은 매우 작게 나타나므로, 보통 10년 이상의 간격을 두고 사진을 찍어야만 잡아낼 수 있다.

20세기 초에 들어서는 고유운동에 관한 더욱 진전된 발견이 이루어졌다. 1904년, 네덜란드의 캅테인(1851~1922)이 여러 별의 고유운동 방향을 분석한 끝에 항성 사이에 두 가지 운동의 흐름이 있다는 사실을 발견했다. 그는 항성의 고유운동이 태양을 포함한 항성 집단, 즉 은하의 회전 때문이라는 새로운 사실을 밝혀냈다. 그는 또 은하수를 관측하여 근접 별에 대한 실제 거리를 활용하는 방법으로 은하계의 규모를 결정했다. 그의 은하계는 2만 3천광년의 길이와 6천광년의 두께를 가진 것으로 허셜의 모델보다 4~5배는 컸지만, 참값인 10만 광년과는 여전히 큰 차이를 보였다.

항성의 위치는 오랜 세월에 걸쳐 조금씩 변한다. 실제로는 초당 수백 킬로미터씩 움직이지만, 광막한 우주공간에서는 몇천 년 달아나봤자 지구에서 보면 솜털 길이 정도로 인식될 따름이다. 이러한 별의 고유운동에 의해 별자리의 모양도 변하며, 1년 동안 움직인 각도를 적경과 적위 성분으로 초($''$)단위로 나타낸다.

현재 천구의 별들 중 고유운동이 가장 큰 별은 뱀주인자리의 10등성인 바너드 별로, 매년 10.3″나 움직인다. 고유 운동이 큰 천체는 태양과 가까이 있다는 의미가 된다. 태양에서 약 6광년 거리에 있는 바너드 별의 실제 이동속도는 지구 공전속도의 5배에 가까운 초당 142km나 된다. 그러나 이 별이 백년을 달아나봤자 지구까지 거리의 100분의 1에도 못 미친다.

현재 태양 근처 가까운 별들 중 태양에 대해 가장 큰 속도로 움직이는 별은 지구에서 14광년 떨어진 처녀자리 별 울프 424로, 초당 555km에 이른다. 그 밖에 고유운동이 비교적 큰 것으로는 백조자리 61A(5.23″), 시리우스(1.32″), 프로키온(1.25″) 등이 있다.

고대 그리스 시대에 별자리가 정해진 이후 거의 별자리의 모습은 변하지 않았다. 별의 위치는 2천 년 정도의 세월에도 거의 변화가 없었다는 것을 말해준다. 하지만 더 오랜 세월, 한 20만 년 정도가 흐르면 고유운동으로 인해 하늘의 모든 별자리들이 크게 달라지게 된다. 국자 모양의 북두칠성은 더이상 아무것도 퍼담을 수 없을 정도로 찌그러진 됫박 모양이 될 것이며, 북극성은 서기 14000년, 그러니까 지금 이후로 1만 2천 년이 지나면 거문고자리의 알파별 직녀성(베가)에게 북극성 이름을 물려주게 된다. 만고에 변함없을 것 같은 하늘의 별들도 세월 앞에는 하릴없이 변화의 길을 따르게 되는 것이다.

핼리를 얘기할 때 빼놓을 수 없는 대목이 하나 있다. 그것은 뉴턴의 『프린키피아』 출간이다. 14살 많은 뉴턴과 20년 교우관계를 맺었던 그는 성미 고약한 뉴턴이 뭔가에 틀어져 책을 쓰지 않겠다고 심통 부리는 것을 몇 번이나 달래어 쓰게 했을 뿐만 아니라, 자료제공에다 교정, 게다가 출판비까지 부담해주는 등(그는 부자였다), 협력을 아끼지 않았던 것이다.

인간 지성의 최고의 산물이라는 『프린키피아』는 핼리의 이러한 역할이 없었다면 빛을 보지 못했을지도 모른다. 이것 하나만으로도 핼리는 과학사에 이름을 올릴 자격이 충분하다고 말하는 과학사가들도 있다. 뉴턴의 업적에 대한 그의 현명한 평가는 인류 문명을 앞당기는 데 중요한 역할을 했다.

핼리는 1704년 모교인 옥스퍼드 대학의 기하학 교수가 되었고, 64살인 1720년에는 플램스티드의 뒤를 이어 2대 그리니치 천문대 대장에 취임했다. 1742년 1월, 그가 평생을 보냈던 그리니치 천문대에서 삶을 마감했다. 향년 86세. 손에는 포도주 한 잔이 쥐어져 있었다. 그해는 뉴턴 탄생 100주년 되는 해였다.

혜성, 우주의 방랑자

– 공포의 대마왕

우주에는 그 규모나 내용에서 우리의 상상을 초월하는 엄청난 사건들이 일어나고 있지만, 사람의 눈으로 볼 수 있는 천체현상 중 최고의 장관은 단연 혜성 출현일 것이다. 어떤 장대한 혜성의 꼬리는 태양에서 지구까지 거리의 2배에 달하며, 그 주기가 수십만 년을 헤아리는 것도 있다.

묘하게도 동서양이 혜성에 대해서는 하나의 일치된 관념을 갖고 있었는데, 그것은 혜성 출현이 불길한 징조라는 것이다. 왕의 죽음이나 망국, 큰 화재, 전쟁, 전염병 등 재앙을 불러오는 별이라고 믿었다. 고대인에게 혜성은 '공포의 대마왕'으로 두려움의 대상이었던 것이다.

핼리 혜성처럼 태양계 내에 붙잡혀 길다란 타원궤도를 가지고 주기적으로 태양을 도는 혜성을 주기 혜성이라 하고, 포물선이나 쌍곡선 궤도를 갖고 있어 태양에 딱 한 번만 접근하고는 태양계를 벗어나 다시는 돌아오지 않는 혜성을 비주기 혜성이라 한다. 주기 혜성은 200년 이하의 주기를 가지는 단주기 혜성과, 200년 이상 수십만 년에 이르는 주기를 가진 장주기 혜성으로 나누어진다.

혜성은 크게 머리와 꼬리로 구분된다. 머리는 다시 안쪽의 핵과, 핵을 둘러싸고 있는 코마로 나누어진다. 핵은 탄소와 암모니아, 메탄 등이 뭉쳐진 얼음덩어리다. 핵을 둘러싼 코마는 태양열로 인해 핵에서 분출되는 가스와 먼지로 이루어진 것으로, 혜성이 대개 목성궤도에 접근하는 7AU 정도 거리가 되면 코마가 만들어지기 시작한다. 우리가 혜성을 볼 수 있는 것은 이 부분이 햇빛을 반사하기 때문이다. 혜성의 꼬리는 코마의 물질들이 태양풍의 압력에 의해 뒤로 밀려나서 생기는 것이다. 이 황백색을 띤 꼬리는 태양과 반대방향으로 넓고 휘어진 모습으로 생기며, 태양에 다가갈수록 길이가 길어진다. 꼬리가 긴 경우에는 태양에서 지구까지의 거리 2배만큼 긴 것도 있다. 태양에 가까이 다가가면 먼지꼬리 외에 가스 꼬리 또는 이온 꼬리라고 불리는 것이 생긴다.

혜성은 어디에서 오는가? 널리 받아들여지는 혜성 기원론에 따르면, 혜성은 행성과 위성들이 만들어지고 남은 잔해이기 때문에 태양계만큼이나 오래된 천체라는 것이다. 이 잔해들이 해왕성 너머 30~50AU 공간에 납작한 원반 모양으로 분포하고 있는데, 이곳이 바로 단주기 혜성들의 고향으로 카이퍼대라 한다.

장주기 혜성의 고향은 그보다 훨씬 멀리, 5만~15만AU 가량 떨어진 오르트 구름이다. 지름 약 2광년으로, 거대한 둥근 공처럼 태양계를 둘러싸고 있는 오르트 구름은 수천억 개를 헤아리는 혜성의 핵들로 이루어져 있다. 혜성은 온도가 매우 낮은 태양계 바깥쪽에 있었기 때문에 태양계가 탄생할 때의 물질과 상태를 수십억 년 동안 그대로 지니고 있는 만큼 태양계 탄생의 비밀을 간직한 '태양계 화석'이라 할 수 있다.

우주를 측량하는 사람들

천문학의 역사는
멀어지는 지평선의 역사다.
– 에드윈 허블(미국 천문학자)

위대한 괴짜 천문학자들

사람들 중에는 실생활에는 아무런 도움도 되지 않는 일에 몰입하는 괴짜들이 있다. '만물의 근원은 물'이라고 주장했던 탈레스가 별을 보며 걷다가 웅덩이에 빠진 얘기는 유명하다. 그런 예는 탈레스의 후배들 중에도 줄을 섰다. 인류 최초로 태양의 크기와 거리를 쟀던 아리스타르코스, 지구 크기를 3% 오차 안으로 쟀던 에라토스테네스, 달까지의 거리를 거의 정확히 쟀던 히파르코스 같은 고대 천문학자들도 대개 그런 부류라 하겠다.

근세에 들어와, '빛이 물질일까 현상일까?' 궁금해하다가 거울 속의 태양을 몇 시간씩이나 들여다보다 실명할 뻔한 뉴턴도 그런 괴짜 대열에서 빠지지 않을 것이다. 하지만 이런 괴짜들 덕에 문명이 진보하고 인류가 발전의 길을 걸어왔다고 생각하면, 나름대로 유쾌한 괴짜들이라 하지 않을 수 없다.

기원전 3세기에 그리스의 아리스타르코스는 인류 최초로 태양까지의 거리를 쟀던 사람이다. 그의 방법은 간단했다. 달이 햇빛을 받아 빛난다는 사실을 알고 있었던 그는 달이 정확하게 반달이 될 때 태양과 달, 지구는 직각삼각형의 세 꼭짓점을 이룬다고 추론하고, 삼각법을 사용하여 세 변의 상대적 길이를 구해냈다. 그의 수학은 완전했으나, 도구가 좀 부실했다. 그가 구한 태양까지의 거리는 달까지 거리의 19배였다. 참값은 400배이지만, 당시의 여건을 고려하면 놀라운 업적이라 할 수 있다.

그로부터 2천 년이 흐른 후에 태양까지의 거리를 참값에 근사하게 잰 사람이 나타났다. 이탈리아 출신의 천문학자 조반니 카시니가 그 주인공이다. 그가 발견한 토성의 카시니 틈으로 낯익은 사람이다.

1625년 니스에서 태어난 카시니는 일찍이 천재성을 유감없이 발휘하여 겨우 25살 나이에 볼로냐 대학의 천문학 교수가 되었다. 그는 특히 행성관측에 남다른 열정을 쏟아, 1665년 목성의 대적점 변화를 관찰, 목성의 자전주기가 9시간 56분임을 밝혔고, 이듬해에는 비슷한 방법으로 화성의 자전주기가 24시간 40분임을 확인했다.

당시는 갈릴레오가 망원경으로 천체관측을 시작한 지 반세기가 흘렀을 시점으로, 자연과학의 발전에 막 눈을 뜨기 시작하던 무렵이

라 유럽의 군주들은 다투어 과학 아
카데미를 설립하고 저명한 과학자
들을 초빙했다. 대표적인 것이 영국
찰스 2세가 세운 왕립협회와 프랑
스 루이 14세가 세운 과학 아카데미
였다.

주머니는 루이 14세가 더 두둑했
기 때문에 토성 고리의 발견으로 유
명한 네덜란드의 천문학자 하위헌
스(호이겐스)와 카시니 등 당시 유럽

토성 고리에서 카시니 틈을
처음 발견한 조반니 카시니.

대륙에서 이름을 떨치던 학자들을 두루 초청했다. 1669년에 초청된
카시니는 얼마 후 파리 천문대 초대 대장에 취임하더니 나중에는 프
랑스에 귀화하여, 이후 4대에 걸쳐 천문학 발전에 헌신했다.

태양은 얼마나 멀리 떨어져 있나

태양까지의 거리를 재려는 영웅적이고도 야심찬 계획에 도전했던
것은 그가 파리 천문대장에 취임, 거금을 마음껏 사용할 수 있게 된
최초의 천문학자가 되었을 때였다. 당시 태양과 각 행성들 간의 거
리는 케플러의 제3법칙, 행성과 태양 사이의 거리의 세제곱은 그 공
전주기의 제곱에 비례한다는 공식에 의해 상대적인 거리는 알려져
있었지만, 실제 거리가 알려진 게 없어 태양까지의 절대 거리를 산
정하는 데는 쓸모가 없었다.

카시니가 활동하던 시대의 파리 천문대를 묘사한 판화. 오른쪽 철탑은 마를리 타워로,
대형 망원경 마운트로 쓰기 위해 해체된 마를리 수력발전소에서 떼온 것이다.

카시니는 먼저 화성까지의 거리를 알아내고자 했다. 방법은 시차
視差를 이용한 삼각법이었다. 한 물체를 거리가 떨어진 두 지점에서
바라보면 시차가 발생한다. 시차를 알고 두 지점 사이의 거리를 알
면 그 거리를 밑변으로 하여 삼각법을 적용해서 물체까지의 거리를
구할 수가 있다. 튀코 브라헤도 이 방법을 써서 혜성의 위치가 지구
대기권 밖임을 증명함으로써 혜성이 대기권 내의 현상이라는 기존
의 주장을 잠재웠다.

카시니는 먼저 제1단계로 화성까지의 거리를 구하기로 했다. 마침
화성이 지구 가까이에 접근하고 있었다. 이는 곧 큰 시차를 얻을 수
있는 기회임을 뜻한다. 1671년, 카시니는 조수 J. 리셰르를 남아메리

카의 프랑스령 기아나의 카이엔으로 보냈다. 파리와 카이엔 간의 거리 9,700km를 삼각형의 밑변으로 사용하기 위해서였다.

두 사람은 화성의 정밀한 위치를 구하기 위해 화성 근처에 있는 몇 개의 밝은 별들을 열심히 관측했다. 계산 결과는 놀랄 만한 것이었다. 화성까지의 거리는 6천 4백만km라는 답이 나왔다. 이 수치를 케플러의 제3법칙에 대입한 결과, 1천문단위^{1AU}, 곧 지구에서 태양까지의 거리는 1억 4천만km로 나왔다. 이것은 실제 값인 1억 5천만km에 비하면 오차 범위 7% 안에 드는 훌륭한 근사치였다. 화성의 궤도가 지구와는 달리 거의 완전한 원이 아닌 데서 생겨난 오차였다. 어쨌거나 이는 태양과 행성, 그리고 행성 간의 거리를 최초로 밝힌 의미 있는 결과로, 인류에게 최초로 태양계의 실제 규모를 알려주었다는 점에서 쾌거가 아닐 수 없었다.

여담이지만, 아름답지 못한 일이 그 후에 벌어졌다. 카시니가 기아나에서 고생스런 관측연구를 수행하고 돌아온 제자 리셰르를 시골로 내쳐버렸던 것이다. 리셰르는 기아나에서 화성을 관측하면서 흔들리는 추를 이용한 진자시계를 사용하던 중, 진자가 파리에서보다 느리게 흔들린다는 사실을 발견했다.

많은 사람들이 그 원인을 놓고 고민하던 중에 뉴턴이 자신이 발견한 중력의 법칙으로 그 이유를 명쾌하게 설명해 보였다. 기아나는 파리보다 적도에 가깝다. 따라서 지구가 자전의 영향으로 적도 부분이 불룩해져 있다면 기아나는 파리보다 지구 중심에서 멀리 떨어져 있을 것이고, 그에 따라 중력도 약할 것이다. 이것이 기아나에서 진자가 파리보다 더 느리게 흔들리는 이유다. 실제로 기아나는 파리보다 지구 중심에서 21km 더 떨어져 있다. 얼마 안되는 차이라고 생각될지 모르지만, 기구를 타고 21km 올라간다고 상상하면 상당한 거리임을 알 수 있을 것이다.

리셰르의 발견은 지구가 자전한다는 사실에 대해 움직일 수 없는 증거였다. 이것은 태양까지의 거리를 알아낸 것보다 어쩌면 더욱 중요한 과학적 성과였다. 이를 계기로 리셰르가 과학자들 사이에 유명지자 카시니는 제자가 유명해지는 꼴을 보고 있을 수 없었다. 그는 리셰르를 시골의 군 요새로 쫓아보내 계산 업무를 맡게 했다. 말하자면 한직으로 좌천시킨 것이다. 전도유망하던 젊은 과학자는 이윽고 무명인이 되어 잊혀지고 말았다.

최초로 빛의 속도를 잰 사람

카시니에게 밉보인 제자가 또 한 사람 더 있다. 이유도 비슷했다. 카시니는 갈릴레오가 발견한 목성의 4대 위성에 대한 운행표를 제작했는데, 이것은 해상에서 경도經度를 결정하는 데 중요한 지표가 되었다. 이의 보정을 위해 카시니는 리셰르 후임으로 온 덴마크의 천문학자 올레 뢰머에게 목성의 위성 관측 임무를 맡겼다.

그는 1675년부터 목성에 의한

최초로 광속을 측정한 올레 뢰머.
물리학의 토대를 만들었다.

위성의 식蝕(천체가 천체에 의해 가려지는 현상)을 관측하여, 식에 걸리는 시간이 지구가 목성과 가까워질 때는 이론치에 비해 짧고, 멀어질 때는 길어진다는 사실을 알게 되었다. 목성의 제1위성 이오의 식을 관측하던 중 이오가 목성에 가려졌다가 예상보다 22분이나 늦게 나타났던 것이다. 그 순간, 그의 이름을 불멸의 존재로 만든 한 생각이 번개같이 스쳐지나갔다.

"이것은 빛의 속도 때문이다!"

이오가 불규칙한 속도로 운동한다고 볼 수는 없었다. 그것은 분명 지구에서 목성이 더 멀리 떨어져 있을 때,

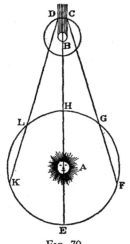

FIG. 70.

뢰머의 광속 측정.
뢰머는 태양 둘레를 공전하는
지구가 H지점에 있을 때보다
E지점에 있을 때 목성에 가려진
이오(DC)가 나타나는
시간이 22분 더 늦어지는 것은
빛의 속도 때문이라고 깨달았다.

그 거리만큼 빛이 달려와야 하기 때문에 생긴 시간차였다. 뢰머는 빛이 지구 궤도의 지름을 통과하는 데 22분이 걸린다는 결론을 내렸다. 지구 궤도 반지름은 이미 카시니에 의해 1억 4천만km로 밝혀져 있는 만큼 빛의 속도 계산은 어려울 게 없었다.

당시 알려진 지구의 공전궤도를 바탕으로 뢰머가 계산해낸 빛의 속도는 초속 21만 2,000km였다. 오늘날 측정치인 29만 9,800km에 비해 약 30%의 오차를 보인 것은 당시 지구 공전궤도 측정이 정확하지 않은 탓이었다. 하지만 당시로 보면 놀라운 정확도였다. 무엇보다 빛의 속도가 무한하다는 기존의 주장에 반해 유한하다는 사실

카시니와 하위헌스의 업적을 기려 명명된 토성 탐사선 카시니-하위헌스호. 1997년 10월에 발사되어
2004년 7월 토성궤도에 진입했고, 2004년 12월 25일 모선에서 분리되어 토성 위성 타이탄에
착륙했다. 2017년에 미션 종료 후 토성 대기권으로 뛰어들어 최후를 맞았다.

을 최초로 증명한 것이 커다란 과학적 성과였다. 이는 물리학에서
가장 중요한 기반을 이룩한 쾌거였다. 1676년 광속 이론을 논문으로
발표한 뢰머는 30살의 젊은 나이로 하루아침에 과학계의 신성으로
떠올랐다.

카시니는 이번에도 가만있지 않았다. 그는 이오가 늦게 나타나는
것은 그 자체의 궤도가 불규칙하기 때문이라고 주장하며 제자를 깎아
내렸다. 갈릴레이 4대 위성의 관측을 그렇게 많이 했음에도 이오의 출
현시간이 늦어지는 것을 자신이 미처 알아채지 못한 데 대해 크게 후
회했을 것이다.

그러나 대세는 이미 기울었다. 빛의 입자설을 내세웠던 과학계의

지존 뉴턴과 그에 맞서 파동설을 내세웠던 하위헌스가 모두 뢰머를 지지하고 나섰다. 카시니의 주장은 금방 사그라들었지만 카시니의 구박은 멈추지 않았다. 한동안 기죽지 않고 꿋꿋이 버티던 뢰머도 마침내 사표를 던지고 고국으로 돌아갔다. 돌아간 그는 코펜하겐의 왕립 천문대 대장이 되고, 나중에는 시장까지 역임하는 등 성공적인 삶을 살았다.

한편 카시니는 행성관측에 매진해 토성 근처에서 4개 위성을 발견하고, 토성 고리에서 이른바 카시니 틈을 발견하는 등, 천문학사에 뚜렷한 발자국을 남겼다. 그러나 보수주의자였던 카시니는 코페르니쿠스의 지동설을 부분적으로 수용했지만, 행성이 타원궤도로 돈다는 케플러의 이론은 끝내 받아들이지 않고 타원에 대응하는 난형卵形을 주장했다.

만년의 카시니는 평생에 걸친 천체관측의 후유증으로 실명의 비운을 맞았고, 이듬해인 1712년 연말 그 눈마저 영원히 감겼다. 향년 87세. 그의 이름은 1997년에 발사된 토성 탐사선 '카시니-하위헌스 호'와 화성의 지명에 남아 있다.

그가 죽은 지 13년 뒤인 1725년, 영국의 천문학자 브래들리가 광행차光行差를 발견하여 빛의 속도가 유한함을 결정적으로 증명함으로써 뢰머의 광속 이론은 완전히 입증되었다. 지하의 카시니도 그제야 제자의 업적을 인정해줬을까?

광행차란 무엇인가?

광행차光行差란 글자 그대로 '달리는 빛에 의해 나타나는 차이'를 말한다. 예컨대, 망원경을 어느 한 별에 겨누었다고 생각하자. 대물렌즈와 접안렌즈 사이의 길이가 1m라면, 대물렌즈의 정중앙을 통과한 빛이라도 유한한 속도로 인해 접안렌즈에 이르는 동안 약간 중앙에서 벗어나게 된다. 이는 망원경을 실은 지구가 그 사이에도 움직이기 때문이다. 달리는 차 안에서 보면 수직으로 떨어지는 빗줄기라도 비스듬히 내리는 듯이 보이는 이치와 같다.

광행차는 1727년 영국의 천문학자 제임스 브래들리(1693~1762)가 용자리 감마별의 시차를 측정하던 중에 우연히 발견했다. 진공 속에서 빛의 속도는 30만km/s이므로 공전속도가 30km/s이고, 적도에서의 자전속도가 0.46km/s인 지구상에서 천체를 관측하면, 천체의 겉보기 위치는 실제위치와 근소하지만 차이가 생긴다. 이것을 광행차, 정확히는 항성 광행차라고 한다. 이 위대한 발견은 빛의 운동에 관한 가장 뛰어난 설명일 뿐 아니라, 코페르니쿠스의 지동설에 대한 직접적인 증거이다.

지구의 공전 때문에 지구상에서의 항성의 겉보기 위치는 1년을 주기로 20.47″의 차이가 생긴다. 이를 연주 광행차라 한다. 또한, 자전 때문에 생기는 광행차를 일주 광행차라 하는데, 하루를 주기로, 진폭은 적도상에서 최대 0.32″가 된다.

보통 태양계 밖의 천체를 지구에서 관측하는 순간, 그 실제위치는 이미 크게 변한 상태이지만, 태양계 내의 천체는 거리가 비교적 가까워 겉보기 위치를 측정한 시각에 그것의 실제위치를 알 수 있다. 이를 행성 광행차라 한다. 광행차라 하면, 일반적으로 이러한 항성 광행차와 행성 광행차를 말한다. 별의 실제 위치를 알 수 있게 된 것은 브래들리가 밝힌 이 광행차 원리를 응용함으로써 가능하게 되었다.

브래들리는 지구에 도달하는 빛의 광행차를 이용해 광속을 측정했다. 그가 측정한 광속은 30만 4,000km/s 였는데, 오늘날의 광속 299,792 km/s 에 매우 근접한 값이다. 브래들리는 광행차를 발견한 지 20년 뒤에 발견 제2부에 들어갔다. 광행차를 보인 별의 위치는 일년 뒤에 다시 제자리로 돌어와야 하는데, 미세한 위치 변화를 보이는 것이다. 이 현상을 설명할 수 없었던 브래들리는 지난 20년간의 관측자료를 정밀하게 분석하기 시작했다.

방대한 작업 끝에 그는 별이 19년 만에 다시 정확한 제자리로 돌아온다는 사실을 알아냈다. 이 현상은 세차운동의 일부분으로 장동章動이라고 한다. 원인은 지구의 부풀어오른 적도에 달의 인력이 작용하여, 19년을 주기로 세차운동을 구불구불하게 만드는 것이다. 별들의 솜털만한 각도 변화에서 이런 놀라운 진실을 찾아내는 인간의 이성이 참으로 놀랍지 않은가!

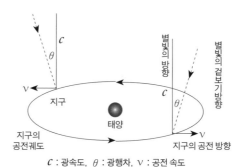

c : 광속도, θ : 광행차, v : 공전 속도

$$\tan \theta = \frac{v}{c}$$

천왕성을 발견한 음악가

영원의 관점에서
사물을 생각하는 한 마음은 영원하다.
– 스피노자

태양계 평수를 두 배로 넓힌 음악가

1781년은 천문학사에 굵은 선 하나가 그어진 해이다. 태양계의 평수
가 갑자기 2배로 확장되었기 때문이다. 한 아마추어 천문학자가 태
양계의 제7행성, 천왕성을 발견했던 것이다. 그 행성은 토성 궤도의
거의 2배나 되는 아득한 변두리를 천천히 돌고 있었다. 그전까지 사
람들은 토성 바깥으로 행성이 더 있으리라고는 상상조차 못했다.

이 무렵, 유럽 대륙은 산업혁명의 바람이 부는 가운데 프랑스는 혁
명을 향해 부글부글 끓어오르고, 대서양 건너 신대륙에서는 미국 독
립전쟁이 한창 불을 뿜고 있었다. 멀리 극동의 조선은 정조 치세로,

실학자 홍대용이 "우주의 뭇 별들은 각각 하나의 세계를 가지고 있고 끝없는 세계가 공계空界에 흩어져 있는데, 오직 지구만이 중심에 있다는 것은 있을 수 없다"면서 무한 우주론과 지구 자전설을 주장하고, 김홍도와 신윤복은 열심히 풍속화를 그리던 중이었다.

40대 후반의 허셜 초상화.
천왕성 발견으로 코페르니쿠스의 지동설을 뛰어넘는 충격파를 세상에 던졌다.

천왕성 발견의 주인공은 전직 오르간 연주자이자 무명의 아마추어 천문가였던 윌리엄 허셜(1738~1822)이었다. 이 사람은 천왕성의 발견 하나로 문자 그대로 팔자를 고쳤다. 하루아침에 유명인사가 되었을 뿐 아니라, 왕립협회 회원으로 가입하고, 영국왕 조지 3세의 부름으로 궁정에서 왕을 알현한 후 연봉 200파운드의 왕실 천문관에 임명되었다. 이로써 허셜은 음악가라는 직업을 벗어던지고 명실 공히 프로 천문학자로서의 길에 들어서게 되었다. 천문학상의 발견으로 이처럼 신분의 수직상승을 이룬 예는 전무후무한 일이다.

무명의 아마추어 천문가가 그 쟁쟁한 전문 학자들을 제치고 어떻게 천왕성을 발견하게 되었을까? 우연이 아니었다. 허셜은 말하자면 준비된 발견자였다. 그것도 몹시 준비된 발견자였다. 갈릴레오 이후 가장 뛰어난 망원경 제작자였던 그는 이태 전인 1779년부터 당시 최고의 성능을 가진 지름 16cm의 자작 반사망원경으로 8등성 이상의 모든 별들을 계획적으로 관측해오고 있었던 터이다. 그러던

2005년 허블 우주망원경이 찍은 천왕성. 남쪽에 띠와 북쪽의 밝은 점은 구름이다.

중 1781년 3월 13일 밤, 쌍둥이자리에서 낯선 별 하나가 반짝이는 것을 보게 되었다.

그것은 여느 별과는 달리 또렷한 원판 모양을 보여주고 있었다. 항성은 아무리 크더라도 망원경으로 보면 하나의 빛점으로만 보인다. 거리가 워낙 먼 탓이다. 천체가 원판으로 보인다는 것은 거리가 무척 가깝다는 뜻이다. 더욱이 그 천체는 다른 별처럼 깜빡거리지도 않았다.

그럼에도 허셜은 처음엔 혜성이 아닐까 생각했다. 사실 혜성 발견이라 해도 천문가에겐 커다란 영예가 아닐 수 없었다. 행성 발견이란 꿈에도 생각지 못한 일이었다. 당시 사람들은 태양계에는 지구를 포함, 6개의 행성밖에 없다고 믿고 있었던 것이다. 수천 년 동안 이런 생각은 변함이 없었다.

그러나 허셜은 며칠 밤 동안 관측을 진행해감에 따라 천천히 움직이고 있는 그 천체가 혜성이 아니라는 심증을 굳히게 되었다. 무엇보다 꼬리가 없었다. 그리고 천체의 운동이 원에 가까운 행성의 궤도에 따르고 있는 듯이 보였다. 혜성이라면 길쭉한 타원궤도를 따라 움직인다. 허셜은 그리니치 천문대에 이 사실을 보고했다.

보고를 받은 왕립 천문대장 네빌 매스켈린은 그것은 혜성이라기보다 행성에 가깝다는 결론을 내렸다. 증명할 수 있는 방법은 한 가지뿐이었다. 그것의 궤도를 추적해보는 것이었다. 곧 체계적인 관측이 뒤따랐고, 수학자들은 뉴턴의 역학법칙에 의해 케플러 때보다 훨씬 쉽게 궤도의 형태를 알아낼 수 있었는데, 결과는 원형임이 판명되었다. 허셜이 발견했던 그 '혜성'은 태양계의 제7행성이었던 것이다!

이것은 대사건이었다. 수천 년 동안 맨눈으로 보이는 5개 행성이 전부인 줄 알고 있던 인류에게 허셜은 전혀 새로운 세상을 찾아내 보인 것이다. 그것은 수천 년 내려온 인류의 상식을 여지없이 깨뜨린 대발견으로, 코페르니쿠스의 지동설을 뛰어넘는 충격파를 세상에 던졌다. 태양계가 갑자기 2배로 확장되었다. 천왕성의 발견으로 허셜은 아마추어 천문가임에도 불멸의 이름으로 천문학사에 기록되었다.

광대한 우주의 커튼을 열어젖히다

이처럼 인간의 인식 범위를 두 배로 확장했던 허셜은 어떤 사람인가? 그 이력부터가 퍽 재미있는 인물이다.

먼저, 그는 영국 사람이 아니었다. 본명이 프리드리히 빌헬름 허셜로, 1738년 독일 하노버에서 태어났다. 당시 하노버는 대영제국에 속해 있었다. 아버지는 하노버 수비대 밴드의 직업 악사였다. 집안 내력인지 허셜도 음악에 소질이 있어 수비대 밴드의 멤버가 되었다. 18살인 1756년, 7년전쟁이 발발해 프랑스가 하노버를 침공했다. 프러시아와 오스트리아 간의 분쟁으로 유럽 나라들이 두 쪽으로 갈라져 7년 동안 싸운 전쟁이다.

몸이 허약한 허셜은 전투를 감당 못해 직업과 나라를 바꾸기로 결심하고 영국으로 도망갔다. 그는 요크셔 근방에서 이름을 윌리엄으로 바꾸고 음악교습과 악보 베끼는 일로 생계를 꾸려가다가 교회의 오르간 연주자로 취업하여 생활의 안정을 찾았다.

허셜은 본래 오보에 연주자였으나, 오르간 연주에도 빼어난 명연주자였다. 뿐더러, 오라토리오의 솔로 테너 파트를 맡기도 한 성악가이기도 했다. 그는 작곡에도 열정을 쏟아, 44살에 천문학으로 전업하기까지 25년 동안 무려 24개의 교향곡, 7곡의 바이올린 협주곡, 그리고 오르간 협주곡, 합창 가곡 등 수백 곡을 작곡한 것으로 알려졌다.

음악가로서 순탄한 삶을 이어가던 허셜은 점차 천문학에 관심을 기울이게 되었고, 독학으로 망원경 제작법을 배워 이윽고 갈릴레오 이후 가장 위대한 개척자가 되었다. 갈릴레오 못지않게 손재주가 뛰

보이저 2호가 해왕성을 향해 떠나면서 뒤돌아본 초승달 모양의 천왕성.

어났던 그는 자기 집 뒷마당에서 직접 반사경 유리를 송진가루로 연마하여 만든 반사망원경으로 하늘을 관측하다가 역사적인 발견을 하기에 이른 것이다. 집 뒤뜰에서 망원경 만들고 관측을 하던 아마추어 별지기인 허셜이 엄청난 예산을 쓰는 유럽의 왕립 천문대들이 하지 못했던 일을 해낸 셈이다. 유럽의 내로라하던 천문학자들이 얼마나 당황하셨을지는 짐작이 가고도 남는다.

처음 허셜은 이 새 행성을 영국왕 조지 3세의 이름을 따서 '조지의 별Georgian star'이라고 불렀다. 그러나 영국과 앙숙인 프랑스의 천문학자들에게 그 이름은 속이 뒤틀리는 거라서 그냥 '허셜'이라고만 불렀다. 나중에 결국 새 행성의 이름은 로마 신화에서 주피터의 할아버지이자 새턴(토성)의 아버지인 우라누스(천왕성)로 낙착되었다.

1977년 발사된 미항공우주국^{NASA}의 보이저 2호는 1986년 1월 24일 천왕성의 대기 최상단으로부터 81,500km 지점까지 근접하여 천왕성 대기의 구조와 화학적 성분을 분석했고, 10개의 새로운 위성을 발견하는 성과를 올렸다.

천왕성의 발견으로 일약 왕실 천문관이 된 허셜은 그 후로도 토성의 두 위성인 미마스와 엔셀라두스를 발견하고, 천왕성의 위성인 티타니아와 오베론을 발견하는 등, 중요한 성과들을 잇달아 내놓았다. 또 1784년에는 항성의 연주시차를 검출하기 위해 8백여 개의 쌍성*을 조직적으로 관측하여 『쌍성목록』을 작성했으며, 성운·성단** 관측에도 관심을 기울여 허셜 목록을 만들기도 했다. 그러나 그의 야심작이었던 연주시차 발견은 끝내 성공하지 못했다. 그것은 다음 세대의 또 다른 천재를 기다리지 않으면 안 되었다.

허셜이 이처럼 관측분야에서 연이은 개가를 올리게 된 것은 무엇보다 장비의 힘이 컸다. 그는 당대 최고의 망원경 제작자였다. 당시 천문학자들이 많이 사용하던 소형 굴절 망원경을 멀리하고 대형 반사망원경을 선호했다. 요즘은 망원경 거울이 유리로 되어 있지만, 당시는 구리와 아연 합금이 쓰였다. 만드는 일은 손재주가 있는 동생 알렉산더가 도와주었다.

---

* 공통의 중력중심 주위를 궤도운동하는 별들의 쌍을 말한다. 연성連星이라고도 한다. 우리 은하에 있는 별들 가운데 절반 정도가 쌍성이거나 더 복잡한 다중성계의 일원이다. 어떤 쌍성은 변광성의 중요한 부류를 이룬다. 항성계에서 가장 밝은 별을 주성, 어두운 별을 동반성, 반성 또는 짝별이라 한다.

** 별과 별 사이에 성간 물질이 많이 모여 있어 구름처럼 보이는 것을 성운이라 하고, 수많은 별이 무리를 지어 모여 있는 집단을 성단이라 한다. 성단은 모양에 따라 구상성단과 산개성단으로 나뉜다.

허셜이 천왕성을 발견했을 때 사용한 망원경의 복제품.
영국 베스의 윌리엄 허셜 박물관 소장.

이들이 만든 망원경은 최고의 성능을 자랑했다. 심지어는 그리니치 천문대의 망원경보다 더 뛰어나다는 평가를 받았다. 당시 왕립천문대에서 사용하던 망원경의 배율이 270배였던 데 비해, 허셜이 제작한 망원경 중에는 2,010배나 되는 것도 있었다. 천왕성을 발견한 것도 이러한 망원경의 성능에 힘입은 바 컸다.

항성목록을 완성하기 위해 전천을 샅샅이 누볐던 플램스티드가 적어도 4번이나 천왕성과 마주쳤으면서도 끝내 그것이 행성인 줄 모르고 황소자리 34번 별이라고 올린 것은 그의 조악한 망원경 탓이라 볼 밖에 없다. 그런 망원경으로는 천왕성을 다른 별들과 구별하기가 어려웠던 것이다.

허셜이 만든 망원경 중 가장 유명한 것은 1789년에 완성한 구경 122cm, 초점거리 12m의 집채만 한 대형 망원경이다. 그는 이걸로 관측한 첫날 토성의 위성들을 발견했다. 그러나 이 망원경은 다루기가 어려워 귀중한 시간을 관측하는 데보다 정렬하는 데 더 잡아먹어서, 몇 년 뒤엔 이 괴물을 버리고 보다 간편하게 조작할 수 있는 구경 475mm, 경통 길이 6m인 중간 크기의 망원경을 주로 사용했다.

허셜의 망원경이 국제적인 명성을 얻게 됨에 따라 되어 망원경 제작에 꾸준히 매달려 영국과 유럽대륙의 천문학자들에게 60개가 넘는 반사망원경을 팔기도 했다.

허셜이 1789년에 완성한 구경 122cm, 초점거리 12m의 대형 망원경이다.
그는 이걸로 관측한 첫날 토성의 위성들을 발견했다.

최초로 우리은하의 모습을 그리다

음악가의 놀랄 만한 감각, 최고 수준의 장비, 누구보다 뜨거운 열정으로 무장한 허셜은 연구 주제를 바꿀 때마다 커다란 성과들을 내놓았다. 1784년 그는 전인미답의 영역, 은하계 구조 연구에 착수했다. 이전의 어떤 천문학자도 시도해보지 않은 주제였다. 허셜은 이 계획을 '하늘의 구축'이라 이름했다. 은하수의 실제 모습과 태양이 은하수 내에 위치한 장소를 알아내려는 시도는 이렇게 허셜에 의해 최초로 이루어졌다.

그는 이를 위해 천구상에서 항성의 분포상태를 조사하기 시작했다. 일단 모든 별의 밝기가 같고, 통계적으로 밝은 별은 가까운 별, 어두운 별은 먼 별이라고 전제했다. 그러면 별까지의 상대적인 거리를 계산할 수 있다. 예컨대, 어떤 별이 같은 밝기의 별보다 2배 멀리 떨어져 있다면 그 별의 밝기는 4분의 1로 보일 것이다.

허셜은 하늘에서 가장 밝은 별인 시리우스까지의 거리를 1단위로 하는 시리오미터siriometer라는 단위를 이용하여 측정한 모든 별들의 거리를 나타냈다. 물론 별들의 실제 밝기가 다 같지 않으므로 정확

©Caroline Herschel

허셜이 수많은 별까지의 거리를 측정하여 추론한 은하계의 구조.

한 방법이 아니라는 사실을 알고 있었지만, 크게 보아 대략적인 하늘의 3차원 지도가 나올 수 있다고 본 것이다.

이러한 전제 아래 수백 개의 별들의 거리를 측정하는 작업에 매달렸다. 이윽고 측정작업이 끝났을 때, 놀라운 몇 가지 사실이 밝혀졌다. 허셜이 밝힌 내용은 그의 업적 중 가장 놀라운 것이었다.

그는 먼저 태양계의 운동을 발견했다. 1783년, 밝은 별 7개의 고유운동에 대한 통계를 내어 발산점을 찾아내고, 그것을 우주공간에서 태양계 운동의 향점向點이라고 해석하고, 지동설(태양중심설)의 우주관에 대해 수정을 가했다. 그에 따르면, 태양계는 은하계의 일부분으로 시간당 7만km의 속도로 헤르쿨레스자리를 향해 달려가고 있는 중이라고 발표했다.

그리고 별들이 방향과 거리에 관계없이 골고루 분포되어 있으리라 생각했는데, 납작한 원반 형태를 이루며 분포하고 있다는 사실이었다. 은하계는 납작한 원반 모양의 별의 집단을 옆에서 본 것에 불과한 것이다. 원반의 지름은 1,000시오리미터였고, 두께는 100시오리미터로 나왔다. 이 비율은 실제 우리은하에도 정확히 적용되는 값이다.

이리하여 허셜은 인류 최초로 우리은하의 형태를 알아냈다. 역사상 최초로 은하수의 정체와 구조가 밝혀진 셈이다. 그러나 시리우스까지의 실제 거리가 밝혀지지 않았기 때문에 우리은하의 실제 크기는 여전히 풀리지 않은 수수께끼로, 후대의 천문학자에게 숙제로 남겨졌다. 별까지의 거리를 측정하는 것은 그때까지 난공불락의 난제로 남아 있었다.

허셜은 나아가 우주의 규모를 언급했다. 당시 가장 가까운 별들 간의 거리도 제대로 모를 시기에 그는 가장 멀리 떨어져 있는 대상들의 거리를 200만 광년으로 잡았다. 물론 오늘날 보면 턱없이 작게 잡은 것이지만, 당시로서는 현기증 날 만큼 어마어마한 거리였다. 허셜의 보고를 들은 사람들은 우주의 광막한 크기에 입을 딱 벌렸다. 200만 광년이 뜻하는 것은 우리가 지금 보는 천체의 모습은 200만 년 전에 거기를 출발한 빛을 보는 것에 지나지 않다는 결론이 이는 곧 인간이 우주 속에서 과거로 눈을 돌릴 수 있다는 논리다. 요컨대, 허셜은 역사상 최초로 인류 앞에 광대한 우주의 규모를 펼쳐 보여주었던 것이다.

이러한 성과들은 허셜이 우리 은하의 구조와 성운들을 연구한 끝에 확인한 기념비적인 결과물들이었다. 허셜의 주장은 우주의 구조에 대한 인류의 생각을 송두리째 바꿔놓은 것으로, 태양계, 다시 말해 인류가 우주의 절대 중심이라는 오랜 믿음의 뿌리를 여지없이 뒤흔드는 제2의 코페르니쿠스적인 변혁이었다.

그는 하늘의 울타리를 무너뜨렸다

허셜의 또 다른 업적은 그가 세운 '항성진화론'이다. 1802년에 허셜은 16년에 걸친 그의 성운 연구를 끝냈다. 그는 그 동안 2,514개의 성운들을 관측하고 기록했다. 그 결과 나온 것이 '우주는 성운으로부터 시작되었다'는 항성진화론이었다.

항성의 수명은 짧은 것이 수십억 년, 긴 것은 백억 년을 넘어가는 것도 있다. 고작 100년도 못 사는 인간이 어떻게 별의 일생을 지켜볼 수 있을까? 허셜이 생각한 방법은 간단한 것이었다. 우주 안의 수많은 유형의 성운들이 그런 각각의 진화과정에 조응하는 표본이라는 생각이다. 잘 골라서 배열을 한다면 별의 진화를 추적할 수 있다는 것이다.

허셜이 생각하는 별의 진화과정은 다음과 같다. 맨 처음에는 발광 성운이 있었다. 성운의 밀도가 점점 높아지면 물질들이 중앙으로 밀집되고 마침내 하나의 핵을 이루게 된다. 이 핵이 자체 중력으로 더욱 많은 성운 덩어리들을 끌어들여 몸집을 키우면 이윽고 빛을 내는 하나의 별이 되는 것이다. 이것이 첫 번째 진화단계이다. 다음, 두 개의 인접한 별들이 서로를 끌어당김으로써 쌍성이 생겨나고, 이어서 세 개 또는 그 이상의 체계로 발전해간다. 이 체계 안에서 계속 별들의 수가 늘어나면 이윽고 은하계가 탄생하게 되는 것이다.

은하의 진화에 관한 허셜의 생각에 당시 사람들은 경악했다. 천상의 별들이 변하다니, 꿈에도 생각지 못한 일이었다. 별과 은하도 진화한다는 허셜의 획기적인 발상이 뜻하는 것은 우리가 영원하리라고 생각하는 이 우주도 언젠가 끝난다는 애기였다.

당시 이러한 허셜의 인식을 따라갈 연구자는 거의 없었다. 다만 칸트 한 사람 정도가 이론적으로 허셜을 앞설 수 있었을 뿐이다. 우주론의 발전에 거보를 내딛은 허셜의 이러한 업적은 12m나 되는 거대한 망원경의 공간을 꿰뚫는 힘에서 나온 것이었다.

허셜로 인해 인류는 최초로 이 우주가 진화의 한 과정에 있다는 사실을 알게 되었다. 하늘에서 영원 이전부터 영원 이후까지 반짝일 것 같은 별들도 언젠가 발광성운에서 태어난 존재들이며, 우주도 언제인가는 모르지만 그 종말을 향해 달려가고 있다는 허셜의 우주론은 당시 세계관에 큰 영향을 미쳤다. 이 세계가 영원히 존재하는 것은 아니라는 것이다. 지구도, 태양도, 우리은하도.

허셜이 우주진화론을 편 지 반세기가 지난 1850년대 이후, 에너지 보존의 법칙이 발견됨으로써 태양 역시 영원히 에너지를 방출할 수 없다는 점이 분명해졌다. 언젠가 태양도 죽는 것이다. 그제야 사람들도 천체도 탄생과 종말의 역사를 가진다는 인식을 받아들이게 되었다. 허셜은 항성천문학의 시조로 자리매김했다.

허셜의 업적 중에 광학에 관한 것도 빼놓을 수 없다. 1800년 2월, 허셜은 여러 가지 필터로 해의 흑점들을 관찰하는 실험을 했다. 빨간색 필터를 쓸 때 허셜은 많은 양의 열이 발생하는 것을 볼 수 있었다. 또, 햇빛을 프리즘 안에 통과시켜 가시광선의 빨간 부분 바깥에 온도계를 세워두었더니 아무런 빛도 없는 곳이 가시광선보다 더 높은 온도를 보이는 것을 보고 깜짝 놀랐다. 허셜은 가시광선 외에도 어떤 안 보이는 빛이 있다는 결론을 내렸다. 최초로 적외선이 발견된 순간이었다.

그 시대의 어느 누구보다 우주 깊숙이 여행했던 허셜은 우주에 대한 인류의 이해를 크게 끌어올린 공적으로 1816년 작위를 받은 데이어 왕립 천문학회 회장에 선출되었다. 독학으로 천문학을 배운 아마추어에서 18세기 유럽에서 가장 위대한 천문학자가 되었다. 케플러를 제외하곤 긴 생애를 통해 그만큼 천문학에 공헌한 사람은 없을 것이다. 1822년 84세의 나이로 세상을 떠났는데, 그가 발견한 천왕성 주기와 똑같은 해수였다.

일생의 대부분을 산 런던 서쪽 외곽 슬라우의 자택에서 임종한 허셜은 이곳 세인트 로렌스 교회의 탑 밑에 묻혔다. 그의 묘비명에는 이런 문장이 새겨졌다. "그는 하늘의 울타리를 무너뜨렸다."

아름다운 남매

다음의 에필로그는 허셜에 얽힌 미담이자 천문학사의 일부이기도 하다. 허셜의 성취 뒤에는 늘 그의 여동생 캐럴라인 허셜이 있었다. 1772년, 영국에서 생활이 안정되자 허셜은 고향에 있는 여동생 캐럴라인을 영국으로 데려왔다.

12살 아래인 캐럴라인은 당시 22살의 꽃다운 나이였으나 얼굴이 꽤나 못생긴 아가씨였다. 아버지가 "진정한 가치가 얼굴에 나타나기까지는 적당한 남편감을 발견하기 어려울 것"이라고 말했을 정도였다. 게다가 집안도 넉넉지 못한 편이라서 캐럴라인은 정규교육도 못 받고 어머니의 구박을 받으며 집안 살림을 도맡아 하고 있었다.

어머니와 한바탕 전쟁을 치른 후 오빠의 구원의 손길을 부여잡고 영국으로 건너온 캐럴라인은 오빠에게 음악과 영어교습을 받아 이윽고 소프라노 가수로 데뷔하고, 나중에는 수학, 물리학을 배운 후 오빠의 조수가 되어 천문관측을 거들기 시작했다. 춥고 긴 밤을 같이 지새며 관측작업을 도왔고, 망원경을 만들 때도 헌신적인 조수 노릇을 했다. 그녀는 그때의 일을 다음과 같이 기록하고 있다. "옷을 갈아입을 틈도 없이 계속되는 일에 짬이라곤 없었다. 옷소매는 찢어

반사경을 연마하고 있는 허셜과 캐럴라인. 1896년 석판화.

지거나 녹은 송진가루로 더러워졌다. 나는 오빠의 입에 음식을 떠먹여주기도 했다."

그러다가 캐럴라인은 오빠로부터 망원경 하나를 넘겨받아 독자적인 천체관측을 시작했다. 마침내 1786년, 여성으로서 최초로 혜성을 발견하는 영예를 거머쥐며 천문가로 정식 데뷔하더니, 이듬해에는 조지 3세에 의해 왕실 천문학자가 된 허셜의 조수로 임명되어 연봉 50파운드를 받는 어엿한 프로 천문학자가 되었다.

오빠가 쉰 살이라는 늦은 나이에 결혼할 때까지(케플러처럼 과부와 결혼했다) 그녀는 어려운 상황에서도 집안 살림을 꾸려나가면서 스스로 연구과제를 찾고 관측을 계속했다. 1783년에는 소형망원경으로 직접 3개의 성운을 발견하고, 1786년에서 97년까지 8개의 혜성을 더 발견했다. 이 혜성들은 영국의 천문학자 존 플램스티드가 만든 항성목록에 첫 번째로 올랐다.

1822년 허셜이 죽은 후 그녀는 하노버로 돌아가 오빠가 발견한 2,500개의 성운에 대한 목록을 정리하여 1828년에 발표했다. 이 공로로 그해 캐럴라인은 영국 왕립 천문학회에서 주는 메달을 수상하고, 85세인 1835년에는 런던 왕립학회의 첫 여성회원으로 선출되었다. 이로써 아름다운 남매는 천문학사에 나란히 이름을 올리게 되었다.

그녀는 또 오빠가 죽은 후엔 그의 아들 존 허셜을 훌륭한 천문학자로 키워내 아버지의 뒤를 잇게 함으로써 오빠의 은덕을 갚았다. 하마터면 자신의 재능을 모른 채 살아갈 뻔한 한 여성의 눈부신 인간승리였다. 캐럴라인은 자신이 태어난 도시 하노버에서 97세의 나이로 눈을 감았다. 그녀의 이름 캐럴라인은 지금 달의 분화구에 남아 있다.

요일 이름에는 천동설이 숨어 있다

예로부터 인류와 가장 가까운 천체는 해와 달을 비롯, 수성, 금성, 화성, 목성, 토성이었다. 옛사람들은 밤하늘이 통째로 바뀌더라도 별들 사이의 상대적인 거리는 변하지 않는다는 사실을 알았다. 그래서 별은 영원을 상징하는 존재로 인류에게 각인되었다.

하지만 위의 다섯 개 행성은 일정한 자리를 지키지 못하고 별들 사이를 유랑하는 것을 보고, 떠돌이란 뜻의 그리스어인 플라나타이planetai, 곧 떠돌이별이라고 불렀다. 바로 행성을 일컫는다(혹성이란 말은 일본말이니 쓰지 말자).

플라톤 시대 이후부터 서구인들은 지구에서 가까운 쪽부터 달, 수성, 금성, 태양, 화성, 목성, 토성이 차례로 늘어서 있다고 생각했다. 물론 동양에서도 이 다섯 행성은 쉽게 관측되었으므로 오래전부터 잘 알려져 있었다.

드넓은 밤하늘에서 수많은 별들 사이를 움직여 다니는 다섯 별을 본 고대 동양인은 이 별들에게 음양오행설에 따라 '화(불), 수(물), 목(나무), 금(쇠), 토(흙)'라는 특성을 각각 부여했고, 결국 이들은 별을 뜻하는 한자 별 성星자가 붙여져 화성, 수성, 목성, 금성, 토성이라는 이름을 얻게 되었다. 단, 지구만은 예외인데, 그 이유는 옛사람들이 지구가 행성이라는 사실을 몰랐기 때문이다.

망원경이 발명된 이후에 발견된 천왕성, 해왕성, 명왕성이란 말은 일본을 거쳐 우리나라로 들어왔다. 서양에 대해 가장 먼저 문호를 개방한 일본은 서양 천문학을 받아들이면서 이 세 행성의 이름을 자국어로 옮길 때, 우라누스가 하늘의 신이므로 천왕天王, 포세이돈이 바다의 신이므로 해왕海王, 플루토가 명계^{冥界}의 신이므로 명왕^{冥王}이라는 한자 이름을 만들어 붙였고, 한국에서는 이를 그대로 받아들여 오늘날까지 사용하게 된 것이다.

우리가 쓰는 요일 이름이 해와 달을 포함하여 다섯 행성들의 이름으로 지어진 것은 천동설의 후유증이라 할 수 있다. 요일 이름이 지어질 당시에는 천동설이 대세를 이루어 태양과 달도 지구 둘레를 도는 행성이라고 믿었기 때문이다. 오늘날 우리가 애용하는 일, 월, 화, 수, 목, 금, 토는 그렇게 해서 만들어진 것이다.

해왕성 발견에 얽힌 미담과 추문

의식이란 우주를 직접 알고자 하는 열망이며,
우리는 우주가 그 자신을 설명하기 위한 존재다.

– 고대 수메르인

불운과 박치기한 젊은 수학자

태양으로부터 45억km(30AU)나 멀리 떨어진 아득한 변두리를 165년을 주기로 하여 도는 해왕성. 태양계 마지막 행성인 해왕성의 발견은 뉴턴 역학의 가장 대표적인 성공사례로 꼽힌다. 왜냐하면, 망원경이 아니라 종이와 연필로 발견한 행성이기 때문이다.

1781년 허셜이 발견한 천왕성이 미세한 이상 운동을 보이는 것을 베셀이 발견하고 1840년 이에 대한 논문을 발표했다. 그는 논문에서 천왕성 밖의 행성을 예언했다.

사정이 대략 이러했으므로 미지의 행성을 찾으려는 사람들이 다

존 카우치 애덤스(왼쪽)와 위르뱅 르베리에.
해왕성 공동 발견자들이다.

투어 탐색에 나선 것은 당연한 일이라 하겠다. 오래지 않아 미지의
행성은 발견되었다. 베셀이 죽은 지 6개월 뒤였다. 그러나 해왕성의
발견 뒤에는 미담과 함께 추문이 뒤얽혀 있었다.

해왕성의 발견에 뛰어든 사람 중에 케임브리지 대학 졸업반 학생
이 하나 있었다. 존 카우치 애덤스라는 23살의 수학 전공 학생이었
다. 그는 졸업할 무렵 미지의 행성에 대한 매력에 빠져 천왕성의 이
상 운동을 풀어보기로 결심했다. 가난한 농가의 아들이었던 애덤스
는 졸업 후 개인교사 일로 생계를 꾸려가면서 틈틈이 천문학 연구를
할 수밖에 없었다. 그는 스승인 제임스 챌리스의 도움으로 그리니치
천문대장 존 에어리 경에게 천왕성 궤도의 최신자료를 넘겨받았다.

애덤스는 미지의 행성에 관한 질량과 궤도를 계산한 결과, 2년 후

인 1845년 10월, 양자리 근처에 행성이 있을 거라는 확신을 얻었다. 하지만 이 젊은 수학자 앞에는 믿기지 않는 불운이 기다리고 있었다.

그는 연구 결과를 가지고 에어리 경을 찾아갔지만, 그때 마침 에어리는 프랑스에 나가 있어 그 부인에게 자신의 이름과 메시지를 남겨놓았다. 그러나 그녀는 애덤스의 방문 사실조차 까맣게 잊어버리고 남편에게 전하지 않았다. 그 후 애덤스가 다시 에어리 집을 방문했지만, 이번에는 하인이 그의 앞을 가로막았다. 식사 중이라 만나기를 원치 않는다는 것이었다.

이쯤 되자 애덤스는 명백히 퇴짜맞은 거라는 느낌이 들었고, 마지막 수단으로 연구 결과를 우편으로 보냈다. 그러나 열린 마음의 소유자가 아니었던 에어리는 어린 학생의 연구라 치부하고는 건성으로 대했을 뿐이었다. 얼마 후 애덤스에게 답장을 보내기는 했지만, 아무런 구체적인 시도도 없이 사소한 지적만 늘어놓았을 뿐이었다. 국립 천문대 대장이라면 응당 애덤스가 가리키는 곳으로 망원경을 돌렸어야 함에도 말이다.

사실 에어리는 애덤스와 공통점을 많이 갖고 있었다. 에어리는 애덤스처럼 가난한 농촌 출신이었다. 그리고 대학은 다르지만, 에어리 역시 애덤스가 다닌 케임브리지 대학 천문대에서 근무한 적이 있으며, 수학과 천문학 전공이라는 점까지, 어떤 면에선 둘은 판박이라 할 만했다.

종이와 연필로 발견한 행성

그 무렵, 바다 건너 대륙에서도 이와 비슷한 연구가 진행되고 있었다. 프랑스의 천문학자 위르뱅 르베리에(1811~1877)가 천왕성 궤도의 불규칙성에 관한 논문을 발표하고, 새로운 행성의 존재를 예상한 궤도 계산을 한 결과, 애덤스의 연구 결과와 겨우 1° 차이로 거의 일치하는 값을 찾아냈다. 이 소식은 각국으로 퍼져나갔다. 에어리도 르베리에의 연구 결과를 듣고 애덤스의 경우와는 달리 크게 감탄했다. 이유는 간단했다. 르베리에는 애덤스와는 계급이 다른 사람이었기 때문이다. 그는 프랑스에서 저명한 천문학자이자 교수였던 터이다.

에어리는 챌리스와 존 허셜 등이 모인 과학자들의 모임에서 새로운 행성의 발견이 임박했다고 발표했다. 그러면서도 그는 애덤스의 얘기는 입에도 올리지 않았다. 뿐만 아니라, 이 소식을 애덤스에게 알리지도 않았다. 대신 그는 한 전직 교수에게 현재 프랑스에서 미지의 행성을 찾으려는 노력이 진행 중이라는 얘기를 해주었다. 얘기를 들은 교수는 정작 영국에서는 그러한 노력을 전혀 하지 않고 있다는 데 충격을 받았다.

에어리도 교수에게 자극받아 그제야 부랴부랴 챌리스에게 새 행성 찾아보기를 독촉했다. 그러나 해왕성은 쉽게 눈에 띄는 대상이 아니었다. 천왕성보다 더 작고 어두운 해왕성은 망원경을 들이대고 보아도 다른 별과 구별하기가 쉽지 않다. 여기에는 반드시 정밀한 항성목록*, 곧 성도가 필요한데, 문제는 독일 외에는 그런 성도를 갖

---

* 항성의 위치와 등급, 분광형, 시차 등의 값과 특성을 기록한 천체목록. 성표星表라고도 한다. 현대 천문학에서 항성은 항성목록의 번호로 표시된다. 오랜 세월에 걸쳐 많은 항성목록이 편찬되었다. 대표적인 것은 〈우라노메트리아〉(1603), 〈대영 항성목록〉(1720), 〈남천성도〉(1763), 〈헨리 드레이퍼 목록〉(1924) 등이 있고, 성운·성단을 위한 것으로는 〈메시에 목록〉(M으로 표기), 〈새 일반목록〉(NGC로 표기) 등이 널리 사용되고 있다.

고 있는 나라가 없다는 점이었다. 쾨니히스베르크 천문대의 베셀의 힘이었다.

어쨌거나 챌리스는 사안의 중대성을 모른 채 망원경을 애덤스가 계산해낸 지역으로 이리저리 돌려보았다. 실제로 그는 해왕성을 여러 차례 보았지만 그냥 지나쳐갔다는 사실이 뒤에 밝혀졌다. 그는 자신이 본 것이 무엇인지 몰랐던 것이다. 훗날 챌리스는 애덤스의 계산이 그렇게 정확하리라고는 생각지 않았다고 변명했다. 그때 그가 조금만 주의를 기울였다면 해왕성 발견자로 애덤스와 함께 천문학사에 이름이 올랐을 것이다.

이런 식으로 영국이 어영부영 시간을 죽이고 있을 때, 르베리에는 자신의 연구자료를 베를린 대학 천문대의 요한 갈레에게 보냈다. 1846년 9월 23일, 르베리에의 편지를 받은 바로 그날 밤, 마침 성도를 갖고 있던 갈레는 지름 23cm의 망원경을 추정위치로 겨누었다. 미지의 행성을 찾는 데는 한 시간도 채 걸리지 않았다. 그는 구름 한점 없는 하늘에서 르베리에의 계산에서 $1°$ 떨어진 곳에서 8등급의 별을 발견했는데, 그것이 바로 해왕성이었다.

결국 해왕성의 발견은 르베리에와 갈레의 업적으로 세상에 알려졌다. 이 발견은 천체역학 이론이 천체의 운동을 설명할 뿐만 아니라 미지의 천체를 발견하는 데도 쓸모가 있음을 입증한 획기적인 사건이자 뉴턴 역학의 승리로 받아들여졌다. 이 소식을 듣고 애덤스가 느꼈을 낙담이 어떠했을는지는 말할 필요도 없다.

이제껏 애덤스의 말을 귓등으로 듣다가 남의 집 잔치를 멀거니 바라보게 된 영국의 에어리와 챌리스는 이번 발견에 자신들도 지분을 갖고 있음을 주장하고 나섰다. 그러자 프랑스는 자신들의 업적을 영국이 도둑질하려 한다고 발끈했다. 천왕성의 발견을 영국에게 빼앗긴 전력을 생각해보면 당연한 반발이었다.

한편, 에어리는 이 와중에도 애덤스를 깎아내리려 했는데, 그가 르베리에에게 보낸 편지에 이렇게 말했던 것이다. "당신이 그 행성 위치를 예측했음은 의심의 여지가 없습니다. 당신은 인정받았습니다."

분쟁을 수습하려고 나선 사람이 천왕성 발견자인 윌리엄 허셜의 아들 존 허셜이었다. 당시 영국 천문학계의 수장이었던 그는 해왕성 발견 논문에서 애덤스가 에어리에게 보낸 편지를 근거 자료로 하여 해왕성 궤도의 첫 계산자가 애덤스임을 밝혔다. 이런 공방이 오간 끝에 결국 해왕성 발견의 최대 공적은 애덤스와 르베리에에게 함께 있는 것으로 정리되었다.

두 나라의 천문계가 나서서 해왕성 발견 공적을 두고 서로 다투었지만, 정작 이 문제에 개의치 않은 사람은 당사자인 애덤스와 르베리에 두 사람뿐이었다. 두 사람은 존 허셜이 주최한 연회에서 처음으로 만나 인사를 나눈 후 금세 친구가 되었고 죽을 때까지 우정을 나누었다.

르베리에는 해왕성의 발견으로 아카데미 프랑세즈 회원이 되었고, 각국의 학회로부터 상을 받았다. 그리고 1854년 파리 천문대장이 되었다. 업적을 인정받은 애덤스도 명성을 얻어 모교인 케임브리지 대학의 천문학 교수가 되었다. 41세에 챌리스의 뒤를 이어 케임브리지 대학 천문대장을 맡아, 사자별자리 행성군行星群의 궤도 결정, 지구자기장 연구 등에 많은 업적을 남겼다.

2011년 9월 23일이 해왕성 발견 1주기

태양계의 가장 바깥에 위치한 기체행성인 해왕성은 지름이 지구의 4배인 약 5만km로, 아름다운 쪽빛을 띠고 있다. 대기 중에 포함된 메탄이 붉은빛을 흡수하고 푸른빛을 산란시키기 때문이다. 14개나 되는 위성을 가진 것으로 알려져 있는데, 그중 트리톤이 가장 큰 위성이고 나머지는 모두 작은 위성들이다. 트리톤의 지름은 2,700km로 달보다 조금 작지만, 그다음으로 큰 위성인 프로메테우스의 지름은 겨우 420km밖에 되지 않는다.

1989년, 보이저 2호는 12년의 긴 여행 끝에 인류 역사상 최초로 해왕성 북극 상공 4,656km까지 접근, 해왕성 주위에서 다섯 개의 고리

보이저 2호가 1989년에 찍은 해왕성의 크기를 지구와 비교한 것.

몽파르나스 공동묘지에 있는 르베리에의 묘. 무덤 위에는 커다란 석제 천구의가 놓여 있다.

를 발견했는데, 해왕성 발견자의 이름을 따라 르베리에, 애덤스, 갈레 등으로 이름 붙여졌지만, 애덤스의 관측 요청을 끝내 거부한 에어리의 이름은 붙여지지 않았다. 때로 역사는 이렇게 징벌을 내리는 모양이다.

해왕성 고리들은 목성의 고리처럼 빈약한 것으로 밝혀졌다. 보이저는 여섯 개의 위성과 해왕성을 둘러싼 자기장의 존재를 발견했으며, 또한 해왕성에 놀랄 만큼 활동적인 기후 시스템이 있다는 것을 발견했다.

태양계의 가장 바깥 변두리를 165년을 주기로 공전하고 있는 해왕성은 지난 2011년, 발견된 지 꼭 1주기인 165년이 되었다. 그해 9월 23일, 태양 둘레를 280억km 여행한 해왕성은 처음 발견된 그 위치로 돌아와 인류에게 다시 모습을 보였다. 1주기 전 그때, 해왕성이 멀리 지구상에서 보았던 낯익은 사람들은 하나도 보이지 않았겠지만.

해왕성 발견자 르베리에는 1877년 프랑스 파리에서 죽었으며 몽파르나스 공동묘지에 묻혔다. 그의 무덤 위에는 커다란 석제 천구의가 놓여 있다. 동시대 물리학자 프랑수아 아라고의 말처럼 르베리에는 '펜 끝으로 행성을 발견한 남자'로 기억되고 있다.

태양계 미니 모형

 – 태양을 귤 크기로 줄인다면?

태양계라는 광대한 우주공간에서 태양과 그 행성들이 차지하는 상대적인 크기는 얼마나 될까? 천체의 크기와 거리 관계를 정확한 축도로 한 장의 종이 위에 표현한다는 것은 불가능하다. 우주는 우리의 어떠한 상상력도 넘어설 만큼 광대하기 때문이다.

예컨대, 태양을 귤 크기로 줄인다면 지구는 9m 떨어진 주위를 원을 그리며 도는 모래알이다. 목성은 앵두씨가 되어 60m 밖을 돌며, 가장 바깥의 해왕성은 360m 거리에서 도는 팥알이다. 게다가 항성 간의 평균 거리는 무려 3천km나 되며, 태양에서 가장 가까운 별인 4.2광년 떨어진 센타우루스자리의 프록시마 별은 2천km 밖에다 그려야 한다. 이 척도로 보면 우리은하는 평균 3천km 서로 떨어진 귤들의 집단이며, 그 크기는 무려 3천만km다.

이 귤들과 모래, 팥알 사이의 공간에는 무엇이 있나? $1m^3$당 수소 원자 10개 정도가 떠돌고 있을 뿐이다. 이는 사람이 만들 수 있는 어떤 진공보다도 더욱 완벽한 진공이다. 광대한 공간에 귤 하나, 수십 미터 밖에 모래알과 앵두씨 몇 개가 빙빙 돌고, 3천km 떨어져 또 귤 한 개가 적막한 공간을 떠도는 곳. 이것이 우주공간의 공허인 것이다.

별까지의 거리를 잰 인턴 사원

별들 사이의 아득한 거리에는
신의 배려가 깃든 것 같다.

– 칼 세이건(미국 천문학자)

연주시차를 잡아라!

1543년, 코페르니쿠스가 지동설을 발표한 이래, 천문학자들의 꿈은 연주시차를 발견하는 것이었다. 그것이 지구 공전에 대한 가장 확실하고도 직접적인 증거이기 때문이다. 그러나 그 후 3세기가 지나도록 수많은 사람들이 도전했지만 연주시차는 난공불락으로 아무에게도 그 모습을 드러내지 않았다. 연주시차의 발견은 문자 그대로 천문학계의 최대 현안이었다. 지구가 공전하는 한 연주시차는 없을 수 없는 것이다.

연주시차란 무엇인가? '시차視差'는 두 위치에서 한 물체를 볼 때

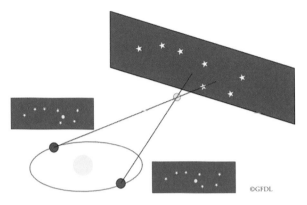

별의 연주시차. 지구가 태양을 중심으로 공전 운동을 함에 따라
천체를 바라보았을 때 생기는 시차를 일컫는다.

생기는 시선 방향의 차이를 말하고, 어떤 천체를 태양과 지구에서
봤을 때 생기는 각도의 차이를 연주시차라 한다. 항성시차란 말도
같은 뜻이다. '연주年周'라는 호칭이 붙는 것은 공전에 의해 생기는 시
차이기 때문이다. 연주시차는 실제 시차의 절반, 즉 태양과 목표 천
체를 잇는 직선, 그리고 지구와 목표 천체를 잇는 직선이 이루는 각
으로 나타낸다.

지구는 태양에서 볼 때 여섯 달 간격으로 궤도의 양끝에 위치하므
로, 그 양끝에서 목표 천체를 잇는 두 직선이 이루는 각도를 구하고,
그 값을 둘로 나누면 그것이 바로 연주시차다. 이것만 알면 삼각법
으로 바로 목표 천체까지의 거리를 계산할 수 있다. 뿐더러, 모든 천
문학자들이 그토록 열망하던 지구의 직접적인 공전 증거물을 손에
쥐게 되는 것이다.

그러나 아무리 정밀하게 측정해봐도 연주시차는 발견되지 않았

다. 별은 어떤 움직임도 없이 그 자리에 붙박여 있는 듯이 보였다. 역사상 최고의 안시 관측자로 꼽히던 튀코 브라헤도 연주시차를 발견하지 못해 어정쩡한 튀코 우주모델을 주장했고, 불세출의 관측 천문가 허셜도 평생을 바쳐 추구했지만 끝내 이루지 못한 꿈이 연주시차의 발견이었다.

지구중심 모델을 믿는 사람들은 이것을 지구가 우주의 중심에 부동자세로 있는 증거라고 받아들였고, 태양중심 우주모델을 지지하는 사람들은 시차가 발견되지 않는 것은 별들이 믿을 수 없을 정도로 멀리 있기 때문이라고 주장했다.

수학 천재인 '인턴 사원'

최초로 별의 연주시차를 잰 베셀

그런데 코페르니쿠스가 지동설을 발표한 지 거의 300년 만에야 이 연주시차를 발견한 천재가 나타났다. 놀랍게도 중학교를 중퇴하고 조그만 회사의 인턴 사원으로 근무하면서 천문학을 독학한 프리드리히 베셀(1784~1846)이 바로 그 주인공이다. 이 천재는 삶의 내력도 재미있을 뿐 아니라, 인간적으로도 무척 매력적인 사람이었다.

베셀은 허셜이 천왕성을 발견한 지 3년 뒤인 1784년에 독일의 민덴(베스트팔렌)에서 태어났다. 아버지는 시청에서 일하는 가난한 말

단직이었고, 어머니는 목사의 딸이었다. 베셀은 3남 6녀 중 차남이었고, 어릴 때는 별다른 재능을 보이지 않았다. 오히려 라틴어를 싫어해 학교를 그만두고, 계산에 뛰어난 소질을 살려 상인으로 출세하기 위해 무역회사 견습사원으로 들어갔다. 그의 나이 14살 때였다. 7년간 무보수라는 조건이었지만. 그는 노력파였다. 입사 1년 만에 회사에서는 그의 능력을 인정해 보수를 주기 시작했다.

베셀이 천문학에 발을 들여놓게 된 것은 무역상으로 성공하기 위해 항해술을 공부하기 시작한 것이 계기가 되었다. 낮에는 일하고 밤 9시부터 새벽 3시까지 천문학을 비롯, 미적분, 물리학 등을 공부하는 주경야독을 하던 그에게 어느 날 하늘에서 '너는 장차 천문학자가 되어라'라는 사신使臣이 찾아왔다. 『베를린 천문연감』을 보다가 1607년의 핼리 혜성 관측 데이터를 발견했던 것이다. 베셀은 그 데이터를 토대로 핼리 혜성의 궤도를 구하는 데 성공했다. 그는 이것을 가지고 당시 혜성 연구 일인자인 하인리히 올베르스를 찾아갔다.

올베르스는 브레멘에 잘 알려진 의사이자 아마추어 천문학자로, 박물관 같은 데서 가끔 천문학 강의를 하곤 했는데, 베셀도 여러 번 그의 강의를 들었던 터였다. 하지만 이 스무 살의 젊은이는 숫기가 전혀 없어 직접 집으로 찾아가 초인종을 누를 엄두가 나지 않았다. 그는 퇴근하는 올베르스를 기다렸다가 그의 뒷모습을 보고는 급히 옆길로 달려가 올베르스의 앞으로 다가갔다. 그러고는 자기가 혜성의 궤도를 계산한 노트를 그에게 건네며 몇 마디 설명을 덧붙였다.

올베르스는 낯선 청년이 길을 막고 말을 건네는데도 온화하게 맞아주었다. 그는 노트를 한동안 들여다보다가 고개를 들어 베셀을 쳐

다보았다. "정말 훌륭하군. 좀더 자세히 검토해보고 가까운 시일 내에 내 의견을 말해주겠네." 1804년 7월 28일 토요일로, 베셀이 막 스무 번째 생일을 보낸 며칠 뒤였다.

다음 날 일요일, 산책에서 돌아오니 많은 책과 함께 올베르스의 편지가 배달되어 있었다. 편지에는 천문 계산 중 가장 어렵다는 궤도 결정을 훌륭히 해낸 데 대한 칭찬과 함께 논문을 좀 손봐서《천문학 소식》에 싣는 것을 허락해달라는 내용이었다. 그리고 보낸 책들은 좀더 공부하라는 뜻으로 주는 선물이라는 말이 덧붙여져 있었다.

올베르스는 베셀의 논문을 일부 수정하여 호의에 찬 소개말과 함께《천문학 소식》에 보냈다. "탁월한 재능을 지닌 젊은 천문학자를 귀지에 소개할 수 있게 되어 기쁩니다. 청년의 이름은 프리드리히 베셀입니다. 유감스럽게도 그는 지금 회사에 다니느라 천문학 연구에 전념할 여유가 없습니다. 이 논문을 읽은 독자는 누구라도 이 위대한 재능이 일개 회사원으로 막을 내린다면 천문학 발전을 위해 참으로 애석한 일이라고 생각할 것입니다."

베셀의 이 최초의 논문은 학위논문 수준에 도달한 것이었다. 상사의 일개 견습사원이 이런 논문을 쓴 데 대해 사람들은 놀라워했다. 결과적으로 베셀의 인생은 이 논문 한 편으로 크게 바뀌었다. 1806년 초, 올베르스는 릴리엔탈 천문대의 조수 자리를 베셀에게 주선해주었다. 쉬운 이직은 아니었다. 상사에서 받는 보수의 7분의 1이었다. 그러나 베셀은 조금의 망설임도 없이 릴리엔탈로 발길을 돌렸다. 이 결단을 두고 올베르스는 '과학을 위한 축복'이라며 기뻐했다.

릴리엔탈에서 베셀은 혜성과 행성 관측에 열정을 쏟았고, 마침내 혜성 궤도결정에 공헌했다. 베셀의 명성은 높아갔고, 천문학계가 이 젊은 학자를 주목하기 시작했다. 그는 문자 그대로 천문학계의 신성新星이 되었다. 그런 베셀에게 또 다른 기회가 찾아왔다. 쾨니히스베르크 대학에 건립될 국립 천문대의 대장으로 취임해달라는 제안이 들어온 것이다. 아울러 대학의 천문학 교수직도 맡는 조건이었다. 이 대학은 얼마 전까지만 해도 성운설을 주창한 칸트가 강의하던 곳이었다.

그런데 문제가 하나 생겼다. 천문대장의 최저 조건이 박사학위인데, 알다시피 베셀의 최종학력은 중학교 중퇴였기 때문이다. 그때 문제를 해결한 사람이 괴팅겐 천문대장이었던 가우스였다. 19세기 최대의 수학자로서 아르키메데스, 뉴턴과 더불어 역사상 3대 수학자로 꼽히는 가우스는 몇 년 전 올베르스를 통해 베셀을 소개받은 자리에서 한눈에 그의 천재성을 알아보고 베셀을 좋아하게 되었다. 가우스는 베셀의 문제를 듣고는 그 자리에서 "그럼 내가 베셀에게 학위를 주면 되겠네" 하고는, 몇 가지 수속을 밟은 후 바로 학위를 수여했고, 대학 당국도 그것으로 만족했다.

쾨니히스베르크 천문대가 우여곡절 끝에 1813년에 완공되자 베셀은 관측을 재개했다. 목적은 주로 항성 위치를 구하는 것이었고, 이에는 정밀한 자오환이 사용되었다. 1820년에는 0.01초의 정밀도로 춘분점을 결정하는 데 성공하고, 30년에는 그가 기준성으로 삼았던 38개 별들의 1750년부터 1850년 사이의 시위치와 평균위치를 발표했다. 이 위치는 아주 정확해서 1750년 이래로 그리니치 천문대에서 구해지는 위치로 채용되었다. 그동안 천문학계에 군림해오던 그리니치 천문대는 어쩔 수 없이 쾨니히스베르크의 베셀에게 그 자리를 넘겨주게 되었다.

최초로 별의 연주시차를 재다

그의 최대 업적이 된 연주시차 탐색은 1837년부터 시작되었다. 별들의 연주시차는 지극히 작으리라고 예상됐던 만큼 되도록 가까운 별로 보이는 것들을 대상으로 선택해야 했다. 고유운동이 큰 별일수록 가까운 별임이 분명하므로 베셀은 광행차를 발견한 브래들리(헬리 후임으로 그리니치 천문대장이 되었다)의 관측자료를 근거로 가장 큰 고유운동을 보이는 백조자리 61을 목표물로 삼았다. 이 별은 5.6등으로 어두운 편이라 아무도 주목하지 않았던 것을 베셀이 굳이 선택한 것이다.

이미 5년 전 베셀은 올베르스의 권고로 브래들리가 1750년에서 62년 사이에 그리니치 천문대에서 수행했던 3,222개의 항성 위치 관측에 대해 세차歲差·장동章動·광행차 등의 영향을 보정하여 해석하고 기준성의 위치를 정했던 적이 있었다. 이 업적으로 그는 1812년 베를린 학술원 회원에 선출되었다.

베셀은 시차를 측정하기 위해 정밀한 천문 각도 측정기기인 프라운호퍼의 태양의를 사용했다. 1837년 8월에 백조자리 61의 위치를 근접한 두 개의 다른 별과 비교했으며, 6달 뒤 지구가 그 별로부터 가장 먼 궤도상에 왔을 때 두 번째 측정을 했다. 그 결과 배후의 두 별과의 관계에서 이 별의 위치 변화를 분명 읽을 수 있었다. 데이터를 통해 나타난 백조자리 61번별의 연주시차는 약 0.3136초(1도는

3600초)였다! 이 각도는 빛의 거리로 환산하면 약 10.28광년에 해당한다. 실제의 11.4광년보다 약 9.6% 작게 잡혔지만, 당시로서는 탁월한 정확도였다. 이로써 지구 공전은 완벽하게 증명되었다. 이 별은 그 후 '베셀의 별'이라는 별명을 얻게 되었다.

1초에 30만km를 달리는 빛이 1년에 가는 거리는 무려 10조km에 달한다. 지구 궤도 지름 3억km를 1m로 치면, 백조자리 61은 무려 30km가 넘는 거리에 있다. 그러니 그 연주시차를 어떻게 잡아내겠는가? 그 솜털 같은 시차를 낚아챈 베셀의 능력이 놀라울 따름이다.

이 10광년의 거리는 사람들을 경악케 했다. 이것은 약 100조km로, 태양계(당시 천왕성 궤도 지름이 약 60억km)의 1만 5천 배에 달하는 거리였다. 베셀의 이 측정으로 태양계는 졸지에 광대한 우주 속의 한 점으로 축소되고 말았다. 널따란 축구장 안의 앵두 한 알이 바로 태양계였다. 그러나 백조자리 61까지의 거리 또한 우리은하의 크기에 비하면 솜털 길이에 지나지 않는다는 사실을, 그리고 우리은하 역시 우주 속에서는 조약돌 하나라는 사실도 머지않아 깨닫게 된다.

우주의 넓이를 잴 수 있는 수단

베셀의 이 쾌거는 우주의 광막함은 인간의 모든 상상을 뛰어넘는다는 것을 새삼 일깨워준 '사건'이었다. 베셀로부터 이와 같은 결론을 80회 생일선물로 받은 올베르스는 그에게 감사의 마음을 표시하며, "이 우주에 대한 우리의 상상력에 처음으로 굳건한 토대를 마련해주었다"면서 옛 제자의 성공을 축하해주었다.

베셀은 이 업적으로 런던 왕립천문학회 등에서 금메달과 표창을 받았다. 천문학회의 학회장은 바로 윌리엄 허셜의 아들이자 유명한 천문학자인 존 허셜 경이었다. 그는 베셀의 업적을 이렇게 평했다.

"베셀의 연주시차 발견은 천문학이 성취할 수 있는 가장 위대하고도 영광스러운 성공이다. 우리가 살고 있는 우주는 그토록 넓으며, 베셀로 인해 우리는 그 넓이를 잴 수 있는 수단을 발견한 것이다."

베셀의 연주시차 측정은 우주의 광막한 규모와 지구의 공전 사실을 확고히 증명한 천문학적 사건으로 커다란 의미가 있다. 별들의 거리에 대한 측정은 천체와 우주를 물리적으로 탐구해나가는 데 필수적인 요소라는 점에서 베셀은 천문학에 새로운 길을 열었던 것이다.

우선 백조자리 61번까지의 거리를 알게 됨으로써 우리은하의 크기를 추정할 수 있게 되었다. 이 별의 밝기와 시리우스의 밝기를 비교하면 허셜이 만든 시리오미터를 광년으로 바꿀 수 있다. 이렇게 해서 계산서를 뽑아본 결과 우리은하의 지름은 약 1만 광년, 두께는 1천 광년으로 나왔다. 실제 크기의 딱 10분의 1이지만, 천문학에서 이 정도 오차는 아주 우수한 편에 속한다. 오늘날 우리는 우리은하의 크기가 지름 10만 광년, 두께 1만 광년이란 사실을 알고 있다.

베셀의 다른 주요 업적으로는 밝은 별인 시리우스와 프로키온의 미세운동 발견이 있다. 이 별들의 미세운동은 보이지 않는 동반성이 그 별들의 운동을 교란하기 때문일 것이라고 베셀은 예측했다. 이들 동반성은 오늘날 시리우스 B별과 프로키온 B별로 불리는데, 베셀이 죽고 난 뒤 고성능 망원경으로 확인되었다.

그는 또 해왕성의 발견에도 중요한 역할을 했다. 1840년에 발표한 논문에서 예전부터 관측해왔던 천왕성의 궤도가 매우 작은 불규칙성을 가진 것을 주목하고, 이 불규칙성은 궤도 바깥에 알려지지 않은 행성이 있기 때문이라는 결론을 내렸다. 이 역시 그로부터 6년 뒤 해왕성이 발견됨으로써 사실로 밝혀졌다.

그해는 베셀이 지상의 삶을 마감한 해이기도 하다. 애석하게도 베셀은 해왕성 발견 소식을 못 듣고 눈을 감았다. 그가 눈 감은 지 6개월 뒤에 해왕성이 발견되었다.

올베르스로부터 "내가 천문학에 제일 크게 기여한 것이 있다면 그것은 베셀의 천재성을 알아보고 그를 천문학으로 인도한 것이다"라는 찬사를 들었던 베셀은 가슴이 따뜻한 천재였다. 그는 올베르스에 대한 감사의 마음에서 평생 그를 스승으로 생각했으며, 자신의 결혼식 날을 스승의 생일날에 잡았을 정도로, 두 사람의 아름다운 사제 관계는 죽을 때까지 유지되었다.

1846년 3월 17일 프리드리히 베셀이 사망했다. 향년 62세. 〈천문학 소식〉은 그의 죽음을 다음과 같이 전했다. "그는 통증 없이 조용한 죽음을 맞이했다. 사랑의 지킴 속에서 조용히 잠든 그는 다시는 깨어나지 않을 것이다."

베셀의 안식처는 그가 평생을 같이했던 천문대 근처의 공동묘지 한켠에 마련되었다. 그의 아내는 40년 후 그의 옆에 나란히 묻혔다.

중학 중퇴로 천문학과 수학을 모두 독학으로 정복하고, 마침내 천문학의 최고봉에 오른 프리드리히 베셀. 이 같은 천문학자는 이제 두 번 다시 나타나기 어려울 것이다. 그의 이름은 달의 맑음의 바다에서 가장 큰 크레이터와 소행성대에 있는 1552 베셀 소행성에 붙여졌다.

"밤하늘은 왜 어두운가?"

– 올베르스의 역설

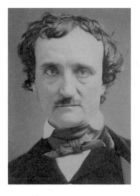

죽기 직전인 1849년 6월
촬영한 에드가 앨런 포 사진.
밤하늘이 어두운 이유를 최초로
타당하게 추론했다.

"밤하늘은 왜 어두운가?"

이런 싱거운(?) 질문 하나가 몇 세기 동안 천문학자들의 골머리를 싸매게 했다니, 믿어지지가 않지만 사실이다. 이 질문의 의미는 보기보다 심오하다. 어두운 밤하늘이 '무한하고 정적인 우주'라는 기존의 우주관에 모순된다는 것을 보여주기 때문이다.

우주가 무한하고 별들이 고르게 분포되어 있다면, 우리 눈앞에 펼쳐진 2차원의 밤하늘은 별들로 가득 메워져 밤에도 환해야 한다. 왜냐면, 우리 시선이 결국은 어떤 별엔가 가 닿을 것이기 때문이다. 그러나 현실은 안 그렇다. 밤하늘은 여전히 캄캄하다! 이건 역설이다. 왜 그런가?

이 화두를 던진 사람은 독일의 천문학자이자 의사인 하인리히 올베르스다. 그래서 이 역설을 '올베르스의 역설'이라 한다. 소행성 발견자인 올베르스는 '어두운 밤하늘의 역설'이라고도 하는 이 역설로 더욱 유명해졌다.

이 질문에 대한 올베르스 자신의 답은, 별빛을 차단하는 무엇, 예컨대 성간 가스나 먼지 같은 것들 때문이라고 보았다. 하지만 땡! 먼지와 가스층이 우주공간을 메우고 있다면 오랜 세월 빛에 노출되어 발광성운이 되어 빛나게 되므로 우주는 마찬가지로 밝아질 것이기 때문이다.

케플러도 이 문제 때문에 골머리를 앓다가 "우주가 유한해서 그렇다"고 결론 내리고 말았다. 우주가 유한하면 빛의 양도 유한하므로 이 역설을 해결할 수 있지만, 역시 정답은 아니다.

올베르스의 역설을 처음으로 해결한 사람은 뜻밖의 인물이었다. 미국의 작가이자 아마추어 천문가인 에드거 앨런 포였다. 자신이 천체관측을 한 것에 대해 쓴 산문시 〈유레카〉(1848)에서 포는 "광활한 우주공간에 별이 존재할 수 없는 공간이 따로 있을 수는 없으므로, 우주공간의 대부분이 비어 있는 것처럼 보이는 것은 천체로부터 방출된 빛이 우리에게 도달하지 않았기 때문이다"고 주장했다. 그는 또, 이 아이디어는 너무나 아름다워서 진실이 아닐 수 없다고 자신했다. 예술가다운 직관이라 하지 않을 수 없다.

포의 말대로 밤하늘이 어두운 이유는 빛의 속도가 유한하고, 대부분의 별이나 은하의 빛이 아직 지구에 도달하지 않았기 때문이다. 그것은 또 우주가 태어난 지 충분히 오래지 않기 때문이기도 하다.

그러나 포가 미처 몰랐던 중요한 사실이 하나 더 있다. 그것은 우주가 지금 이 시간에도 계속 엄청난 속도로 팽창하고 있다는 사실이다. 그러므로 지금 도달하지 못한 빛들은 당분간, 아니 영원히 도달하지 못할 것이다. 그리고 우주가 팽창함에 따라 가시광 영역의 빛들이 파장이 길어져 적외선 영역으로 들어가는 적색이동이 일어나기 때문에 우리 눈에는 보이지 않게 된다. 이 두 가지 이유로 밤하늘이 점차 밝아지는 일도 일어나지 않을 것이라는 게 정답이다.

이처럼 어두운 밤하늘은 천문현상 중 가장 심오한 것 중 하나다. 이는 우주의 나이와 크기 그리고 그 종말까지 담고 있는 것이다.

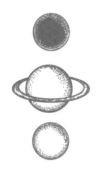

우주도
진화한다

3 장

우주는 어떻게 진화하는가?

우리가 어디서 왔는지 아는 것은 항상 유익하며,
만약 자연에서 배울 단 하나의 소중한 교훈이 있다면,
그것은 우주가 조화를 이루고 있다는 사실이다.

– 쳇 레이모(미국 천문학자)

우주의 진화를 밝힌 철학자

뉴턴 역학이 가져온 가장 큰 변혁은 아리스토텔레스 세계관의 붕괴였다. 세계를 천상계와 지상계 둘로 쪼개고, 소통을 금지시켰던 아리스토텔레스 체계가 만유인력의 법칙을 들고나와 천상이든 지상이든 중력의 법칙이 온 우주를 관통한다는 뉴턴의 역학 앞에 더이상 버틸 수 없었던 것은 당연하다. 여기서 천문학은 새로운 전기를 맞이한다.

기존의 천문학에서는 천상은 불변하고 완전한 세계이고 천체들은 올림포스 신들처럼 신성한 존재였다. 그러나 뉴턴 물리학의 등장으로 그것들 역시 지구처럼 질량을 가지고 중력으로 묶여 있는 물체임이 밝혀지게 되었다. 지상의 물리학은 천상에서도 적용되며, 지상의 물리학을 통해 우주의 상황을 알 수 있다는 믿음을 갖게 된 것이다. 인간의 몸은 비록 지상에 매여 있지만, 우리의 지성은 온 우주로 확장될 수 있다는 믿음이었다.

이제까지 항성천구에 붙어 있는 점으로 간주되었던 하늘의 천체들이 질량을 가진 물체라는 사실이 알려지면서 흥미로운 문제가 하나 제기되었다. 천체들의 내력, 곧 우주의 역사라는 문제에 눈을 뜨게 된 것이다. 이전에는 사실 태양계라는 개념조차 없었다. 태양계라는 개념이 생긴 것은 뉴턴과 핼리가 활약하던 17세기 말에 이르러서였다.

태양계는 언제 어떻게 형성되었나? 세계의 탄생과 멸망에 관한 이론들은 고래로부터 각 문명권마다 있었지만, 오랜 시간 동안 인류는 이러한 생멸 이론을 태양계에 접목할 생각을 하지 못했다. 뉴턴 이후에야 비로소 천체 형성에 관한 이론들이 나타나기 시작했다.

뉴턴 사후 22년이 지난 1749년, 프랑스의 철학자이자 박물학자인 조르주 드 뷔퐁이 태양계 형성에 대한 주목할 만한 이론을 발표했다. 뉴턴에 깊이 영향 받은 뷔퐁은 태양계는 공통의 기원을 가지고 있으며, 그 기원은 혜성이 태양에 충돌해 거기서 물질들이 빠져나옴으로써 비롯되었다는 주장을 펼쳤다.

물질들은 중력으로 인해 뭉쳐져 둥근 형태를 이루었으며, 서서히 식어 행성이 되었고, 더 작은 덩어리들은 위성이 되었다는 것이다. 실제로 두 개의 천체가 충돌하는 것은 우주에서 다반사로 일어나

는 일이다. 심지어 은하들도 충돌
하고 있다. 우리은하도 안드로메
다 은하와 약 40억 년 뒤에 충돌
할 것으로 예상되고 있다. 뷔퐁의
혜성 충돌설은 최초의 본격적인
태양계 형성설이며, 이로써 그는
'우주 파국 이론'의 창시자가 되
었다.

임마누엘 칸트. 태양계 형성에 관해
'성운설'을 주장했다.

　뷔퐁의 뒤를 이어 태양계 형성
설을 들고나온 사람은 놀랍게도
철학자 임마누엘 칸트(1724~1804)다. 『순수이성비판』을 쓴 철학자
임마누엘 칸트의 박사학위 논문이 철학이 아니라 천문학 이론임을
아는 사람은 그리 많지 않은 것 같다. 1755년에 발표된 칸트의 학위
논문은 그 제목부터가 '일반 자연사와 천체 이론'이었다.

　하긴 그 시대는 철학과 천문학 사이에 명확한 선이 없던 때이기는
했다. 당시 수학과 물리학은 자연철학으로 간주되어 철학의 영역에
속했다. 하지만 칸트의 논문은 명확히 천문학에 관한 내용이었다.
그것도 우리 태양계 생성에 관한 '성운설'이라고 불리는 것으로, 현
대 천문학 교과서에도 '칸트의 성운설Kant's Nebula Hypothesis'로 당당하게
자리잡고 있다.

　일찍이 뉴턴 역학에 매료되어 대학에서 철학과 함께 물리학과 수
학을 공부했던 칸트는 틈틈이 망원경으로 우주를 관측하며 천문학
을 연구한 천문학자이기도 했다. 그는 대선배인 아리스토텔레스 세

계관이 뉴턴에 의해 붕괴되는 것을 보고 새로운 시대의 우주론에 깊이 빠져들었다.

최초의 과학적인 태양계 기원설

31살인 1755년에 발표한 「일반자연사와 천체 이론」에서 칸트는 뉴턴 역학의 모든 원리를 확대 적용하여 우주의 발생을 역학적으로 해명하려 했다. 이것이 바로 훗날 유명한 '칸트-라플라스 성운설'로 알려진 우주 발생 이론이다. 뉴턴이 생성 운동의 기원을 신의 '최초의 일격'으로 돌린 데 반해, 칸트는 우주의 생성과 진화에 사용되는 힘들을 물질에 내재하는 중력과 척력(반발 작용), 그리고 그 안에서 대립되는 힘이라고 생각했다.

이 설에 따르면, 원시 태양계는 지름이 몇 광년이나 되는 거대한 원시 구름인 가스 성운이 그 기원이다. 천천히 자전하던 이 원시 구름은 점점 식어가면서 중력에 의한 수축이 이루어져 회전이 빨라지고, 마침내 그 중심부에 태양이 탄생되고 주변부에는 여러 행성들이 만들어졌다는 것이다. 이와 같은 성운설은 행성들의 동일 평면상에서의 운동, 공전방향과 태양의 자전방향과의 일치 등을 잘 설명할 수 있다는 점에서 최초의 과학적인 태양계 기원설로 널리 받아들여졌다.

하지만 그 후 목성이나 토성의 역행위성이 발견되어 이 설의 모순점이 드러났고, 무엇보다 태양계의 각운동량을 볼 때 원시성운의 응축은 불가능하다는 것이 증명되어, 이 설은 폐기되었다. 그러나

1980년대 초부터 어린 별들을 관측한 결과, 이들이 먼지와 가스로 이루어진 차가운 원반에 둘러싸여 있음을 알게 된다. 이는 성운설이 주장하는 내용과 일치하는 것으로서, 성운설은 신빙성 있는 이론으로 재조명을 받기에 이르렀다.

칸트의 성운설은 한마디로, 태양을 비롯하여 행성, 위성, 혜성 들이 원초적인 근본물질들에서 분리되어 우주공간을 채웠으며, 그 안에서 형성된 천체들이 태양계 공간을 운행하게 되었다는 것이다. 칸트의 아래와 같은 추론은 현대 천체물리학의 견해에 접근하는 놀라운 예지의 소산이라 하지 않을 수 없다.

"공간에 채워진 원소들은 서로를 움직이게 하는 힘을 가지고 있다. 이러한 힘은 그 자체가 생명의 근원이다. 모든 물질은 형태를 이루려고 분투하며, 그 과정에서 밀도가 높은 원소들이 가벼운 원소들을 주위로 끌어들여 형태를 짓는다."

『정신과 자연』의 저자인 영국의 생물학자 그레고리 베이트슨이 그의 책 안에서 "원자는 스스로 생명을 지향하는 것처럼 보인다"라고 한 말과 너무나 흡사한 주장이다.

이렇게 하여 원시 태양계 형성의 얼개를 만든 칸트는 별들에 대해서도 기왕의 이론들과는 사뭇 다른 주장을 펼쳤다. 직접 망원경으로 하늘을 관측하기도 했던 칸트는 별들 역시 태양과 다를 바 없는 존재로, '비슷한 체계 안에 들어 있는 중심'이라고 보았다. 이로써 태양계와 별들 사이의 관계를 정립한 칸트는 한걸음 더 나아가, 이러한 원리를 은하계로까지 확대했다. 그는 은하계가 거대한 렌즈 모양을 하고 있으며, 별들이 은하 적도 부근에 밀집해 있다고 주장했다. 그리고 우리의 항성계가 다른 우주의 체계들, 성운들과 비슷하다고 보았다.

칸트의 '섬우주'

망원경으로 밤하늘에서 빛나는 나선 형태의 성운을 관측하기도 했던 칸트는 안드로메다 자리에 보이는 M31*이 수많은 별들로 구성된 또 하나의 은하일 것이라는 구체적인 제안을 했을 뿐만 아니라, 이러한 나선형 성운에 '섬우주island universe'라는 멋진 이름을 붙여주기까지 했다. 지금이야 이런 성운들이 외부 은하임이 밝혀졌지만, 당시만 해도 우리은하 내부의 성간운이라는 주장이 널리 퍼져 있었다.

　참고로, 우리가 우주라 할 때, 그 우주에는 공간뿐 아니라 시간까지 포함되어 있다. 즉, 우주는 아인슈타인이 특수 상대성 이론에서 밝혔듯이 4차원의 시공간인 것이다. 우리가 쓰는 우주란 말 어원은 중국 고전 『회남자淮南子』에 기록된 '往古來今謂之宙, 天地四方上下謂之宇'라는 구절에서 유래한다. 풀이하면, '예부터 오늘에 이르는 것을 주宙라 하고, 사방과 위아래를 우宇라 한다.' 말하자면 이 우주는 시공간이 같이 어우러져 있다는 뜻이다. 영어의 코스모스cosmos나 유니버스universe에는 시간 개념이 들어 있지 않다. 동양의 현자들은 이처럼 명철했던 것이다.

---

* 안드로메다 은하의 메시에 번호이다. 프랑스의 천문학자 샤를 메시에가 혜성과 혼동하기 쉬운 103개의 성단, 성운의 목록을 작성, 1774년 출간했다. 목록의 출간 목적은 혜성을 찾는 사람들이 쉽게 천구에서 움직이는 천체와 움직이지 않고 제자리를 지키는 천체를 쉽게 구별하도록 하기 위함이었다. 후에 메생이 6개를 추가하여 총 109개의 목록이 되었다. 〈메시에 목록〉은 NGC와 함께 성단·성운 목록으로 가장 많이 쓰인다.

영어권에서 우주란 뜻으로 쓰이는 코스모스, 유니버스, 스페이스는 그 의미가 각기 다 다르다. 먼저 코스모스는 카오스 즉, 혼돈의 반대 개념으로 '조화'를 이루는 형이상학적인 의미의 우주를 뜻한다. 고대 그리스인들은 우주를 성스럽고 살아 있는 존재, 즉 조화를 가장 내밀한 본질로 여기는 존재라고 생각했다. 그들은 이것을 코스모스^{kosmos}라 부르고, 궁극적인 믿음과 지혜, 아름다움을 나타낸다고 믿었다.

이에 비해 유니버스는 물리법칙이 보편적으로 작용하는 우주, 곧 천체물리학자들이 바라보는 우주다. 그리고 스페이스는 인간의 활동영역이 되는 우주공간을 뜻한다. 우리가 우주탐사선을 보내고 우주정거장을 궤도에 올리는 공간은 스페이스인 셈이다. 칸트가 말하는 섬우주가 있는 공간은 유니버스에 속한다고 볼 수 있다.

외계 생명체에 대한 칸트의 추론 역시 주목할 만한 것이었다. 생명은 천체들이 진화한 결과 생겨난 것이지, 신의 창조행위로 생겨난 것은 아니라고 생각한 칸트는 19세기의 진화론자처럼 '생명체는 특정한 외적인 조건들과 연계되어 있다'라고 인식했다. 칸트는 또 외계 생명체가 있을 수도 있다고 믿었다. 망원경을 통해서 우주가 점점 넓어져가고 새로운 별들이 계속 발견됨에 따라 다른 천체에도 생명체가 존재할 것이라는 믿음이 18세기 중반 이후로 점차 넓게 퍼져갔다.

칸트의 이러한 우주 진화론은 창조자로서 신을 중심으로 한 목적론적 질서와 조화라는 견해와 모순되는 것이라고는 할 수 없었다. 오히려 칸트는 이러한 자신의 시도가 우주의 기계적 완벽성을 순수하게 역학적으로 설명한 것인 만큼 신의 완전성과 합목적성의 증거가 된다고 믿었다. 칸트의 우주 진화론이 당시에 널리 받아들여지지 않았던 것은 어쩌면 당연한 일이기도 했다. 그러나 뒤이어 나타난 아마추어 천문학자 허셜이 놀라운 발견들을 거듭하면서 칸트의 진화론을 뒷받침했다.

160센티미터가 안되는 자그만 키에, 80 평생 고향 쾨니히스베르크에서 100마일 이상 나가본 적이 없으면서도 우주를 누구보다 멀리 내다보았던 사람, 하루도 빠짐없이 매일 오후 일정한 시간에 우주의 시계추처럼 산책을 다녔던 사람, 노년에 이르도록 깊이 우주를 사색했던 철학자… 이런 것들이 천문학자 칸트를 규정할 수 있는 몇 가지 요소들이다.

담배와 커피를 즐기며 평생을 독신으로 살았던 칸트도 한 번 결혼할 뻔한 적이 있었다. 마을 처녀에게 청혼을 하여 승낙까지 받았는데, 머릿속엔 늘 생각으로 가득하고, 망설여지기도 하고, 또 깜박하기도 하여 세월을 죽이다가, 어느 날 갑자기 그 처녀와 결혼해야겠다는 생각이 들어 한껏 차려입고 처녀 집에 갔으나, 아뿔싸! 벌써 20년 전에 이사를 갔다는 것이다. 이것이 칸트의 80 평생에 있었던 로맨스의 총량이다.

1804년 2월 12일 새벽, 임종 직전 늙은 하인이 건넨 포도주 한 잔을 받아 마시고 칸트가 마지막으로 한 말은 "그것으로 좋다"는 것이었다. 대철학자의 마지막 말 치고도 참으로 소박하여, 조선의 대철학자 퇴계退溪의 묘비명을 떠올리게 한다. 퇴계의 자작 묘비명의 마지막 구절이다. "조화를 좇아 사라짐이여, 다시 무엇을 구하리오."

끝으로, 놀라운 직관과 예지로 그 시대의 어느 누구보다 우주의 진면목에 다가갔던 칸트의 우주관을 음미하며 이 장을 접기로 하자. 칸트의 묘비명이 된 이 말보다 인간과 우주의 관계를 깊은 통찰로 아우르는 말은 달리 없을 것이다.

"생각하면 할수록 내 마음을 늘 새로운 놀라움과 경외심으로 가득 채우는 것이 두 가지 있다. 하나는 내 위에 있는 별이 빛나는 하늘이요, 다른 하나는 내 속에 있는 도덕률이다."

별을 해부한 사람들

시인들은 과학이 별을 분해하여 우주의 신비와
아름다움을 앗아간다고 불평들 하지만, 사람이 우주를
조금 안다고 그러한 것들이 사라지지는 않는다.
자연은 예술가들이 상상하는 것보다 훨씬 더 신비롭기 때문이다.

– 리처드 파인만(미국 물리학자)

별은 무엇으로 이루어져 있나?

뉴턴의 물리학이 등장한 후 사람들은 지상의 물리학이 천상의 세계
에도 그대로 통한다는 사실을 확인하게 되었다. 태양과 천체들은 지
구 물질과는 전혀 다른 것으로 이루어져 있다는 아리스토텔레스의
말은 더이상 효력을 가질 수가 없었다. 천문학자들은 태양의 크기와
거리를 측량했고, 만유인력 방정식으로 그 질량을 알아냈다. 자그마
치 지구 질량의 130만 배였다.

여기서 당연한 의문이 제기된다. 그렇다면 태양을 이루고 있는 물
질은 무엇인가? 무엇이 저렇게 엄청난 에너지를 뿜어내고 있는가?

만유인력의 법칙이 우주의 모든 천체에 보편적으로 적용된다 치더라도, 그것만으로 이들이 모두 똑같은 기본물질로 이루어져 있다는 증명은 되지 않는 것이다. 방법은 하나밖에 없는 듯이 보였다. 직접 그 천체의 일부를 채취해 와서 화학적으로 분석해보는 것이다. 하지만, 이것은 불가능하다.

그래서 1835년, 프랑스의 실증주의 철학자 오귀스트 콩트는 다음과 같이 말했다. "우리가 별의 형태, 별까지의 거리, 별의 크기, 별의 움직임을 알아낼 수는 있지만, 지금까지 밝혀진 모든 것을 가지고 풀려고 해도 절대 해명할 수 없는 수수께끼가 있다. 그것은 별이 무엇으로 이루어져 있나 하는 문제이다."

그러나 결론적으로, 이 철학자는 좀 신중하지 못했다. '절대 불가능하다'란 말은 참 위험한 말이다. 콩트가 죽은 지 2년 만인 1859년, 하이델베르크 대학의 물리학자 키르히호프가 태양광 스펙트럼 연구를 통해, 태양이 나트륨, 마그네슘, 철, 칼슘, 동, 아연과 같은 매우 평범한 원소들을 함유하고 있다는 사실을 발견했다. 인간이 '빛'의 연구를 통해 영원히 닿을 수 없는 곳의 물체까지도 무엇으로 이루어졌나를 알아낼 수 있게 된 것이다.

교수가 된 유리 연마공 소년

키르히호프의 스펙트럼을 얘기하기 전에 우리는 먼저 어느 불우한 유리 연마공의 라이프 스토리에 잠시 귀 기울여보지 않으면 안된다. 왜냐하면, 이 무학의 유리 장인이 이미 한 세대 전에 키르히호프의 길을 닦아놓았기 때문이다. 그가 바로 태양 스펙트럼에서 프라운호퍼선을 발견한 요제프 프라운호퍼(1787~1826)다.

1787년 독일의 슈트라우빙에서 가난한 유리공을 아버지로 하여 11명 형제 중 막내로 태어난 프라운호퍼는 한마디로 숙명적으로 불운을 껴안고 사는 유형의 인간이었다. 11살 때는 아버지가 죽고, 이듬해에는 어머니가 세상을 떠났다. 가족들이 뿔뿔이 흩어졌고, 어린 프라운호퍼는 멀리 유리거울 공장에 직공으로 들어갔다. 가족들과 헤어진 슬픔보다는 먹고 잘 데가 생겼다는 데 위안을 얻어야 할 형편이었다.

프라운호퍼는 어렸을 때부터 완벽주의자였다. 사장으로부터 배운 거울과 유리에 관한 지식을 완벽하게 자기 것으로 만들어나갔다. 그

분광기를 시연하고 있는 프라운호퍼

러나 노동환경은 비참했고, 사장은 소년 노동자인 그를 비인간적으로 대했다.

어느 해 공장 건물이 무너지는 통에 그 밑에 깔려 다리가 부러지고 피를 많이 흘려 거의 죽을 뻔한 적이 있었다. 그러나 이것이 그의 인생에 한 전기를 만들어주었다. 프라운호퍼는 건물의 무너진 잔해 속에 깔렸는데, 당시 이 소년을 구하는 구조작업이 여러 사람들의 관심을 끌었다. 그중 바이에른 선제후 막시밀리안 4세 요제프도 끼어 있었다.

그는 프라운호퍼가 무사히 구출되었다는 얘기를 듣고 그에게 상당한 액수의 하사금을 선사했다. 프라운호퍼는 이 돈을 가지고 자신이 사용할 수 있는 유리 공작기계와 광학 관련 책들을 사들였다. 책을 보다가 광학을 이해하기 위해서는 수학을 배워야 한다는 사실을 알게 되었고, 수학을 공부하기 시작했다.

1806년, 숱한 고생 끝에 19살의 프라운호퍼는 한 기계 연구소에 광학기사로 들어갔다. 거기서 그는 망원경 제작에 투입되어, 질 좋은 렌즈 제작에 전념했다. 당시 광학은 뉴턴 시대보다 진보되었으나, 질 좋은 색지움 렌즈*는 여전히 개발되지 않고 있었다.

별을 해부하는 메스, 프라운호퍼선

광학과 수학을 독학으로 공부해 빛의 회절** 현상을 처음으로 연구하

---

* 성분이 다른 렌즈를 여러 장 조합하여 각각의 렌즈의 색수차가 상쇄되도록 한 조합 렌즈계이다. 색지움 렌즈가 개발됨으로써 렌즈의 색수차를 상당히 보정할 수 있게 되었다.
** 빛이 진행 도중에 틈새기나 장애물을 만나면 빛의 일부분이 틈새기나 장애물 뒤에까지 돌아 들어가는 현상으로, 파동의 한 특징이다.

고 빛의 파장을 계산해낸 프라운호퍼는 빛의 스펙트럼 색들이 유리의 종류에 따라 어떻게 굴절하는지 알아보기 위해 망원경 앞에 프리즘을 달았다. 역사상 최초의 분광기*라 할 수 있는 것이었다.

프라운호퍼는 여기에서 더 나아가 태양에도 비슷한 선이 있는가를 밝혀내기 위해 태양의 스펙트럼을 분석하는 실험을 했는데, 이 실험에서 프라운호퍼는 그의 이름을 불멸의 것으로 만든 놀라운 현상을 발견했다. 예상치 않게 태양의 스펙트럼에 수백 가닥의 검은 선이 있음을 발견했던 것이다. 그의 말을 들어보자.

"헤아릴 수 없을 정도의 수많은 희미한 수직의 선들이 스펙트럼 안에 보인다. 이중 몇 개는 아주 검게 보였다. (…) 여러 가지 실험, 방법으로 확인해본 결과, 이들 선과 띠는 태양빛의 성질에서 유래한 것으로, 회절현상이나 착시에 의한 것이 아니라고 확신한다."

그는 태양 이외의 천체에 대해서도 스펙트럼 조사를 했다. 달과 금성, 화성을 분광기에 넣었을 때도 똑같은 선을 볼 수 있었다. 그러나 망원경을 항성으로 겨누었을 때는 상황이 달랐다. 별마다 각기 특유의 스펙트럼을 보여주는 것이다. 그는 햇빛 스펙트럼의 세밀한 조사를 통해 모두 576개의 검은 선을 발견했는데, 이것이 바로 오늘날 프라운호퍼선 또는 흡수선이라 불리는 것이다.

프라운호퍼는 이 선들이 무엇을 뜻하는 건지 끝내 알 수 없었지만, 이것이야말로 저 천상의 세계가 무엇으로 이루어져 있는지를 밝혀낼 수 있는 열쇠로서, 19세기 천문학상 최대의 발견이었다. 프라운

---

* 물질이 방출 또는 흡수하는 빛의 스펙트럼을 계측하는 장치로, 파장 스펙트럼의 좁은 영역을 분리시켜 스펙트럼의 성격을 연구한다.

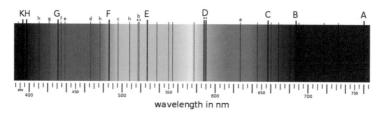

태양 스펙트럼에서 나타나는 프라운호퍼선. 프라운호퍼의 이 발견으로
우주의 화학 조성을 알 수 있는 문을 열었다.

호퍼의 암선이 뜻하는 것은 그로부터 한 세대 뒤 키르히호프에 의해
완벽하게 해독되었다.

프라운호퍼는 자신의 발견을 「완전 무색 렌즈 망원경에 대한 여러
종류의 유리의 굴절과 분산력의 결정」이라는 제목의 논문으로 발표
했다. 이 논문은 1817년 뮌헨 과학 아카데미에서 출판되었으며, 프
라운호퍼는 곧바로 아카데미 회원으로 선출되었다. 그러나 무학이
었던 그는 과학자들의 회의에 참석은 할 수 있으나 발언권은 인정되
지 않았다.

스펙트럼 분광을 계속 연구한 프라운호퍼는 얼마 후 또 하나의 논
문을 발표했다. 「광선의 상호작용과, 회절에 의한 빛의 새로운 변화
와 그 법칙」이라는 제목의 이 논문은 1821년 과학 아카데미에서 출
판되었다. 여기에서 그는 수백 가지 스펙트럼선을 도표로 나타내고,
이들의 파장을 측정해 그 스펙트럼이 태양의 직접 광선에 의한 것이
든, 달이나 다른 행성들의 반사광에 의한 것이든, 또는 기체나 가열
된 금속에 의해 만들어진 것이든 간에 원소들의 스펙트럼에서 선들
의 상대적인 위치는 일정하다는 것을 밝혔다.

이 논문은 전 세계의 물리학자들에게 읽혀졌으며 지금까지도 읽혀지고 있다. 이로써 프라운호퍼는 분광학 천문학의 시조로 자리매김하게 되었고, 1923년 뮌헨 대학의 교수가 되었다.

"그는 우리를 별에 더 가깝게 이끌었다!"

프라운호퍼의 업적은 망원경 제작에서도 두드러졌다. 1824년 그가 만든 직경 24cm의 굴절망원경은 세계 최정상의 성능을 자랑하는 것으로, 천문학자들로부터 갈채를 받았다. 러시아 정부에서도 바로 사들여 도르파트 천문대에 설치했다. 또 베셀의 쾨니히스베르크 천문대를 위해 제작한 15cm 태양의(헬리오미터)는 베셀이 백조자리 61번 별의 시차를 잡아내는 데 결정적인 역할을 했다. 19세기 초의 잇따른 천문학적 발견은 대부분 프라운호퍼가 제작한 망원경에 의해 이루어졌다 해도 과언이 아니다.

프라운호퍼는 1822년에 에를랑겐 대학교에서 명예박사 학위를 받았고, 1824년에는 바바리아의 왕으로부터 기사 작위를 받았다.

그러나 불운한 사나이 프라운호퍼의 행복은 오래 가지 못했다. 불우한 환경 탓에 어렸을 때부터 몸이 허약한데다 평생 유리와 함께 생활하는 바람에 유리가루가 폐에 차서 자리에 눕게 되었다. 폐결핵이었다. 그해 6월 요양을 위해 이탈리아로 떠날 준비를 하던 차에 위독해져 결국 삶을 마감하고 말았다. 겨우 39살이었다. 그의 죽음과 함께 유리 제작에 관한 많은 비법들이 같이 묻혀져버렸다고 과학자들은 생각하고 있다.

천문학 발전에 끼친 공적으로 볼 때는 프라운호퍼는 누구에게도 뒤지지 않는 거인이었다. 그는 프라운호퍼선으로 우주를 인류 앞에 활짝 열어놓았다. 후세의 천문학자들은 이 프라운호퍼선을 도구로 하여 우주의 화학조성을 해명할 수 있게 되었던 것이다. 진화생물학자 도킨스는 분광기를 인류의 가장 위대한 발명품이라 평했다. 프라운호퍼의 분광기 덕분에 우리는 별의 성분과 별빛의 적색이동을 관찰하고 우주의 기원을 알아내게 된 것이다.

우주가 무엇으로 이루어져 있는가를 밝히는 데 첫 주춧돌을 놓은 프라운호퍼는 뮌헨 시내에 있는 또 다른 유명한 망원경 제작자인 라이헨바흐의 묘 옆에 묻혔다. 그의 무덤 빗돌에는 "그는 우리를 별에 더 가깝게 이끌었다!"는 문구가 새겨져 있다.

프라운호퍼선이란?

태양 광선을 분광기로 분해한 스펙트럼 가운데에 나타나는 무수한 암선暗線으로서, 독일의 물리학자 프라운호퍼가 발견하였기에 발견사의 이름을 따서 프라운호퍼선 또는 흡수선이라고 한다. 스펙트럼이란 빛을 파장에 따라 분해하여 배열한 것을 말한다.

프라운호퍼선은 빛을 프리즘으로 통과시킬 때 빛의 일부가 어떤 물질에 흡수당하여 스펙트럼 상에 생기는 어두운 선이다. 즉, 태양광이 태양대기나 지구대기 중의 기체 원자·분자에 흡수되어 스펙트럼에 암선이 생긴다.

중요한 것으로는 H·He·Fe·Na·Ca 등의 원자 및 지구대기(산소 등의 분자)에 의한 가시광선 영역 흡수선이 있다. 이러한 원자·이온·분자는 저마다 특유의 파장의 빛만 흡수하므로, 흡수선을 조사하면 존재하는 원소의 종류와 존재량, 이들 원소가 놓인 환경의 온도·밀도·운동 및 자기장의 강도에 대한 정보를 얻을 수 있다.

현재까지 알려진 프라운호퍼선의 수는 3만 개가 넘는데, 태양 스펙트럼 속에 있는 이들 프라운호퍼선은 지구와 태양 사이에 빛을 흡수하는 물질이 있다는 증거로 볼 수가 있다. 또한, 스펙트럼의 세기나 폭은 그 빛을 내거나 흡수하는 원자수와 운동 상태를 알아내는 데 실마리가 된다.

철학자의 엉덩이를 걷어찬 물리학자

"별의 물질을 아는 것은 불가능하다"고 단
정한 콩트의 엉덩이를 보기 좋게 걷어찬
구스타프 키르히호프(1824~1887)는 칸트
가 태어난 지 꼭 100년 만인 1824년 칸트
의 고향 쾨니히스베르크에서 태어났다.

키르히호프(왼쪽)와 분젠.

쾨니히스베르크 알베르투스 대학에서
전기회로를 연구하고, 졸업 후 베를린 대
학 강사 등을 거쳐 분젠의 추천으로 하이
델베르크 대학 교수로 갔다. 거기서 키르히호프는 로베르트 분젠
(1855~1862)과 함께 여러 가지 원소의 스펙트럼 속에서 나타나는 프
라운호퍼선의 연구에 몰두했다. 그는 유황이나 마그네슘 등의 원소
를 묻힌 백금 막대를 분젠 버너 불꽃 속에 넣을 때 생기는 빛을 프리
즘에 통과시키는 방법으로 연구를 진행했다. 그 결과, 키르히호프는
각각의 원소는 고유의 프라운호퍼선을 갖는다는 사실을 발견했다.
말하자면 원소의 지문을 밝혀낸 셈이었다.

이어서 그에게 영광의 순간이 찾아왔다. 나트륨 증기가 내보내는
빛을 분광기를 통하게 했더니, 그 스펙트럼 안에 두 개의 밝은 선이
나타났다. 프라운호퍼가 제작한 지도와 대조했을 때 그 선들이 D1,
D2의 장소와 일치했다. 프라운호퍼가 나트륨 화합물을 태웠을 때
발견한 두 개의 밝은 선에 붙여놓은 기호들이었다.

여기서 키르히호프는 그의 선배보다 한걸음 더 나갔다. 나트륨 불
꽃을 통하여 태양빛을 분광기에 넣었더니 스펙트럼 안의 밝은 선이

무지개에서 발생하는 스펙트럼 현상. 공기 중에 떠 있는 수많은 물방울 안에서
햇빛이 굴절과 반사가 일어날 때, 물방울이 프리즘 같은 작용을 하여 무지개 스펙트럼을 만든다.

있었던 장소가 어두운 D선으로 바뀌는 게 아닌가! 이는 어떤 특정
한 파장의 빛이 나트륨 가스에 흡수되어 버렸음을 뜻하는 것이다.
다시 말해, 이 D선은 태양 주위에 나트륨 가스가 존재한다는 것을
증명하는 것이었다. 그는 "해냈다!"고 외쳤다. 이것이 바로 반세기
전 프라운호퍼가 그토록 알고 싶어 한 수수께끼였다.

키르히호프는 다음 과제로 태양광 스펙트럼에서 보이는 검은 선
들이 어떤 원소들의 것인가를 조사한 결과, 마그네슘, 철, 칼슘, 동,

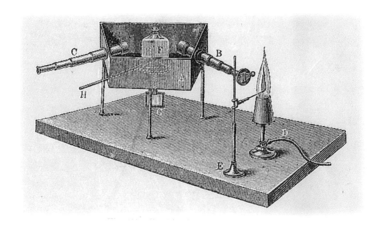

키르히호프와 분젠의 분광기

아연 등 30개의 원소들을 찾아냈다. 콩트가 죽은 후 2년 뒤인 1859년, 그는 이 같은 사실을 발표했다. 이로써 키르히호프는 태양을 최초로 해부한 사람이 되었고, 항성물리학의 기초를 놓은 과학자로 기록되었다.

그러나 태양이 무엇을 태워 저처럼 막대한 에너지를 분출하는지, 그 에너지원이 밝혀지기까지는 아직 한 세기를 더 기다려야 했다. 키르히호프는 2년 뒤 스펙트럼 분석을 통해 새 원소 루비듐과 세슘을 발견하는 등 천문학과 물리학의 발전에 크게 공헌했다. 전기회로와 열역학 분야에 서로 다른 두 개의 키르히호프 법칙은 그의 이름을 딴 것이다.

여담이지만, 키르히호프가 이용하는 은행의 지점장이 그가 태양에 존재하는 원소에 관한 연구를 하고 있다는 말을 듣고는 한마디

했다고 한다. "태양에 아무리 금이 많다 하더라도 지구에 갖고 오지 못한다면 무슨 소용이 있겠습니까?" 훗날 키르히호프가 분광학 연구업적으로 대영제국으로부터 메달과 파운드 금화를 상금으로 받게 되자 그것을 지점장에게 건네며 말했다. "옜소. 태양에서 가져온 금이오."

별들은 모두 태양의 형제다

프라운호퍼에게서 방출된 스펙트럼이 키르히호프를 거쳐 또 한 사람에게 가서 만개했는데, 그가 윌리엄 허긴스(1824~1910)라는 아마추어 천문가였다.

런던 출신의 허긴스는 몸이 허약해 대학에 가지 못했다. 다행히 아버지가 포목상을 하는 거부라서 그는 18살에 가업을 이어받아 10년 정도 운영하다가 사업을 정리하고는 런던 근교 툴스힐에 사설 천문대를 세웠다. 일찍이 천문학에 관심이 깊어 관측활동을 계속해왔던 터이다. 28살인 1852년에는 왕립 천문학회에 가입할 정도가 되었다.

당시 최고의 품질을 자랑하는 클라크의 구경 20cm 굴절망원경을 설치하고 행성관측에 열중하던 허긴스에게 귀가 번쩍 띄는 소식이 들려왔다. 독일의 키르히호프가 태양 스펙트럼의 프라운호퍼선을 통해 태양 대기의 화학적 성분을 알아낼 수 있다는 발표를 한 것이다. 허긴스는 그 순간 '이 방법을 항성에 적용하면 재미있겠다'고 직감했다.

허긴스는 두 장의 프리즘을 가진 분광기를 만들어 자신의 20cm

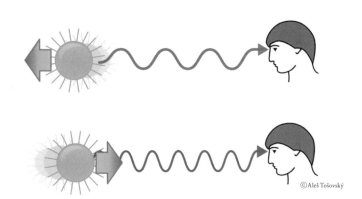

도플러 효과. 오스트리아의 물리학자 크리스티안 도플러가 발견한 것으로,
어떤 파동의 파동원과 관찰자의 상대 속도에 따라 진동수와 파장이 바뀌는 현상을 가리킨다.
사이렌을 울리는 소방차가 옆을 지날 때 확인할 수 있다.

망원경 대물렌즈 앞에다 달고 항성 스펙트럼을 관측하기 시작했다.
그것은 어려운 일이었다. 분광기를 통해 보면 별은 점으로 보이지
않고 바람에 흔들려 일렁이는 긴 고리로 보인다. 거기에서 스펙트럼
선을 검출하기란 여간 까다로운 일이 아니었다. 그러나 그 성과는
놀라운 것이었다. 허긴스가 건져올린 열매들은 다음과 같다.

1. 밝은 항성은 태양과 같은 구조이다. 그러나 화학 조성에는 상당한 차이가
   존재한다.
2. 행성상 성운 중 최초로 분광학적 연구가 수행했다. 곧, 용자리 행성상 성운
   인 고양이 눈 성운Cat's Eye Nebula의 관측에서 강한 수소 휘선을 검출함으로써
   그것이 고온의 가스 덩어리임을 입증했다.
3. 안드로메다 은하의 흡수 스펙트럼을 관측하여 그것이 별들의 집단임을 확

인했다.

4. 많은 성운을 조사한 결과, 성운에는 가스체로 된 부정형의 것과 별의 집단의 두 종류가 있다는 사실을 밝혔다.

당시 '성운은 미지의 성질을 가진 빛의 흐름'이라는 허셜의 견해가 통용되고 있던 천문학계에 이러한 허긴스의 새로운 발견은 큰 충격파를 던졌다. 게다가 항성이 태양과 같은 구조라는 것도 놀라운 사실이었다. 하늘의 별들은 바로 태양의 형제들이었던 것이다.

독학의 천문학자 허긴스의 장점은 유연한 머리였다. 도플러 효과가 발표되고, 운동하는 별의 스펙트럼선은 그 별이 정지해 있을 때에 보이는 위치에서 어긋나게 된다는 견해가 제시되자, 허긴스는 즉시 그 관측에 착수했다. 1868년에 허긴스는 시리우스에서 적색이동을 검출하는 데 성공했다. 시리우스의 스펙트럼이 모두 파장이 0.15% 정도 긴 쪽으로 이동해 있는 것을 발견한 것이다. 허긴스는 도플러가 제안한 방정식을 이용해 시리우스가 초속 29~35km 속도로 멀어지고 있다고 결론지었다. 현재 알려진 참값 8km에 비하면 한참 큰 값이지만, 육안 관측에만 의존하던 당시의 사정을 감안한다면 용인될 만한 한도였다.

허긴스는 또 항성 분광사진술을 발명하고, 1864년 이후로 밝은 별들에 대한 분광 사진관측을 실시했다. 항성대기의 화학적 성분과 물리법칙이 전 우주에 걸쳐서 관통하는 보편적인 것임을 확인함으로써 항성천문학에 새로운 장을 열었다.

허긴스의 업적에 대해서 다양한 영예가 수여되었다. 1867년 왕립 천문학회의 금메달을 비롯해 많은 메달을 받았고, 무학임에도 불구하고 지식인 최고의 영예인 왕립 천문학회 회장, 왕립학회 회장을 역임했다.

빅토리아 여왕으로부터 받은 표창에는 다음과 같은 이색적인 문구가 포함되어 있다. "허긴스의 위대한 기여에 대하여 영예가 수여된다. 그는 아내의 도움을 받아 천체물리학이라는 새로운 과학을 수립했다." 과학자의 업적에 주는 표창에 이런 문구가 들어간 것은 전무후무한 일이었다. 이후로 허긴스는 허긴스 경으로, 마거릿은 레이디 허긴스로 불리어졌다.

그의 아내 마거릿 린제이와의 인연도 퍽이나 '천문학적'인 것이었다. 그것은 태양의 스펙트럼이 맺어준 인연이었다. 어려서 부모를 잃고 17살의 외로운 처녀였던 마거릿은 천문 잡지에서 '분광기 만들기'라는 기사를 보고는, 직접 분광기를 만들어 자기가 관측하던 망원경에 달아 태양 스펙트럼을 보았다. 스펙트럼 안에서 프라운호퍼선을 직접 본 마거릿은 감격과 흥분을 감출 수 없었다. 그녀는 이름 모를 필자에게 이런 감동을 담은 편지를 보냈지만, 기다렸던 답장은 오지 않았다.

인연이라서 그런 건지, 10년 후 우연한 기회에 처녀는 그 필자를 만나게 되었다. 그는 이미 유명한 천문학자가 되어 있었다. "내가 그 기사를 썼지요. 윌리엄 허긴스라 합니다."

27살의 처녀가 상상하던 남자는 아니었다. 50줄에 접어든 초로의 독신남이었다. 둘 사이에는 24년이라는 '시차'가 있었지만, 전혀 문제가 되지 않았다. 반짝이던 별을 보던 두 사람의 눈은 서로의 눈에

©SAO ©NASA

윌리엄 허긴스(왼쪽)와 마거릿 허긴스(오른쪽)

서 반짝이는 사랑을 보게 되었고, 그 후 35년간 금실 좋은 부부가 되어 공동 관측자로 활동했다. '아내의 도움을 받아'라는 문구는 진실이었다. 마거릿이 없었다면 허긴스의 업적은 어려웠을지도 모른다. 허긴스는 늘 아내의 도움을 많이 받았다면서 겸손해했다고 한다. 마거릿 역시 어엿한 천문학자로 인정받아 왕립학회 명예회원이 되었다.

그녀는 1910년에 남편이 먼저 떠난 후, 조용한 곳으로 거처를 옮겨 남편의 전기를 집필하던 중 건강이 나빠져 67세의 나이로 남편 곁에 묻혔다. 남편이 떠난 지 5년 만이었다. 허긴스의 발견 중 가장 위대한 발견이었을지도 모르는 마거릿과의 만남은 따지고 보면 프라운호퍼의 스펙트럼이 맺어준 인연이라 하겠다. 그런 의미에서 저승에서 프라운호퍼를 만나 허긴스가 한턱 내지 않았을까 하는 생각도 든다.

별이란 무엇인가

우리는 별을 너무나 사랑한 나머지
이제는 밤을 두려워하지 않게 되었다.
– 어느 두 여성 아마추어 별지기 묘비명

어느 게 더 많나? 별과 지구상 모래알의 수

계절이 가을로 접어들면 하늘은 더욱 맑아지고 보석처럼 반짝이는
별들이 밤하늘을 아름답게 수놓는다. 우리의 자랑스러운 시인 윤동
주의 〈별 헤는 밤〉의 계절도 가을이다.

계절이 지나가는 하늘에는

가을로 가득 차 있습니다

나는 아무 걱정도 없이

가을 속의 별들을 다 헤일 듯합니다

(……)

별 하나에 추억과

별 하나에 사랑과

별 하나에 쓸쓸함과

별 하나에 동경과

별 하나에 시와

별 하나에 어머니, 어머니

어머님, 나는 별 하나에 아름다운 말 한마디씩 불러봅니다.(…)

경기도 양평 벗고개에서 본 은하수와 별하늘. 우리은하에만도 약 4천억 개 별이 있다. 태양은 그중 평범한 별의 하나다. 그러나 태양이 없다면 지구상에는 인간은 물론, 아메바 한 마리도 살 수 없다. (사진: 권우태)

어렸을 때부터 늘 신비와 동경의 눈으로 바라다보던 별. 벨벳처럼 새까만 밤하늘에 아름답게 반짝이는 별들을 보면서 하늘의 별은 모두 몇 개나 될까 궁금해하며, '별 하나 나 하나' 하고 세던 기억은 누구에게나 있을 것이다. 소원을 빌기 위해 내 별, 네 별을 정하기도 하고, 때로는 빛줄기를 그으며 떨어지는 별똥별을 보며 탄성을 지르기도 했다. 그런데 어느 결엔가 우리는 별들을 잊어버린 채 살아가고 있는 자신을 발견한다. 마음에서 순수가 사라지면 별도 같이 사라지고 마는 걸까? 하긴 도심에선 별을 보려 해도 잘 보이지도 않지만….

어쨌든 우리는 머리 위쪽에도 놀라운 세계가 엄존한다는 생각을 갖고 가끔씩은 하늘을 올려다보며 살아야겠다.

윤동주 시인은 하늘의 별을 다 '헤일 듯'하다고 했지만, 과연 다 셀 수 있을까? 현대 천문학은 한마디로 '불가능'하다고 판정한다. 그런데 온 우주의 별 총수를 계산해낸 사람은 있다. 호주국립대학의 천문학자들이 그 주인공이다. 이 대학의 사이먼 드라이버 박사는 우주에 있는 별의 총수는 7×10^{22}승 개라고 발표했다. 이 숫자는 7 다음에 0을 22개 붙이는 수로서, 7조 곱하기 1백억 개에 해당한다.

이 숫자를 어떻게 해야 실감할 수 있을까? 어른이 양손으로 모래를 퍼담으면 그 모래알 숫자가 약 8백만 정도 된다. 그것의 10^{16}배가 바로 별의 개수이다. 따라서 우주에 있는 모든 별들의 수는 세계의 모든 해변과 사막에 있는 모래 알갱이의 수보다 10배나 많은 것이다. 1초에 하나씩 센다면, 1년이 약 3200만 초니까, 자그마치 2천조 년이 더 걸린다. 기절초풍할 숫자임이 틀림없다.

이 같은 숫자는 별들을 하나하나 센 것이 아니라, 강력한 망원경을 사용해 하늘의 한 부분을 표본검사해서 내린 결론이다. 드라이버 박사는 우주에는 이보다 훨씬 더 많은 별이 있을 수 있지만, 7×10^{22}승이라는 숫자는 현대의 망원경으로 볼 수 있는 우주의 지평선 안쪽에 있는 별의 총수라고 한다. 별의 실제 수는 무한대일 수 있다고 그는 덧붙였다. 우주는 인간의 상상력을 초월할 정도로 너무나 크기 때문에 우주 저편에서 오는 빛은 아직 우리에게 도착하지 못했을 수도 있기 때문이다.

왜 별들은 이렇게 어마어마하게 많은 걸까? 우리은하에만도 별이 약 4천억 개나 있다. 태양도 그 많은 별 중 가장 평범한 별의 하나일 뿐이다. 태양이 태양인 까닭은 우리에게 가장 가까이 있다는 점 딱 하나뿐이다. 그래서 『월든』을 쓴 소로는 '태양은 아침에 뜨는 별일 뿐이다'라고 말했다. 태양 다음으로 가까운 별은 태양보다 약 30만 배나 떨어져 있다.

그렇다면 과연 별이란 과연 무엇인가? 하늘 높이 떠서 보석처럼 반짝반짝 빛나는 별, 우리 인간하고는 별 관계도 없는 듯 아득하게 보이지만, 실은 전혀 그렇지가 않다.

별의 뜻은 심오하다. 별이 없었다면 인류는 물론, 어떤 생명체도 이 우주 안에 존재하지 못했을 것이기 때문이다. 모든 생명체는 별로부터 그 몸을 받았다. 그러므로 별은 살아 있는 모든 것들의 어버이다. 하지만 생자필멸이라고, 별에게도 생로병사의 일생이 있다. 별도 뭇 생명처럼 태어나고, 진화하고, 이윽고 죽는다. 비록 그 수명이 수십억, 수백억 년이긴 하지만. 길고 긴 별의 여정을 따라가 보자.

우주의 벽돌, 별

태초에 대폭발(빅뱅)이 있었다. 우주의 시공간과 물질은 그로부터 비롯되었다. 폭발과 동시에 엄청난 속도로 팽창하기 시작한 우주는 지금 이 순간에도 팽창을 계속하고 있다.

대폭발로 탄생한 우주는 강력한 복사와 고온 고밀도의 물질로 가득 찼고, 우주 온도가 점차 내려감에 따라 가장 단순한 원소인 수소와 약간의 헬륨이 먼저 만들어져 균일한 밀도로 우주공간을 채웠다.

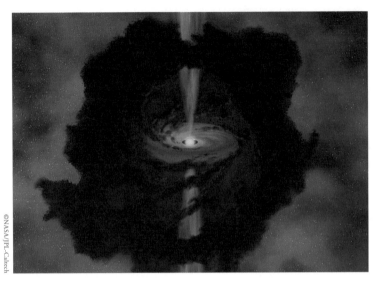

수소 구름 속에서 별이 태어나는 상상도.
밀도가 높은 수소분자 구름은 별이 잉태되는 별의 자궁이다.

그러니까 만물은 이 수소에서 비롯되었다고 할 수 있다. 성서에 보면 "태초에 하나님이 '말씀logos'으로 천지를 창조하셨다"는 말이 나오는데, 미국 천문학자 할로 섀플리는 그 '말씀'이 바로 수소였다고 주장한다.

고대 그리스의 철학자 탈레스는 최초로 만물의 기원에 주목하면서, "만물의 기원은 물이다!"라고 선언했다. 철학을 배운 사람들은 처음 이 얘기를 들으면 누구나 가당찮은 말로 여겼을 것이다. 하지만 영 가당찮기만 한 말은 아니다. 이 수소에 산소가 들러붙으면 바로 물이 된다. 그러니까 탈레스가 반은 맞았다고 할 수 있잖을까.

수소에 불을 붙이면 바로 폭발한다. 산소 역시 불에 무섭게 타는 기체다. 그런데 이 둘이 결합하면 불을 끄는 물이 된다. 18세기에 인류는 비로소 물의 정체를 알게 됐는데, 최초로 물의 비밀을 밝혀낸 화학자는 아마 전율하지 않았을까.

대폭발 후 10억 년이 지나자 원시 수소가스는 인력의 작용으로 이윽고 군데군데 덩어리지고 뭉쳐져 수소구름을 만들어갔다. 그리하여 대우주는 엷은 수소구름들이 수십, 수백 광년의 지름을 갖는 거대 원자구름으로 채워지고, 이것들이 곳곳에서 서서히 회전하기 시작하면서 거대한 회전 원반으로 변해갔다.

수축이 진행될수록 각운동량 보존법칙에 따라 회전 원반체는 점차 회전속도가 빨라지고 납작한 모습으로 변해가며, 수소원자의 밀도도 높아진다. 이윽고 수소구름 덩어리의 중앙에는 거대한 수소 공이 자리잡게 되고, 주변부의 수소 원자들은 중력의 힘에 의해 중심부로 낙하한다. 이른바 중력수축이다.

그다음엔 어떤 일들이 벌어지는가? 수축이 진행됨에 따라 밀도가 높아진 기체 분자들이 격렬하게 충돌하여 내부 온도는 무섭게 올라간다. 가스 공 내부에 고온-고밀도의 상황이 만들어지는 것이다. 이윽고 온도가 1000만 도에 이르면 사건이 일어난다. 가스 공 중심에 반짝 불이 켜지게 된다. 수소원자 4개가 만나서 헬륨 핵 하나를 만드는 과정에 결손질량이 아인슈타인의 그 유명한 공식 $E=mc^2$에 따라 핵 에너지를 품어내는 핵융합 반응이 시작되는 것이다. 이때 가스 공은 비로소 중력수축이 멈춘다. 가스 공의 외곽층 질량과 중심부 고온 고압이 평형을 이루어 별 전체가 안정된 상태에 놓이기 때문이다.

그렇다고 금방 빛을 발하는 별이 되는 것은 아니다. 중심에서 핵융합으로 생기는 에너지가 광자로 바뀌어 주위 물질에 흡수, 방출되는 과정을 거듭하면서 줄기차게 표면으로 올라오는데, 태양 같은 항성의 경우 중심핵에서 출발한 광자가 표면층까지 도달하는 데 얼추 100만 년 정도 걸린다. 표면층에 도달한 최초의 광자가 드넓은 우주 공간으로 날아갈 때 비로소 별은 반짝이게 되는 것이다. 이것이 바로 '스타 탄생'이다.

태어날 때 질량이 매우 작은 천체는 약한 중력으로 인해 중심에서 핵융합을 일으킬 온도를 조성하지 못하는데, 이 실패한 별을 갈색왜성褐色矮星, brown dwarf이라 한다. 질량은 태양의 8%(목성 질량의 75~80배) 미만으로, 적외선 영역에서 에너지를 많이 방출하고 가시광선을 거의 내지 않기 때문에 밤하늘에서 이들을 찾기는 힘들다.

새로 태어난 별들은 크기와 색이 제각각이다. 이들의 분광형은 고온의 푸른색에서부터 저온의 붉은색까지 걸쳐 있다. 별의 밝기와 색은 표면 온도에 달려 있으며, 이 차이를 결정하는 근본적인 요인은 오로지 질량이다. 질량은 보통 최소 태양의 0.085배에서 최대 20배 이상까지 다양하다. 물론 드물기는 하지만 태양 질량의 수백 배 되는 별들도 있다. 참고로, 가장 큰 별은 방패자리 UY$^{UY\ Scuti}$라는 별로, 질량은 태양의 30배이지만, 지름은 1,700배 정도 되는 것으로 밝혀졌다. 지구로부터 9,500광년 거리에 있는 UY 스쿠티를 태양 자리에다 끌어다 놓는다면 그 크기가 목성 궤도를 넘어 토성 궤도에 육박하는 엄청난 것이다.

그런데 모든 별은 왜 공처럼 둥글며 서로에게 끌려가지 않는 걸까? 그 답은 중력과 원심력이다. 별의 모든 원소들을 중력이 끌어당겨 서로 가장 가깝게 만들 수 있는 모양이 바로 구球인 것이다. 지름 700km 이상의 천체에서는 중력이 지배적 힘으로 형체를 결정한다.

별들이 서로 끌려가지 않는 이유에 대해서는 뉴턴도 많이 고민한 문제로, 그 수수께끼를 결국 풀지 못했다. 달이 지구로 떨어지지 않는 것은 달이 지구 주위를 돌고 있기 때문이다. 그 회전운동에서 나오는 원심력이 중력을 상쇄하는 것이다. 그러나 별들의 경우는? 역시 원심력 때문이다. 별도 우리 태양계와 마찬가지로 은하의 중심핵 주위를 돌고 있는 것이다. 뉴턴이 답을 못 찾은 것은 당시에는 은하의 존재 자체를 몰랐기 때문이다. 은하끼리의 충돌을 막아주는 것은 은하 사이의 거리를 떼어놓는 우주 팽창 때문이다.

어쨌든 지름 수백 광년에 이르는 수소 구름들이 곳곳에서 이런 별들을 만들고 하나의 중력권 내에 묶어둔 것이 바로 은하이다. 또 은하들이 무리지어 은하군을, 은하군들이 다시 모여 은하단들을 만들면서 온 우주의 거대구조를 이루는 것이다. 따라서 별은 우주라는 집을 짓는 가장 기초적인 벽돌이라 할 수 있다.

지금도 우리은하의 나선팔을 이루고 있는 수소 구름 속에서는 새로운 별들이 태어나고 있다. 말하자면 수소 구름은 별들의 자궁인 셈이다.

우주에서 가장 큰 별, 얼마나 클까?

-별 하나가 우리 태양계를 다 삼킨다

우주에서 가장 큰 별은 과연 얼마나 클까? 우주의 척도는 우리의 상상력을 비웃는다. 지금까지 관측된 바로는 가장 큰 별은 방패자리 UY^{UY Scuti}라는 별로, 태양 크기의 1,700배를 웃돈다. 이 별의 지름은 천문단위^{AU}로 보면 8천문단위(1AU는 지구-태양 간 거리)이고, 미터법으로 환산하면 24억km나 된다. 이런 별을 극대거성^{hypergiant star}이라 하는데, 그 반지름이 태양의 반지름의 10~100배 정도이면 거성^{giant star}, 그리고 100배 이상이면 초거성^{supergiant star}의 상위 클래스다. 대표적인 초거성으로는 오리온자리의 베텔게우스가 있다.

UY 스쿠티의 크기가 우주 최대이긴 하지만, 질량이 최대인 별은 아니다. 질량은 태양보다 약 30배 무거울 뿐이다. 이 정도로는 명함도 못 내민다. 우주에서 가장 무거운 별은 태양의 265배에 달하는 황새치자리의 R136a1이란 별이다. 하지만 이 별의 크기는 태양의 약 30배밖에 되지 않는다. 이처럼 별의 크기와 질량이 반드시 비례하는 것은 아니다. 특히 거성일 경우에는 더욱 그렇다.

지구로부터 9,500광년 거리에 있는 UY 스쿠티를 태양 자리에다 끌어다 놓는다면 그 크기가 목성 궤도를 넘어 거의 토성 궤도에 육박하는 엄청난 것이다. 하나의 물체가 이렇게 클 수 있다니, 놀라울 뿐이다.

방패자리 UY 별은 시간에 따라 밝기가 변하는 변광성이다. 별의 크기가 역시 시간에 따라 신축을 거듭하기 때문이다. 이처럼 대부분의 별들은 크기가

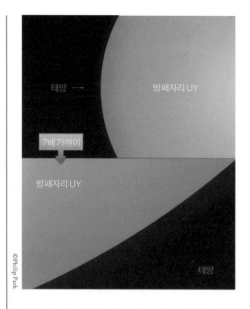

태양과 비교한
방패자리 UY의 크기.

고정되어 있지 않다. 별 자체가 가스체이기 때문에 표면이 단단하지 않고 끊임없이 요동치기 때문이다.

날마다 우리가 햇볕을 즐기는 태양은 지름이 지구의 109배, 약 139만km이고, 둘레는 약 500만km나 된다. 이게 얼마만한 크기일까? 당신이 차를 타고 시속 100km로 달린다면 태양을 한 바퀴 도는 데 5년 동안 밤낮 없이 가속 페달을 밟고 있어야 한다는 뜻이다.

이 태양을 지름 2m짜리 대형 트랙터 바퀴라고 하면, 지구는 바둑돌만 하고, UY 스쿠티는 백두산 높이의 약 1.5배인 3,400m나 된다.

비행기를 타고 지구를 한 바퀴 도는 데는 2일이면 족하다. 그러나 당신이 비행기를 타고 이 별 둘레를 한 바퀴 돌려면 무려 1,000년이 걸린다. 그러나 이런 별도 우주에 비하면 역시 모래알 하나에 지나지 않는다. 우주는 이처럼 광막하다.

별들의 생로병사

천문학에 조금이라도 관심 있는 사람이라면 누구나 한 번쯤은 보았을 그림표. 천문학 책에서 가장 유명한 그림표를 들라면 단연 '헤르츠스프룽-러셀 그림표'일 것이다.

항성의 진화를 얘기할 때 언제나 등상하는 이 그림표는 덴마크의 아이나르 헤르츠스프룽(1873-1967)과 미국의 헨리 노리스 러셀(1877-1957)이 만든 것으로, 줄여서 'H-R그림표'라고도 한다. 두 사람이 1차대전이 일어나기 전 독자적인 연구를 통해 개발한 그림표라 두 사람 이름이 같이 들어간 것이다.

이 그림표는 한마디로 별들의 생로병사의 여정이라 할 만한 것으로, 별의 등급과 항성의 진화, 다시 말해 별의 일생을 보여주는 것이다. 천문학자들은 이 그림표를 이용하여 항성의 분류, 내부구조나 진화의 과정을 조사한다. 이 유명한 도표에 이름을 올린 헤르츠스프룽은 천문학 전공자가 아니라 화학을 전공한 사람이었다. 그런 그가 어떻게 천문학으로 옮겨오게 되었을까?

90세가 지나도록 관측의 열정을 그대로 갖고 있었던 사람, 94살의 고령으로 별세했을 때, 추도사에서 "튀코 브라헤에 필적하는 20세기 최고의 관측 천문학자"라는 찬사를 들은 이 사람의 살아온 내력을 따라가 보면 사람 팔자란 애초부터 정해져 있는 게 아닐까 하는 생각도 든다.

헤르츠스프룽은 1873년 덴마크 코펜하겐 근교에서 태어났다. 아버지는 천문학을 전공하고 학위까지 갖고 있던 사람이었다. 하지만 그는 배고픈 천문학자의 길을 버리고 보험업계에 들어가, 젊은 나이에 국영 생명보험회사의 총지배인이 된 현실적인 사람이었다. 헤르츠스프룽은 아버지로부터 수학과 천문학을 배우기는 했지만, 천문학자가 되는 것은 꿈도 꾸지 말라는 가르침도 함께 받았다.

헤르츠스프룽은 부모님 말을 잘 듣는 효자였는지, 20살 때 아버지가 세상을 떠나자 곧바로 비싼 천문학 책들을 모조리 헌책방에다 팔아버리는 효를 실천했다. 그리고 자신은 보다 현실적인 직업인 화학자가 되기로 결심하고, 코펜하겐 공과대학에 들어가 화학을 전공했다. 그는 만년에 '내가 천문학자가 되리라고는 나는 물론 아무도 상상하지 못했다'고 말하곤 했다.

대학을 졸업하고 러시아와 독일 등지에서 화학기사로 몇 년간 밥벌이하던 그는 1902년 귀국하더니 느닷없이 천문대로 들어가 천문학 연구를 시작했다. 무슨 일로 아버지가 그렇게 말리던 천문학에 뛰어들었던 것일까? 당연히 그럴 만한 이유가 있었다.

19세기 말에서 20세기 초의 천문학 동네를 일별해보면, 망원경에 의한 천체관측이 한계에 도달했다는 분위기가 짙어가는 가운데 새로운 천문학이 태동하고 있었다. 바로 천체물리학이다. 천체의 위치 운동을 주로 다루는 고전천문학인 위치천문학의 맞은편에 서는 천체물리학은 항성의 내부구조와 항성 대기, 항성 진화 등을 다루는 분야이다. 말하자면 천체를 발가벗겨 안과 밖을 들여다보고 분석하는 학문으로, 여기에는 화학과 물리 같은 인접학문의 접목이 필수적인 사항이 될 수밖에 없었다. 그리고 사진술이 광범하게 활용되어 스펙트럼형에 의한 항성 분류법이 개발되고 있었다.

헤르츠스프룽이 바로 이 대목에 걸려든 것이다. 라이프치히 연구소에서 광화학을 연구하던 그는 당시 천문학자들이 사진을 이용해 별의 스펙트럼을 연구하고 있다는 사실에 주목했다. 그는 사진술에도 정상급이었기 때문에 흑체복사* 이론과 항성 스펙트럼형의 관계를 연구하는 데는 자신이 적격자라고 생각했다. 이렇게 해서 그는 그토록 피하려 했던 천문학 동네로 돌아오게 되었던 것이다. 그 후 천문학에서 그가 이루어낸 업적을 보면, 시대의 부름이었음을 알 수 있게 된다.

서로를 칭찬한 두 경쟁자

헤르츠스프룽은 걸출한 아마추어 천문학자 닐센이 세운 천문대에서 항성 사진을 정력적으로 찍기 시작했다. "(흑백)사진으로 별의 색을 측정하려 한다"고 닐센에게 놀림을 받을 정도였다.

그의 노력은 3년 뒤 「항성의 복사에 대하여」란 논문으로 나타났다. 이 연구에서 그는 별의 고유운동과 밝기의 관계에서 별의 스펙트럼으로 그 별의 실제 광도를 측정하는 방법을 발견했다. 실제 광도와 겉보기 광도를 비교하면 그 별까지의 거리가 구해진다. 따라서 스펙트럼에서 별의 실제 광도를 측정하면, 삼각시차법으로 구할 수 없는 먼 별의 거리도 얻을 수 있는 것이다. 이는 획기적인 방법으로, 오늘날 분광시차법의 기초가 되었다.

* 흑체에서 방출되는 열복사. 온도와 상관관계가 있어서 어떤 물체에서 방출되는 복사 에너지나 색을 측정하면 그 물체의 온도를 알 수 있다. 자연의 모든 물체는 자신의 고유한 온도에 해당하는 복사선을 방출하거나 주변으로부터 방사된 에너지를 흡수한다. 흑체란 외부로부터 입사된 복사 에너지를 모두 흡수하고 표면 반사가 일어나지 않는, 즉 재복사만 있는 방사(흡수) 효율이 최대 1이 되는 물체를 의미한다. 완전흑체라고도 하는데, 이론적인 것이다.

헤르츠스프룽의 발견 중에는 또 하나 중요한 것이 있었다. 시차와 겉보기 등급, 고유운동, 색에 대한 관계를 조사한 결과, 항성에는 두 종류가 있음을 알게 되었다. 하나는 오늘날 H-R그림표에서 주계열성이라 불리는 것이고, 다른 하나는 아주 밝은 거성이다.

헤르츠스프룽의 연구에 주목한 사람이 있었다. 괴팅겐 대학 천문대의 카를 슈바르츠실트였다. 헤르츠스프룽이 괴팅겐 대학으로 오게 된 것은 슈바르츠실트의 권고에 따른 것이었다. 1909년 슈바르츠실트가 포츠담 천체물리 천문대 대장으로 가자 헤르츠스프룽도 그곳으로 옮겨가 광화학을 결합한 새로운 분야의 연구에 착수했다.

이 무렵 미국에서도 이와 비슷한 주제를 연구하는 천문학자가 있었다. 프린스턴 대학의 헨리 러셀은 시차가 알려진 별들을 조사하는 과정에서 별의 스펙트럼형과 절대등급* 사이에 뚜렷한 상관관계가 존재한다는 사실을 알게 되었다. 즉, 별이 청백색에서 황색, 적색으로 갈수록 어두워지는 것이다. 이는 당시의 관념과는 어긋나는 사실이었다. 당시에는 붉은 별은 멀리 있기 때문에 어두운 것이며, 실제로는 매우 밝은 별이라고 생각되었던 것이다.

러셀의 연구에서도 별의 진화과정은 자세히 밝혀졌다. 거성들은 평균적인 질량을 가지고 있되, 지름이 거대하기 때문에 엄청난 에너지를 뿜어낸다. 그리고 붉은색 거성들은 큰 지름을 가지며 온도가 낮은 초기 진화 단계에 해당된다. 그다음에는 수축과 팽창을 거듭하면서 점차 작아진다. 이 과정은 이미 150년 전 칸트가 제시했던 이론

---

* 별의 겉보기 등급은 별의 밝기와 거리에 의하여 정해진다. 그래서 별을 어느 일정거리에 가져온 것으로 가정하고, 그때의 등급을 생각하면 그것은 별 자체의 밝기를 나타내는 하나의 척도가 된다. 일정거리란 10파섹(pc), 즉 32.6광년이다.

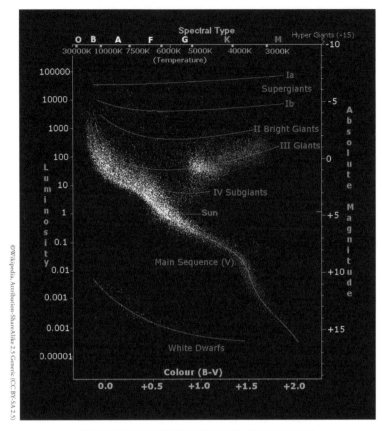

헤르츠스프룽-러셀 그림표. 별이 일생 동안 가는 행로가 그려져 있다.

과 일치한다. 칸트는 가스 구름이 중력수축하면서 이윽고 별이 되고 이것이 진화의 과정을 밟는다고 예측했던 것이다.

러셀과 헤르츠스프룽은 1913년 영국 왕립 천문학회 모임에서 만나 서로의 연구 내용이 흡사한 것을 알고 깜짝 놀랐다. 러셀은 헤르츠스프룽이 자신이 그린 것과 아주 비슷한 그림표를 이미 작성했다는 사실을 알고, "헤르츠스프룽이야말로 내가 제시한 그림을 먼저 만든 사람이고, 나의 이론이 옳음을 증거하는 것이다"라고 말했다. 헤르츠스프룽 역시 친구에게 보낸 편지에서 "이 복잡한 문제를 최근의 잡지에서 쉽게 이해할 수 있도록 표시한 러셀이야말로 위대한 공로자이다"라고 상찬했다.

이들의 연구는 나중에 항성 진화단계를 표시하는 헤르츠스프룽-러셀 그림표로 확립되어 모든 천문학책에 빠짐없이 실리는 도표가 되었다. 이 그림표에 나타난 별의 일생을 따라가보면, 가스 구름에서 태어난 별은 생애의 대부분을 주계열의 특정 지점에 머문다. 그림표의 좌측 상단(뜨겁고 밝은)에서 시작해서 우측하단(차갑고 어두운)으로 이어지는 대각선 부분이다. 이 기간이 별의 전성기이다.

시간이 지남에 따라 별들은 위에서 아래로 질서 있게 주계열을 벗어난다. 크고 뜨거운 별들은 연료를 빨리 소모하는 반면, 작고 차가운 별들은 연료를 천천히 태워 더 오래 산다. 몇 십억 년밖에 못 사는 큰 별이 있는가 하면, 작은 별들은 몇 백억 년을 살기도 한다. 몸집이 지나치게 크면 생리적 무리가 따르는 사람과 비슷하다.

젊은 별들도 나이가 들면 적색거성이 되어 오른쪽 위의 구석자리로 옮겨간다. 이후로 밝기가 수시로 변하는 불안정한 기간을 보내게 된다. 그리고 마침내 왼쪽 아래 구석자리로 밀려나 별의 일생이 끝난다. 거기가 별들의 무덤인 것이다. 태양은 주계열상에 있으며, 광도 1(절대등급은 대략 5), 5800K 주변에 있다.

별은 무엇으로 빛나나?

한스 베테. 수천 년 동안 별이 반짝이는 이유를 알지 못했던 인류는 그 덕분에 비로소 이유를 알게 된다.

이처럼 별들의 진화과정을 파악하고 별에 있는 원소들을 부분적으로 알아내기는 했지만, 별들이 내뿜는 그 어마어마한 에너지의 원천이 무엇인지는 이때까지도 알려지지 않고 있었다. 20세기 초까지도 일부에서는 태양이 엄청난 석탄을 태워 그렇게 빛나는 거라고 주장하기도 했다.

이 항성의 에너지원을 최초로 밝힌 사람은 독일 태생의 미국 물리학자 한스 베테(1906~2006)였다. 그가 1938년 별 내부에서 수소가 헬륨으로 변환되는 핵융합에 관한 〈CN 연쇄 이론〉을 발표함으로써 별의 에너지는 핵융합에서 나온다는 사실이 밝혀졌다. 수만 년 동안 별이 반짝이는 이유를 알지 못했던 인류는 한스 베테의 덕으로 비로소 그 이유를 알게 되었던 것이다. 우리 태양 역시 이런 메커니즘으로 에너지를 생산해 지구의 생명체들을 살리고 있다.

태양의 지름은 약 139만km로 지구보다 109배 크며, 질량은 2×10^{27}톤으로 지구 33만 개에 해당한다. 태양계 전체 질량 중에서 태양이 차지하는 비중이 약 99.86%에 달한다. 나머지 0.14%가 지구를 비롯한 8개 행성, 수백 개의 위성, 수천억 개의 소행성, 소천체를 이룬다는 말이다. 그중에서도 목성과 토성이 또 90%를 차지한다고 하니, 우리 지구는 그야말로 곰보빵 위의 부스러기 하나에 지나지 않은 셈이다.

태양 질량의 약 4분의 3은 수소, 나머지 4분의 1은 대부분 헬륨이고, 총질량 2% 미만이 산소, 탄소, 네온, 철 같은 무거운 원소들로 이루어져 있다. 태양은 매초 5억 8400만 톤의 수소를 5억 8000만 톤의 헬륨으로 바꾸며, 0.7%의 결손질량인 400만 톤을 에너지로 만들어 방출하고 있다. 이렇게 엄청난 질량을 소비하지만 태양이 가진 수소의 양이 1.5×10^{27}톤이나 되기 때문에 앞으로도 수십억 년 동안 에너지를 생산할 수 있다. 수소 원자와 우주는 이렇게 연결고리를 이루고 있는 것이다.

태양이 1초에 생산하는 에너지는 70억 지구의 인구가 100만 년을 소비하고도 남는 양이다. 이 에너지 중 지구에 쏟아지는 양은 약 20억분의 1로 알려져 있다. 우리가 매일 보는 하늘의 저 태양은 이처럼 어마무시한 존재다.

여담이지만, 별의 핵융합을 처음 발견한 베테가 약혼녀와 함께 바닷가를 거닐고 있을 때 여자가 서녘 하늘을 가리키며 말했다.

"저기 저 별 좀 봐. 정말 예쁘지?"

"응, 그런데 저 별이 왜 빛나는지 아는 사람은 세상에서 나뿐이지."

그때는 아직 논문을 발표하지 않았을 때라고 한다. 베테는 별의 에너지원 발견으로 1967년 노벨 물리학상을 받았다. 무려 30년 후에 받은 셈이다. 노벨상을 받으려면 명이 길어야 한다. 20세기 물리학의 마지막 거인이라 불린 그는 100살에서 꼭 한 살 빠지는 99세(2005년)에 죽었다.

'우주의 줄자'를 발견한 여성 천문학자

헤르츠스프룽의 연구 중에 특기할 만한 것은 세페이드형 변광성*을 이용하여 마젤란 은하까지의 거리를 알아낸 것이다. 여기에는 한 여성 천문학자의 발견이 큰 기여를 했다.

헨리에타 리비트(1868~1921)는 특이한 천문학자였다. 그녀는 청각 장애를 가지고 태어났다. 그러나 청력과 그녀의 지능은 아무런 관련도 없었다. 여성으로서는 보기 드물게 천문학사에 이름을 올린 천재였던 것이다.

그녀는 한 지방 대학을 졸업한 후 하버드 대학 천문대에서 일하게 되었다. 업무는 주로 천체를 찍은 사진건판을 비교분석하고 검토하는 일로, 여성들이 이 일에 종사했는데, 시급 30센트였던 천문학계의 기층민이었던 이들을 '컴퓨터'라고 불렀다. 그러나 단조롭기 한량없는 그 작업이 그녀의 영혼을 구원해주었을지도 모른다. 그녀는 평생 천문대에서 떠나지 않았다.

리비트는 세페이드형 변광성을 정리하면서 놀라운 사실 하나를 발견했는데, 별이 밝을수록 주기가 길어진다는 점이었다. 그녀는 이 사실을 공책에다 "변광성 중 밝은 별이 더 긴 주기를 가진다는 점에 주목할 필요가 있다"고 짤막하게 기록해두었는데, 그 후 이 메모는 천문학상 가장 중요한 문장으로 평가되었다.

리비트는 꾸준히 변광성을 연구한 끝에 그 '주기-광도 관계'를 발

---

* 세페우스자리를 대표로 하는 맥동 변광성으로서, 주기는 1일 미만부터 50일 정도이며, 변광주기가 길수록 밝아서 주기-광도관계로 표시할 수 있다. 변광주기를 통해 절대등급을 알 수 있으므로, 세페이드 변광성이 위치한 은하, 성단까지의 거리를 계산할 수 있다. 세페우스자리 δ는 주기는 5.37일, 변광 범위는 3.6~4.3등이다.

견함으로써, 그 누구도 찾아내지 못했던 표준 촛불이라는 우주의 잣대를 개발했다. 그 밖에 2,400개 이상의 변광성을 관측하고, 〈변광성표〉를 제작하여 학계에서 '변광성의 달인'이라는 별명을 얻었으며, 천문학사에 그 이름을 남겼다.

페루의 하버드 천문대 부속 관측소에서 찍은 사진자료를 분석하여 변광성을 찾는 작업을 하던 리비트는 소마젤란 은하에서 100개가 넘는 세페이드형 변광성을 발견했다. 이 별들은 적색거성으로 발전하고 있는 늙은 별로서, 주기적으로 광도의 변화를 보이는 특성을 가지고 있다.

이 별들이 지구에서 볼 때 거의 같은 거리에 있다는 점에 주목한 그녀는 변광성들을 정리하던 중 놀라운 사실 하나를 발견했다. 한 쌍의 변광성에서 변광성의 주기와 겉보기 등급 사이에 상관관계가 있음을 감지한 것이다. 곧, 별이 밝을수록 주기가 느려진다는 사실이다.

이러한 관계가 보편적으로 성립한다면, 같은 주기를 가진 다른 영역의 세페이드형 변광성에 대해서도 적용이 가능하며, 이로써 그 변광성의 절대등급을 알 수 있게 된다. 이는 곧 그 별까지의 거리를 알 수 있게 된다는 뜻이다. 곧, 우주의 크기를 잴 수 있는 잣대를 확보한 것으로 실로 엄청난 발견이었다.

이 같은 위대한 발견을 한 리비트에게 스웨덴 한림원은 노벨상을 주려고 찾았지만 이미 그녀는 3년 전 지병으로 세상을 뜬 후였다. 암이었다. 향년 53세. 조용히 사진자료만을 분석한 겸손한 연구자였기 때문에 그녀의 죽음이 유럽에 알려지지 않았던 것이다. 리비트의 동료 애니 캐넌은 이렇게 그녀를 추념했다. "마젤란 성운은 참 밝다. 그것은 항상 불쌍한 헨리에타를 생각나게 한다. 그녀는 성운을 정말 사랑했다."

자신의 업적에 걸맞은 인정을 받지 못한 불우한 여성 천문학자 헨리에타 리비트의 이름은 달의 크레이터에 헌정되어 지금도 우주 속에서 찬연히 빛나고 있다.

우주의 줄자, 표준 촛불

리비트의 발견을 활용하기 위해서는 먼저 특정한 변광성까지의 거리를 알아야 한다. 그래야 그 별의 절대등급을 구할 수 있는 것이다. 헤르츠스프룽은 고유운동이 알려져 있는 밝은 세페이드를 골라 평균시차를 구하는 데 성공했다. 그다음 거리와 절대등급은 계산의 문제일 뿐이다. 이로써 헤르츠스프룽은 리비트가 발견한 관계를 적용하여 소마젤란 은하까지의 거리를 구할 수 있었다.

그가 구한 값은 3만 광년이었다. 오늘날 알려진 17만 광년과는 큰 차이가 난다. 이런 큰 오차의 원인은 당시 은하 흡수에 의한 감광 효과가 알려져 있지 않았던 것이 그 하나이고, 태양 가까이에 있는 세페이드는 같은 절대광도를 가지는 것으로 가정했던 게 또 다른 이유다. 그러나 일단 보정이 이루어지자 천문학자들은 세페이드형 변광성을 표준 촛불로 삼아 엄청난 거리의 천체까지도 잴 수 있는 우주의 줄자를 갖게 되었다. 이제 벼룩 꽁지만 한 시차를 재던 각도기는 더이상 필요치 않게 된 것이다.

애초 천문학자가 될 생각이 전혀 없었던 헤르츠스프룽은 운명의 이끌림으로 천문학으로 돌아와, 누구보다도 열정적으로 관측하고 연구한 끝에 현대 천문학사에 뚜렷한 발자국을 남겼다.

그의 재능을 알아보고 천문학으로 이끌었던 슈바르츠실트가 1차 대전에 종군하다 전사한 후, 헤르츠스프룽은 라이덴 대학의 부름을 받아 천문학 교수가 되었고, 나중에는 천문대 대장까지 역임했다. 1944년 은퇴 후 고국 덴마크로 돌아가서도 그는 20년 이상 열정적으로 쌍성의 사진관측을 하다가 1967년 삶을 마감했다. 향년 94세.

'튀코 브라헤에 필적하는 20세기 최고의 관측 천문학자'라는 평을 들은 헤르츠스프룽. 인생의 대부분을 망원경과 사진건판 앞에서 보냈던 그가 후학들에게 남긴 좌우명은 다음과 같다.

"좋은 관측이 있어야만 훌륭한 이론이 탄생한다."

서로 다른 별들의 운명

수소 구름 속을 자궁 삼아 태어난 별들은 헤르츠스프룽-러셀 그림표가 보여주듯 타고난 질량에 따라 나름의 삶을 살아간다. 곧, 항성 진화의 경로를 따라가는 것이다. 수소를 융합하여 헬륨을 만드는 과정은 항성 진화의 역사에서 최초이자 최장의 단계를 차지한다. 항성의 생애 중 99%를 점하는 이 긴 기간을 통해 별의 겉모습은 거의 변하지 않는다. 태양이 50억 년 동안 변함없이 빛나는 것도 그러한 이유에서다.

태양보다 50배 정도 무거운 별은 핵연료를 300만~400만 년 만에 다 소모해버리지만, 작은 별은 수십억, 심지어 수백억 년 이상 살기도 한다. 그러니 덩치 크다고 자랑할 일만은 아니다. 사람도 이와 크게 다르지 않다. 소식과 체소體小가 장수에 유리한 것만은 분명하다.

별의 연료로 쓰이는 중심부의 수소가 나 소진되면 어떻게 될까? 별의 중심핵 맨 안쪽에는 핵폐기물인 헬륨이 남고, 중심핵의 겉껍질에서는 수소가 계속 타게 된다. 이 수소 연소층은 서서히 바깥으로 번져나가고 헬륨 중심핵은 점점 더 커진다. 이 헬륨 핵이 커져 별 자체의 무게를 지탱하던 기체 압력보다 중력이 더 커지면 헬륨 핵이 수축하기 시작하고, 이 중력 에너지로부터 열이 나와 바깥 수소 연소층으로 보내지면 수소는 더욱 급격히 타게 된다.

이때 별은 비로소 나이가 든 첫 징후를 보이기 시작하는데, 별의 외곽부가 크게 부풀어오르면서 뻘겋게 변하기 시작하고 원래 덩치의 100배 이상 팽창한다. 이것이 바로 적색거성이다.

일생의 거반을 지나고 있는 태양은 50억 년 후에는 이 단계에 이를 것이다. 그때 태양은 수성과 금성의 궤도에까지 팽창해 두 행성을 집어삼킬 것이며, 지구 하늘의 반을 뒤덮고 지구 온도를 2천 도까지 끌어올릴 것이다. 하지만 걱정하지 않아도 된다. 그 전에 인류는 지구에서 사라질 테니까.

태양 크기의 항성이 헬륨을 태우는 단계는 약 1억 년 동안 계속된다. 헬륨 저장량이 바닥나면 항성 내부에 탄소로 가득 차게 된다. 모든 항성이 여기까지는 비슷한 삶의 여정을 밟는다. 하지만 그다음의 진화 경로와 마지막 모습은 다 같지 않다. 그것을 결정하는 것은 오로지 한 가지, 그 별이 갖고 있는 질량이다. 그 한계질량이 태양 질량의 10배로, 이를 일컬어 '찬드라세카르 한계'라 한다. 인도 출신의 천체 물리학자 수브라마니안 찬드라세카르(1910~1995)가 발견해서 붙여진 이름이다.

찬드라세카르 한계 이하인 작은 별은 두 번째의 수축으로 비롯된 온도 상승이 일어나지만, 탄소 원자핵의 융합에 필요한 3억 도의 온도에는 미치지 못한다. 하지만 두 번째의 중력수축에 힘입어 얻은 고온으로 마지막 단계의 핵융합을 일으켜 별의 바깥 껍질을 우주공간으로 날려버린다. 이때 태양의 경우, 자기 질량의 거반을 잃어버린다. 태양이 뱉어버린 이 허물들은 태양계의 먼 변두리, 해왕성 바깥까지 뿜어져나가 찬란한 쌍가락지를 만들어놓을 것이다. 이것이 바로 행성상 성운으로, 생의 마지막 단계에 들어선 별의 모습이다 (그런데 사실 행성상 성운과 행성은 아무런 관계도 없다. 옛날 망원경이 부실하던 시절 행성처럼 보인 데서 붙여진 이름에 불과하다.).

마지막 팽창된 표피층을 잃어버리고 나면 고밀도의 뜨거운 빛을 내는 중심핵이 남게 되는데, 태양이 이 단계에 이른다면 중심별 근처에는 끔찍한 잔해들이 떠돌 것이다. 그중에는 우리 인류가 살면서 문명을 일구고 희로애락을 누렸던 지구의 잔해들도 분명 포함되어 있을 것이다.

항성의 잔해인 중심별은 서서히 식으면서 수축을 계속, 더이상 쪼그라들 여지가 없을 정도까지 압축된다. 태양의 경우 크기가 거의 지구만 해지는데, 애초 항성 크기의 100만분의 1의 공간 안에 물질이 압축되는 것이다. 이 초밀도의 천체는 찻술 하나의 물질이 1톤이

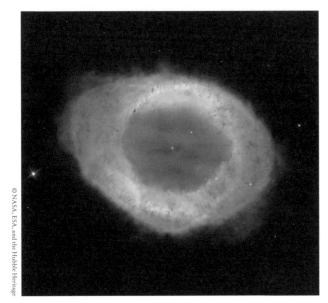

고리성운 M57. 가운데 별이 껍데기를 잃어버리고 백색왜성이 되었다.
행성상 성운의 하나로 우리 태양이 약 60억 년 후면 저렇게 된다.

나 된다. 인간이 이 별 위에 착륙한다면 5만 톤의 중력으로 즉각 분쇄되고 말 것이다.

이 별의 중심부는 탄소를 핵융합시킬 만큼 뜨겁지는 않으나 표면의 온도는 아주 높기 때문에 희게 빛난다. 곧, 행성상 성운 한가운데 자리하는 백색왜성이 되는 것이다. 마치 큰스님의 다비식 후에 남는 사리와 같은 별이라고 할까. 이 백색왜성도 수십억 년 동안 계속 우주공간으로 열을 방출하면 끝내는 온기를 다 잃고 까맣게 탄 시체처럼 시들어버린다. 그리고 마지막에는 빛도 꺼지고 하나의 흑색왜성이 되어 우주 속으로 영원히 그 모습을 감추어버리는 것이다. 우리 태양의 최후 모습도 이럴 것이다.

태양 질량의 절반 이하 별들은 중심핵의 수소를 모두 소진한 뒤에도 헬륨 핵융합을 일으킬 수 있는 물리적 환경을 만들어내지 못하는데, 이런 별을 적색왜성이라고 한다. 적색왜성은 매우 오래 사는데, 이들 중 일부는 태양보다 수백 배나 더 오래 사는 것도 있다. 태양질량의 10% 정도 적색왜성은 주계열성 상태로 거의 20조 년을 살 수 있다. 대표적인 예로는 태양계에서 가장 가까운 단독성인 센타우루스자리 프록시마를 들 수 있다.

중간 질량의 별에서는 중심핵 바깥쪽의 수소층에서 융합 작용이 빨라지면서 항성의 부피가 늘어나기 시작한다. 이로써 별의 외곽층은 항성 중심부로부터 멀어지게 되며 외곽층에 가해지는 중력이 약해지고, 빠르게 팽창하면서 수소의 밀도가 낮아져 핵융합 빈도가 줄어들면서 표면 온도가 내려가게 된다. 표면 온도가 내려가면서 항성은 주계열성 시절보다 붉게 보이게 된다.

항성진화의 후기 단계에 있는 이런 별들을 적색거성으로 부른다. 태양의 수십에서 수백 배 정도의 반지름을 가지고 있는 밝고 거대한 적색거성은 외곽 껍질의 온도가 5,000K 보다 낮아 색깔이 불그스름한 오렌지색을 띤다. 무거운 별은 수소가 다 탕진될 때까지 이런 적색거성으로 살아가다가, 이윽고 수소가 다 타버리고 나면 스스로의 중력에 의해 안으로 무너져내린다. 적색거성의 붕괴다.

붕괴하는 별의 중심부에는 헬륨 중심핵이 존재한다. 중력수축이 진행될수록 내부의 온도와 밀도가 계속 올라가고 헬륨 원자들 사이의 간격이 좁아진다. 마침내 1억 도가 되면 헬륨 핵자들이 밀착, 충돌하여 핵력이 발동한다. 수소가 타고 남은 재에 불과하던 헬륨에 다시 불이 붙는 셈이다. 헬륨 원자핵 셋이 융합, 탄소 원자핵이 되는 과정에 핵 에너지를 품어내는 핵융합 반응이 일어나는 것이다. 이렇게 항성의 내부에 다시 불이 켜지면 진행되던 붕괴는 중단되고 항성은 헬륨을 태워 그 마지막 삶을 시작한다.

대표적 적색거성으로는 황소자리의 알데바란이나 목자자리의 아르크투루스를 꼽을 수 있다.

찬드라세카르와 에딩턴

우리에게 별의 죽음을 들려주는 찬드라세카르에게는 별에 얽힌 아픈 과거의 상처가 하나 있다. 찬드라(그의 애칭)는 1910년 영국 식민지 인도 펀자브주 라호르에서 태어났다. 아버지는 철도청 고위관리였으며, 삼촌인 찬드라세카라 벵카타 라만은 1930년 라만 효과를 발견한 공로로 노벨 물리학상을 수상한 물리학자였다.

찬드라 역시 일찍이 천재의 면모를 드러냈다. 마드라스 대학을 다닐 때 양자역학 논문 경연대회에서 1등을 차지해 상으로 아서 에딩턴의 『항성의 내부구조』를 받았다. 에딩턴은 별이 핵융합에 의해 연소된다고 주장했다.

1930년 대학을 졸업한 찬드라는 장학금을 받아 케임브리지 대학에 유학하기 위해 영국으로 가는 배에 올랐다. 별이 일정한 질량을 넘어서면 에딩턴의 예측과는 달리 백색왜성이 되는 게 아니라, 대폭발로 생을 마감한다는 아이디어를 떠올린 것은 그 배 위에서였다.

그리고 찬드라는 23살의 나이에 별의 최후에 대한 연구로 박사학위를 받았다.

이듬해인 1934년, 찬드라는 백색왜성 연구에 매진해 자신의 이론을 가다듬어나갔다. 그러나 찬드라가 백색왜성 이론을 발표하자 스승인 에딩턴이 강력하게 반발하고 나섰다. 왕립 천문학회 모임에서 에딩턴 경(몇 년 전 작위를 받았다)은 찬드라의 이론에 대해 단호하게 반대했다. "죽어가고 있는 별이 일정 수준 이상으로 크다면 백색왜성이 되지 않을 것이라는 주장에 일절 동의하지 않는다. (…) 별이 그런 불합리한 방식으로 행동하는 것을 막아주는 자연의 법칙이 반드시 있을 것이라고 생각한다."

에딩턴은 당시 세계 최고의 천문학자이자, 별의 내부구조에 있어서 1인자였다. 그는 또, 아인슈타인이 일반 상대성 원리에서 예측한 빛의 휘어짐 현상을 확인하기 위해 아프리카 서해안까지 가서 개기일식을 관측, 상대성 원리를 최초로 검증함으로써 큰 명성을 얻기도 했다. 그런 에딩턴의 노골적인 딴지는 갓 학계에 명함을 내놓은 찬드라에게는 엄청난 타격이었다. 찬드라는 지도적 입장에 있던 에딩턴의 반격으로 심한 상처를 받았다.

그는 결국 영국에서는 교직을 얻지 못하고, 이듬해 미국으로 건너가 시카고 대학의 교수가 되었다. 그리고 시간이 흐름에 따라 그의 이론은 점차 학계에 널리 받아들여졌고 많은 상을 받게 되었다.

영국으로 가는 배 위에서 별의 죽음을 생각한 지 반세기가 넘은 1983년, 찬드라는 '별의 진화 연구'에 관한 업적으로 미국의 W. 파울러와 공동으로 노벨 물리학상을 받았다. 스승 에딩턴은 노벨상을 못

받았지만 배척당한 제자 찬드라는 노벨상을 받은 것이다.

에딩턴은 후에도 여러 차례 찬드라에게 화해를 시도했으나 찬드라는 끝내 응하지 않았다. 영국 유학 시절 두 사람은 같이 자전거 여행도 하는 등 더없이 친하게 지냈던 추억을 공유한 사이이기도 했다. 한참 후 에딩턴의 부고를 들은 찬드라는 회한에 찬 한 마디를 내뱉었다. "아, 내가 그때 왜 그랬던가?"

찬드라는 죽을 때까지 시카고 대학교에서 헌신적인 교육활동을 멈추지 않았다. 단 두 명의 대학원생을 지도하기 위해 160km 떨어진 대학까지 운전하며 다닌 적도 있었다. 1957년 그가 지도한 그룹 전체가 노벨 물리학상을 받음으로써 찬드라의 그 같은 헌신은 보답받았다. 1995년 8월 1일 사망. 향년 85세.

찬드라는 '달' 또는 '빛을 내는'이란 뜻의 산스크리트 말로, 1999년 직접 엑스선을 관측하기 위해 우주로 쏘아올려진 엑스선 망원경에 '찬드라 엑스선 관측선'이란 이름이 붙여졌다.

인간은 별의 자녀들이다

태양보다 10배 이상 무거운 별들에게는 매우 다른 운명이 기다리고 있다. 육중한 항성의 질량이 가져오는 붕괴는 엄청난 열을 발생시키고, 내부온도가 3억 도를 넘어서면 탄소가 연소하기 시작한다. 이후 핵융합반응이 한 단계씩 진행될 때마다 양성자와 중성자가 두 개씩 더해지면서 별 속에는 네온, 마그네슘, 규소, 황 등의 순으로 여러 무거운 원소층이 양파껍질처럼 생긴다.

핵융합 반응은 마지막으로 별의 가장 깊은 중심에 철을 남기고 끝난다. 철보다 더 무거운 원소를 만들어낼 수는 없기 때문이다.

마지막 핵폐기물인 철로 이루어진 중심핵이 점점 더 커지면 다시 자신의 무게를 지탱하지 못해 중력수축이 일어난다. 이 최후의 붕괴는 참상을 빚어낸다. 중심부의 철 원자핵들은 중력수축으로 생긴 에너지를 신속하게 빨아들임으로써 낙하하는 물질은 아무런 저항도 받지 않고 1분에 100만km라는 엄청난 속도로 함몰해간다.

중심부에 초고밀도의 물질이 쌓여 압력이 충분히 커질 때 수축은 멈추어지고 잠시 잠잠하다가 이내 용수철처럼 튕겨서 격렬하게 폭발한다. 이것이 바로 초신성으로, 태양 밝기의 수십억 배나 되는 광휘로 우주공간을 밝혀, 우리은하 부근이라면 대낮에도 맨눈으로 볼 수 있을 정도다. 수축의 시작에서 대폭발까지의 시간은 겨우 몇 분에 지나지 않는다. 대천체의 임종으로서는 지극히 짧은 셈이다.

어쨌든 대폭발의 순간 몇조 도에 이르는 고온 상태가 만들어지고, 이 온도에서 붕괴되는 원자핵이 생기고 해방된 중성자들은 다른 원자핵에 잡혀 은, 금, 우라늄 같은 중원소들을 만들게 된다. 이 같은 방법으로 주기율표에서 철을 넘는 다른 중원소들이 항성의 마지막 순간에 제조되는 것이다.

이리하여 항성은 일생 동안 제조했던 모든 원소들을 대폭발과 함께 우주공간으로 날려보내고 오직 작고 희미한 백열의 핵심만 남긴다. 이것이 바로 지름 20km 정도의 초고밀도 중성자별로, 각설탕 하나 크기의 양이 1억 톤이나 된다. 중성자별의 껍데기는 우주에서 알려진 것 중 가장 강한 물질로, 그 강도가 강철의 100억 배에 달한다.

한편, 중심핵이 태양의 2배보다 무거우면 중력수축이 멈추어지지 않아 별의 물질이 한 점으로 떨어져 들어가면서 마침내 빛도 빠져나올 수 없는 블랙홀이 생겨난다. 거대 질량의 별이 최후로 블랙홀이 될 수 있는 조건은 태양 질량의 30배 이상으로 알려져 있다.

장대하고 찬란하며 격렬한 별의 여정은 대개 이쯤에서 끝나지만, 그 후일담이 어쩌면 우리에게 더욱 중요할지도 모른다. 적색거성이나 초신성이 최후를 장식하면서 우주공간으로 뿜어낸 별의 잔해들은 성간물질이 되어 떠돌다가 다시 같은 경로를 밟아 별로 환생하기를 거듭한다. 말하자면 별의 윤회다. 은하 탄생의 시초로 거슬러올라가면 수없이 많은 초신성 폭발의 찌꺼기들이 태양과 행성 그리고 우리 지구를 만들었을 것이다.

이런 과정을 거쳐 우리 몸을 이루고 있는 원소들 곧, 피 속의 철, 이빨 속의 칼슘, DNA의 질소, 갑상선의 요오드 등 원자 알갱이 하나하나는 모두 별 속에서 만들어진 것이다. 이것은 비유가 아니라 말 그대로 실화다. 우리 몸은 대략 10^{28} 제곱 개의 원자들로 이루어져 있다. 그리고 체중의 10%는 빅뱅 우주에서 만들어진 수소이고, 나머지 90%는 적색거성에서 만들어진 산소, 탄소, 질소, 인, 철 등이다. 그러므로 우리는 어버이 별에게서 몸을 받아 태어난 별의 자녀들인 것이다. 말하자면 우리는 메이드 인 스타made in stars인 셈이다.

이처럼 우주가 태어난 이래 오랜 여정을 거쳐 당신은, 우리 인류는 지금 여기 서 있는 것이다. 생각해보면, 우주의 오랜 시간과 사랑이 우리를 키워온 셈이다. 물질에서 태어난 인간이 자의식을 가지고 대폭발의 순간까지 거슬러올라가 자신의 기원을 되돌아보고 있다는 것은 진정 기적이 아니고 무엇이랴. 정말 우리는 생각할수록 희한한 세상에 살고 있는 것이다.

창 밖에는 바람이 불고 나뭇잎이 흔들리고 새들이 우짖는다. 별들이 빛나는 전 생애를 걸쳐 원소를 만들고, 그것들을 자신의 죽음과 함께 우주로 아낌없이 뿌리지 않았다면 나도, 저 새도 없었을 것이다. 그래서 어떤 시인은 이렇게 노래했다.

소쩍새가 온몸으로 우는 동안
별들도 온몸으로 빛나고 있다.
이런 세상에서 내가 버젓이 잠을 청한다.

오늘밤 바깥에 나가 하늘의 별을 보라. 저 아득한 높이에서 반짝이는 별들에 그리움과 사랑을 느낄 수 있다면, 당신은 진정 우주적인 사랑을 품은 사람이다.

별빛에 답이 있다

천문학은
구름 없는 밤하늘에서 탄생했다.
– 어느 천문학자

우주에서 가장 기묘한 존재, 빛

만약 밤하늘에 별들이 없다면 세상은 얼마나 적막할 것인가. 수천, 수만 광년의 거리를 가로질러 우리 눈에 비치는 이 별빛이야말로 참으로 심오하다. 별에 대해 꼭 기억해야 할 점은, 오늘날 우리가 갖고 있는 천문학과 우주에 관한 지식은 그 대부분이 별빛이 가져다준 것이란 점이다.

우리는 그 별빛으로 별과의 거리를 재고, 별의 성분을 알아낸다. 우리은하의 모양과 크기를 가르쳐준 것도 그 별빛이요, 우주가 빅뱅으로 출발하여 지금 이 순간에도 계속 팽창하고 있다는 사실을 인류에게 알려준 것도 따지고 보면 별빛이 아닌가.

　그래서 어떤 천문학자는 '천문학은 구름 없는 밤하늘에서 탄생한 것이다'라고 말하기까지 했다. 별빛이 없었다면 천문학 자체도 태어날 수 없었을 것이고, 우주 속에서의 인류의 위치도 알 수 없었을 것이다.

　초속 30만km로 수천, 수만 광년의 아득한 거리를 달려 우리 눈에 들어오는 별빛. 별빛은 이처럼 심오하다. 그런데 대체 빛이란 무엇이길래 그 아득한 진공의 우주공간을 달려올 수 있단 말인가? 세계에 존재하는 그 무엇이든 신비롭지 않은 것이 없지만, 빛이야말로 우주에서 가장 신비로운 존재가 아닐 수 없다.

　빛의 정확한 정체가 무엇인가 하는 문제는 인류에게 오랫 동안 풀리지 않은 수수께끼였다. 빛에 대해 수많은 가설들이 나온 것은 당연한 일이었다.

　유클리드와 프톨레마이오스 같은 고대 그리스 철학자들은 사람의 눈에서 광선을 내보내 물체를 볼 수 있다고 생각했으며, 루크레티우스는 물체를 둘러싸고 있는 보이지 않는 소립자가 물체에서 떨어져 나와 우리 눈을 치는 것이 빛이라고 했다. 만물을 밝혀주는 빛이 정작 자신의 정체로 사람들을 이렇게 헤매게 했다는 것이 역설적으로 느껴진다.

　고대인 중에서도 아리스토텔레스의 생각이 그래도 과학에 가장 근접하는 것이었다. "빛은 태양의 빛이 유일한 원천이며, 매질을 타고 전파되는 파"라는 게 그의 생각이었다. 과연 만학의 비조답다고 하겠다. 아리스토텔레스는 또 "아무것도 섞인 것이 없는 순수한 빛인 흰색이 빛의 본성이며, 색채는 흰색과 어둠이 혼합되어 나타나는 것"이라고 설명했다. 이러한 생각은 17세기까지 강력한 영향력을 유지했다.

파동이냐 입자냐?

빛에 대해 본격적인 탐구가 이루어지기 시작한 것은 17세기에 들어서였다. 빛이 굴절하는 성질을 이용해 안경 제조업자들은 오목렌즈를 만들어 근시를 교정해주는 일을 했고, 갈릴레오 같은 학자들은 망원경을 만들어 달과 목성 등 천체관측에 나섰다. 중세의 우주관이 지동설로 커다란 변혁을 맞게 되었던 데는 망원경의 영향이 작지 않았다.

빛의 연구에 대해 최초로 가장 괄목할 만한 성과를 내놓은 사람은 다름아닌 뉴턴이었다. 흑사병 때문에 학교가 문을 닫는 바람에 고향에 돌아간 뉴턴은 빛의 연구에 본격적으로 매달렸다. '빛이 물질일까 현상일까?' 늘 궁금해하며 중 거울 속의 태양을 몇 시간씩이나 들여다보다 실명할 뻔한 것도 이때의 일이었다. 뉴턴은 빛이 안구에서 어떻게 굴절하나 알아보기 위해 대바늘을 안구와 뼈 사이에 깊숙이 찔러넣거나 빙빙 돌리는 어처구니없는 짓까지 했다. 큰 탈이 나지 않은 것이 기적이었다.

어쨌든 뉴턴은 프리즘을 이용한 여러 가지 실험 끝에, 프리즘을 통과한 백색광이 무지개처럼 여러 가지 단색광으로 분광되는 스펙트럼 현상을 발견하고, 이는 백색광이 굴절률이 다른 여러 단색광으로 이루어져 있기 때문이라고 주장했다. 원래 '환상'이나 '유령'을 뜻하는 스펙트럼을 빛의 색띠라는 의미로 사용한 것은 뉴턴이 처음이었다.

그는 또, 제1의 프리즘으로 분광된 단색광을 제2 프리즘으로 분해해본 결과 더이상 분광되지 않는다는 사실을 알고, 색깔이 다른 것은 빛의 굴절률에 따른 현상이라는 결론을 내렸다. 이는 곧, 색채는 백색광과 어둠의 배합이라는 아리스토텔레스의 이론을 뒤엎는 것이었다.

빛의 색과 파장의 관계는 밝혀졌지만, 빛이 어떻게 움직이는가 하는 문제는 여전히 수수께끼였다. 뉴턴은 빛이 눈에 보이지 않는 작은 입자로 이루어져 운동한다는 입자설을 주장했다. 태양을 바라보면 빛이 똑바로 온다는 점, 그림자의 윤곽이 선명한 것은 빛의 직진 때문이라는 점 등이 그 근거였다.

이 입자설은 뉴턴에 앞서 데카르트가 최초로 주장한 이론으로, 그는 공이 벽에 맞고 튀어나오듯이 거울 위에서 튀어오르는 소립자가 바로 빛이며, 빛의 속도는 매질에 따라 다르다고 주장했다.

뉴턴의 입자설은 그러나 빛의 여러 가지 성질을 설명하는 데 한계가 있었다. 이러한 한계를 극복하기 위해 나온 것이 이른바 빛의 파동설로, 뉴턴과 같은 시대를 살았던 후크와 하위헌스(1629~1695) 같은 이들은 빛은 정지되어 있는 매질 속을 진행하는 파동이라고 주장했다. 이 정지되어 있는 매질을 일컬어 '에테르'라 했다.

천상의 물질이라 불리는 이 에테르란 가상의 존재는 이후 과학사에서 끝도 없는 논쟁과 말썽을 일으키며 나름의 역할을 해나가는

데, 이처럼 에테르의 존재를 상정하는 입장을 흔히 '에테르 설'이라 한다.

에테르란 원래 그리스어로 '하늘', '높은 곳'이라는 뜻이며, 에테르에 대한 착상은 빛의 파동설과 함께 탄생했다. 수백 년간 과학자들은 우주공간 속에 정지해 있는 태양의 눌레를 행성들이 돌고, 대양과 행성들이 차지하고 있는 공간을 제외한 모든 우주 공간은 에테르라는 물질로 꽉 채워져 있다고 믿었다. 파동은 매개물질이 있어야 한다. 수면파(물결)에는 물이, 음파에는 공기가 매개물질이듯이 빛이 파동이라면 빛을 전달해주는 매질이 필요할 것이다. 당시 과학자들은 이것을 에테르라고 생각했다.

물리학자들은 파동인 빛을 전달할 매질을 찾아나섰지만 에테르는 어떤 시도에도 검출된 적이 없었다. 하위헌스가 생각한 에테르는 그 입자의 크기가 매우 작은 알갱이로 채워져 있으며, 그 알갱이들은 매우 단단하다고 보았다. 알갱이가 무르면 무를수록 파동이 전달될 때 시간이 많이 지연되므로 빛이 매우 느려지게 된다. 그러나 실제 빛의 속도는 매우 빠르므로 그 알갱이는 매우 단단하다고 생각한 것이다.

겉으로 보기에는 도저히 양립할 수 없을 것 같은 빛의 입자설과 파동설은 한동안 대립하다가 서서히 입자설의 우위로 굳어져갔다. 입자설이 널리 알려진 현상과 사실을 잘 설명해주는데다가, 당시 뉴턴의 권위가 대단하여 그에 도전하기 힘들었기 때문이다.

과학사상 가장 유명한 실험

이 성역에 도전한 사람은 150년이 흐른 뒤에야 나타났다. 그 역시 영국 사람이었다. 본업은 의사, 이름은 토머스 영(1773-1829)으로 칼데아어 등 고대 언어를 포함, 십수 개 언어를 능숙하게 구사했던 놀라운 천재이자 박식가였다. 심지어 샹폴리옹의 로제타석 비문 해독에도 부분적으로 참여했을 정도였다. 지엄한 뉴턴의 입자설에 맞서려면 적어도 이쯤은 돼야 하는가 보다.

1801년 토머스 영은 파동설이 아니면 도저히 설명할 길이 없는 한 가지 실험을 보고했다. 그는 가로로 나란히 난 두 개의 좁은 틈새기로 햇빛을 통과시켜 스크린에 비추는 실험을 했다. 과학사상 가장 유명한 실험인 이중 슬릿 실험이다.

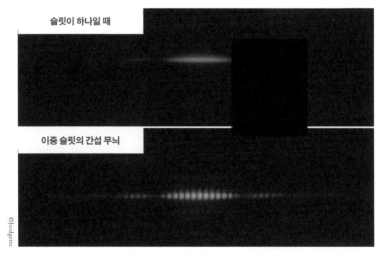

빛의 이중 슬릿 실험. 슬릿이 하나인 위의 그림과 달리 스크린에 간섭무늬가 나타난다.

빛의 직진을 주장하는 입자설에서 보면, 틈새기를 지난 빛이 맞은 편 스크린에 두 가닥의 빛줄기를 만들어야 하는데, 실제로는 그보다 더 많은 빛줄기가 스크린에 나타났다. 파동의 간섭현상으로 두 틈새기를 통과한 빛이 서로를 약화시키거나 강화시킴으로써 많은 줄무늬가 스크린에 나타난 것이다.

빛이 입자라면 이런 현상은 설명할 수가 없었다. 이로써 입자설이 상당한 타격을 입은 차에 또, 프랑스의 프레넬이라는 토목기사가 파동설을 반석에 올려놓는 논문을 들고 나왔다. 「빛의 회절을 설명하는 이론」을 현상 공모한 프랑스 과학 아카데미에 파동설을 이용하여 회절 현상을 설명한 논문을 보내 당선함으로써 뉴턴의 입자설을 궁지에 몰아넣었다.

뉴턴의 응원군, 아인슈타인

열세에 몰린 듯하던 파동설이 20세기에 들면서 다시 한번 도약하는 사건이 벌어졌다. 사건의 주인공은 다름아닌 아인슈타인이었다.

1905년에 발표된 그의 광전효과*에 관한 논문은 금속 등의 물질에 일정한 진동수 이상의 빛을 비추었을 때, 물질의 표면에서 전자가 튀어나오는 현상을 설명한 것이다. 이 전자의 튐은 빛 알갱이인 광자가 전자와 충돌함으로써 일어나는 현상이다. 아인슈타인의 이 이론 덕분에 오늘날 텔레비전을 즐길 수 있게 된 것이다.

* 전자는 금속 내에서 원자핵의 (+)전하와 전기력에 의해 속박되어 있다. 여기에 빛을 쬐면 빛이 가진 이중성, 즉 파동성과 입자성 중 입자 성질에 의해 빛의 알갱이 광자가 전자와 충돌하게 된다. 이후 전자는 광자가 가진 에너지를 갖게 되어 금속 밖으로 튀어나가게 된다.

빛이 입자인가, 파동인가 하는 동안의 오랜 논쟁은 이로써 300년 만에 하나의 우호적인 결론에 이르게 되었다. 빛은 파동인 동시에 입자 다발이라는 것이다. 빛을 좁은 틈새기로 통과시키면 파동의 성질을 보이고, 금속에 비추면 입자의 성질을 나타내 전자를 당구공처럼 튕겨낸다. 그러나 틈새기를 통과시키거나 금속판에 닿기 전에는 빛이 파동인지 입자인지 알 방도가 없다. 이는 우리의 일상적인 감각으로 빛을 파악하기란 불가능하며, 빛 속에는 파동과 입자의 성질이 공존하고 있음을 뜻한다. 이를 빛의 이중성이라 한다.

이후 20세기 양자 역학이 발전함에 따라 빛은 파동성과 입자성을 동시에 가지는 것으로 확실한 결론이 내려졌으며, 입자설과 파동설은 이로써 무승부로 판정난 셈이다.

빛을 파동이라고 생각하기는 쉽지만, 입자라고 생각하기는 아주 어렵다. 그래서 현대의 한 물리학자는 뉴턴의 위대성을 이렇게 표현했다. "뉴턴 선생님, 그 까마득한 옛날에 빛이 입자로 이루어져 있다는 걸 대체 어떻게 아셨습니까?" 양자역학 최후의 영웅 리처드 파인만은 아예 제자들에게 이렇게 말했다. "빛이 파동이란 건 잊어버려. 빛은 입자야." 그렇다면 최후의 승자는 역시 뉴턴이란 말인가?

그런데 어떤 사람은 입자면 입자고 파동이면 파동이지 이중성이란 또 뭐냐고 할지도 모른다. 하지만 물질이란 우리의 상상력 이상으로 오묘한 존재다. 파동과 입자의 이중성은 꼭 빛에만 한정된 것도 아니다. 원자 수준의 극미한 세계에 들어가면 파동과 입자 개념은 융합되어 버린다. 파동이 입자이고 입자가 파동인 세계가 있는 것이다.

빛이 파동과 입자의 성질을 모두 가진다는 것은 빛이나 전자와 같이 극미한 세계에서는 우리의 경험세계에서 보는 것과는 전혀 다른 일이 일어날 수 있음을 뜻한다. 에너지를 비롯한 물리량이 최소단위로 양자화되어 있는 세상, 한 물질이 파동과 입자의 성질을 함께 가지는 세상, 이것이 원자보다 작은 극미의 세계다. 이 세계에서 일어나는 일들은 뉴턴 역학으로는 설명할 수 없는 것들이다. 이러한 빛의 본성이 뒤에 양자론의 세계를 열었다.

빛은 얼마나 빨리 움직이나?

어린 시절부터 우리는 빛이 눈 깜박할 새에 지구 일곱 바퀴 반을 돈다는 얘기를 들어왔다. 지구 둘레가 4만km이니, 빛은 초당 30만km를 달린다는 말이다. 오늘날 이렇게 어린애도 알고 있는 광속*이지만, 인류가 광속을 비슷하게나마 알았던 것은 17세기에 들어서였다. 그전에는 뉴턴까지도 광속은 무한대라는 생각을 했었다.

최초로 빛의 속도를 재려고 했던 사람은 지동설로 유명한 갈릴레오였다. 그는 1607년 피렌체 언덕에서 램프와 담요를 가지고 광속 측정에 도전했다. 두 사람이 1.5km 떨어진 곳에서 담요로 가린 램프를 들고 있다가 한 사람이 담요를 벗기면 다른 사람이 그 불빛을 보는 즉시로 담요를 벗기게 했다. 그래서 계산해본 결과, 빛의 속도는 잡히지 않았다. 그가 측정했던 것은 광속이 아니라 사람의 반사신경

---

* 빛이 진공 속을 달리는 속도. 빛이 태양 이외의 가장 가까운 항성으로부터 지구까지 도달하는 데는 4.2년이 걸린다. 빛이 1년에 통과하는 거리 약 10조km를 1광년이라 하며, 천문학적인 거리측정 단위의 하나로 쓰고 있다. 광속은 물리학에서 중요한 상수**의 하나로서 보통 c로 나타낸다.

속도였다. 실패 원인은 빛의 속도에 비해 거리가 너무 짧았다는 점이다.

앞에서 잠간 언급했듯이, 빛의 속도를 최초로 계산한 사람은 덴마크의 천문학자 올레 뢰머였다. 1676년 그가 목성의 위성 이오의 주기를 측정하다가 최대 22분의 시차가 난다는 것을 발견하고 이것이 빛의 속도 때문임을 알아챘다. 그가 구한 광속은 초속 약 23만km였다. 참값의 약 75%에 해당하는, 최초로 의미있는 광속 측정이었다.

그로부터 반세기 후인 1725년, 영국의 천문학자 제임스 브래들리(1693~1762)가 연주 광행차를 이용해 빛의 속도를 측정한 값을 발표했다. 수직으로 내리는 빗속이라도 차를 타고 달리면 빗줄기가 비스듬히 내리는 듯이 보이는데, 빛도 마찬가지다. 이 현상을 광행차라 한다. 브래들리는 광행차에 따른 망원경의 각도 차이를 알아내고 빛의 속도와 각도의 관계에서 광속도를 구한 결과, 그 값이 30만 4,000km로 나왔다. 실제 값과 5% 정도밖에 차이가 나지 않은 것이었다.

이상의 방법은 천체를 이용한 광속 측정이지만, 한 세기 뒤에는 획기적인 방법으로 지상에서 광속 측정을 성공한 사람이 나타났다. 프랑스의 물리학자 아르망 피조(1819~96)는 1849년, 고속 회전하는 톱니바퀴와 8km 떨어진 곳에 둔 반사경을 이용해 광속을 측정하는 방법을 사용했다. 회전속도를 여러 가지로 바꾸면서 톱니 사이로 들어오는 반사된 빛의 왕복시간을 측정하는 방법으로, 측정값 31만 8,100km를 얻었다.

이듬해에는 역시 프랑스의 물리학자 장 푸코(1819~68)가 고속으로 회전하는 거울을 이용해 광속을 측정했는데, 그가 측정한 값은 29만8,000km로, 참값의 99%에 해당하는 정밀한 것이었다. 이 사람은 또 진자振子를 사용해서 지구의 자전을 실험적으로 증명할 수 있음을 보여준 업적으로 당시 최대 영예였던 코플리상을 받기도 했다. 이 푸코의 진자는 지구의 자전을 직접 눈으로 볼 수 있는 실험으로 증명한 첫 사례였다.

가장 성공적인 '실패한 실험'

광속 측정의 끝판왕은 미국의 물리학자 마이컬슨과 몰리였다. 19세기가 다 끝나가는 1880년대 후반, 두 사람은 과학사상 가장 중요한 실험 중 하나인 마이컬슨-몰리 실험을 몇 년에 걸쳐 시행했다.

개량된 회전 거울을 이용한 이 실험의 목적은 에테르의 한 속성으로 지구에 대한 상대운동의 증거를 찾기 위한 것이었다. 마이컬슨 간섭계를 이용하여 광원이 지구의 자전에 의해 운동할 때 빛이 진행한 거리의 차이가 간섭무늬에 반영될 것이라는 가정하에 진행한 실험이다. 결과는 광원의 운동과 광속은 차이가 없다는 것이었다. 이는 광속도 불변 원리의 바탕이 되어, 뒤에 올 상대성 원리의 전초를 마련한 것이었다.

이 실험은 충분한 정밀도에도 불구하고 에테르의 발견이라는 면에서 본 결과는 완전히 부정적이었다. 즉, 에테르의 물질성은 여기서 모두 부정되었는데, 역으로 말하면 에테르라는 물질을 생각할 필요성 자체가 소멸해버린 셈이었다.

대신 마이컬슨은 이전의 어느 누구보다도 정밀한 광속을 구하게 되었다. 마이컬슨의 거울은 회전하면서 각각의 면이 적당한 각도를 이룰 때마다 빛을 반사해 35km 떨어져 있는 거울로 보내게 되어 있었다. 마이컬슨은 빛이 여행한 거리와 거울이 움직이는 속도를 피조가 측정한 값보다 훨씬 정확하게 측정했다. 그 값은 실제 값보다 18km 정도밖에 차이가 나지 않은 것이었다.

이로써 빛의 매질로서 에테르의 존재는 부정되었고, 후에 광속이 모든 관측자에 대하여 일정하다는 광속도 불변의 원리를 발견함으로써 마이컬슨은 1907년 노벨 물리학상을 받았다. 실패한 실험이 가장 성공적인 실험이 된 셈이다.

요즘은 레이저와 같이 직진성이 좋은 빛으로 먼 거리에 있는 물체 사이를 왕복시켜 정확한 값을 얻고 있다. 그 값은 299,792.458km/s로 고정되었다. 이는 인간의 기준으로 보면 엄청난 속도이지만, 우주의 규모에서 볼 때는 어슬렁거리는 달팽이에 지나지 않는다. 지구에서 가장 가까운 이웃 별인 센타우루스 자리의 프록시마란 별에 한번 마실 갔다오는 데도 8년이나 걸린다.

그러나 정지된 기준점으로 쓸 수 있는 게 하나도 없는 우주에서 이 불변의 광속은 우주를 재는 유일한 잣대가 되었다. 그나마 이 광속이 아니라면 우리는 우주의 크기를 표현할 마땅한 방법이 없었을 것이다.

토성 고리의 성격을 밝히다

빛의 정체를 완벽하게 밝혀낸 사람은 영국(또!)의 물리학자 제임스 맥스웰(1831~79)이었다. 빛이란 게 알고 보니 놀랍게도 전자기파의 일종이라는 것이었다! 세상을 환하게 비춰주는 빛이 도대체 전기와 자기랑 무슨 상관이 있단 말인가 하고 사람들은 의아해했다. 전자기파란 주기적으로 세기가 변화하는 전자기장이 공간 속으로 전파해 나가는 현상으로, 전자파라고도 한다.

맥스웰은 1831년 스코틀랜드 에든버러에서 태어났다. 아버지는 변호사였다. 어린 시절 '행복의 골짜기'라 불리는 시골에서 자라면서 유복한 유년기를 보냈지만, 8살에 어머니를 암으로 잃었다. 어머니가 숨을 거두었을 때 어린 맥스웰은 흐느끼며 이렇게 말했다고 한다. "아, 정말 기뻐! 이제 엄마는 더 이상 아프지 않을 거야!"

맥스웰의 천재성은 일찍부터 드러났다. 집을 떠나 에든버러에 있는 고모 집에서 학교를 다니게 된 그는 외톨이처럼 굴어 동급생들에게 촌놈 취급을 받았지만, 수학에서 최고상을 받아 주위를 놀라게

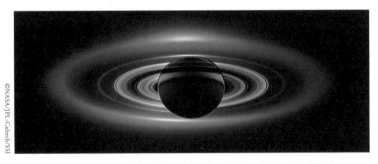

©NASA/JPL-Caltech/SSI

나사의 토성 탐사선 카시니가 찍은 토성의 고리. 토성 본체로 태양을 가리고 찍었다.

했다. 14살 때는 타원에 관한 독창적인 논문을 에든버러 왕립학회에서 제출하여 다시 한번 사람들을 놀라게 했다.

이듬해 그는 에든버러 대학에 진학했고, 3년 뒤인 1850년 케임브리지 대학 트리니티칼리지에 들어가 공부했다. 케임브리지에서 그는 시험 칠 때마다 최고점을 받아 천재라는 명성을 얻었다. 그 덕에 맥스웰은 졸업하자 바로 스코틀랜드의 애버딘 대학 교수가 되어 1860년까지 재직하다가 런던의 킹스칼리지로 옮겼다. 이 무렵 맥스웰은 토성 고리에 관한 연구에 관심을 집중하고 있었다.

토성의 고리는 1610년 갈릴레오에 의해 발견된 이후 200년 이상 과학자들의 골머리를 썩여온 문제였다. 과연 토성 고리는 무엇으로 이루어져 있는가? 왜 깨어지거나 토성에 충돌하지 않고 안정된 형태를 유지하는 걸까? 이 문제가 관심의 대상으로 떠오른 것은 1857년 케임브리지 세인트 존스 칼리지가 뛰어난 수리과학자에게 수여하는 애덤스상 주제로 선정했기 때문이다.

맥스웰은 2년 동안 이 문제의 연구에 매달린 끝에 토성의 고리가 단단한 강체로 이루어졌다면 그 형태를 유지할 수 없으며, 자잘한 조각들로 이루어진 유체라는 결론을 내렸다. 이를 벽돌 조각brick-bats이라고 표현 무수한 조각들이 각각 독립적으로 토성을 공전한다는 것을 증명했다.

맥스웰은 이 연구를 담은 「토성 고리의 운동의 안정성에 관해」(1858년)라는 논문을 발표해 1859년 130파운드의 애덤스상을 받았다. 토성의 고리가 무수한 조각들로 이루어져 있다는 맥스웰의 예측은 1980년대 보이저호의 토성 근접비행으로 확인되었다.

토성 고리 사이로 보이는 지구. 상자 속 사진에서 지구 옆으로 달이 보인다. 캄캄한 바다에 떠 있는
반딧불처럼 보이는 저 점이 70억 사람들이 아웅다웅하며 살고 있는 지구다.

보이저의 관측 결과, 토성의 고리는 수많은 얇은 고리들로 이루어
져 있고, 이 고리들은 레코드판처럼 곱게 나열되어 있다. 토성의 고
리는 적도면에 자리 잡고 있으며 토성 표면에서 약 7만~14만km까
지 분포하고 있다. 따라서 토성의 고리 너비는 지구 지름의 5배가 넘
는 약 7만km에 이른다.

고리를 이루는 알갱이들은 99.9%가 순수한 물로 구성되어 있고,
나머지 부분은 톨린이나 규산염과 같은 약간의 불순물로 구성되어
있다. 또한 주요 고리는 주로 1cm에서 10m 범위의 크기를 가진 입
자들로 구성되어 있으며, 토성 고리가 가진 물의 양은 지구 바닷물
의 10~20배에 이르는 것으로 밝혀졌다.

신의 설계도에서 빼낸 방정식

뛰어난 수학자이자 물리학자였던 맥스웰은 기체 분자 운동을 설명하고 색체 이론을 정식화하는 등 여러 업적을 남겼지만, 그중에서도 가장 중요한 연구 성과는 전자기장에 관한 이론이었다.

빛이 전자기파의 일종임을 알아낸 제임스 맥스웰.

18세기 후반까지 각각 별개의 자연현상으로 여겨졌던 전기와 자기는 1831년 영국의 마이클 패러데이(1791~1851)가 전자기 유도 현상을 발견함으로써 서로 밀접한 내적 관계를 가지고 있음이 드러났다. 이것이 바로 인류 문명에 혁신을 가져온 발전기의 원리가 되었다. 패러데이는 여기서 한걸음 더 나아가 역선力線, lines of force을 이용해 장場, fields의 개념을 가시화했다. 장이란 물질이 공간에서 힘을 받을 때 공간 자체가 그와 같은 힘을 작용시키는 원인이라는 개념을 말한다. 쉽게 말해, 자석 부근에서 쇳가루의 움직임이 보여주는 공간 영역이다.

이 장의 개념은 물리학사에서 한 획을 긋는 중요한 업적으로 평가받고 있다. 아인슈타인은 장의 개념이 "뉴턴 이래 물리학이 알게 된 가장 심오하고도 풍요로운 개념이다. (…) 이것은 전하나 입자들의 모임이 아니라, 전하나 입자들 사이의 공간에 존재하는 어떤 영역을 뜻하는 것으로, 물리현상을 기술하는 데 필수적인 것"이라고 말하면서 "나의 상대성 이론은 장 이론의 일부라고 할 수 있다"라고 덧붙였다.

맥스웰은 이 같은 패러데이의 장 개념을 이용한 오랜 연구 끝에 이제껏 각각 독립적으로 다루어져 오던 전기와 자기의 법칙들을 종합해 맥스웰 방정식을 수립했다. 즉, 패러데이의 역선 개념과 앙페르의 회로 이론을 수학적으로 정식화하는 데 성공했던 것이다. 이에 대해 패러데이는 맥스웰에게 보낸 편지에서 최고의 찬사를 실었다. "당신의 연구는 나에게 기쁨을 주었으며, 이 주제를 다룰 정도로 뛰어난 당신의 수학적 재능에 감탄했고, 그다음에는 이 주제가 그렇게 정연한 것에 놀랐습니다."

1864년 맥스웰은 마침내 물리학사에 길이 남을 전자기파 이론을 완성했다. 전자기학에서 거둔 그의 업적은 장 개념의 집대성이었다. 유명한 전자기장의 기초 방정식인 맥스웰 방정식을 도출하여 그것으로 전자기파의 존재에 대한 이론적인 기초를 확립한 것이다. 이로써 전기장의 힘과 자기장의 힘을 전자기라는 단일한 장, 즉 전자기로 통합할 수 있었다.

맥스웰은 이 전자기학의 방정식에서 전자기파가 나아가는 속도가 초속 30만㎞라는 계산서를 뽑아냈다. 놀랍게도 이 수치는 당시 알려져 있던 빛(가시광선)의 빠르기와 거의 일치했다. 30만㎞란 수치는 흔히 만날 수 있는 것이 아니다. 이 사실에서 맥스웰은 '빛이란 전자기파의 일종'임을 간파했다. 곧 전기와 자기는 본질적으로 같은 것이며, 이들이 만들어내는 전자기파가 바로 '빛'인 것이다.

맥스웰이 파악한 빛은 '변동하는 전류'를 계기로 주위의 전기장과 자기장이 차례차례 연쇄적으로 발생하면서 공간 속으로 나아가는 전자기파였다. 변동하는 전류란 교류전류나 순간적으로 전류가 흘렀다가 곧 사라지는 방전 등을 가리킨다. 일정한 전류에서는 전자기파가 발생하지 않는다. 또 일단 발생한 전자기파는 원래의 전류가 없어지더라도 계속 나아간다. 이 같은 빛과 전자기파의 관계를 규명한 것은 19세기 물리학의 최대 성과로 꼽힌다.

빛은 전자기파였다!

맥스웰의 전자기파 이론이 완전하게 입증된 것은 그가 세상을 떠난 후인 1888년 하인리히 헤르츠가 전자기파(당시에는 헤르츠 파동이라고 불렀다)를 발견하고 나서였다. 헤르츠는 맥스웰 이론을 바탕으로 전자기파를 실제로 만들어냈고, 그것이 다름아닌 빛이라는 사실을 밝혔다. 전자기파가 1초에 진동하는 회수, 곧 진동수(주파수)의 단위를

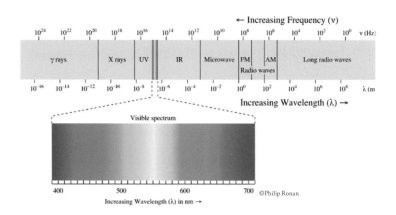

전자기파 중 가시광선의 영역.

헤르츠(Hz)로 쓰는 것은 그를 기리기 위한 것이다. 가시광선은 물론, 적외선, 자외선, X선, 감마선까지 모든 전자기파는 진동수만 다를 뿐한 형제인 '빛'인 것이다.

전자기파는 진행방향에 대해 수직인 횡파에 속하며, 주기적으로 세기가 변화하는 전기장과 자기장의 한 쌍이 서로 수직을 이루면서 공간 속으로 전파된다. 그리고 파장, 세기, 진동수에 상관없이 일정한 속력 $3 \times 10^5 km/s$로 퍼져나간다. 또한 전자기파는 빛과 같이 반사, 굴절, 회절, 간섭을 하며, 광자의 운동량과 에너지를 갖는다. 전자기파와 물질의 상호작용은 주로 전기장에 기인한다. 광자의 에너지(ε)는 주파수(ν)에 비례하고, 파장(λ)에 반비례한다.

매질이 있어야만 진행할 수 있는 음파와는 다르게, 전자기파는 매질이 없어도 진행할 수 있다. 따라서 공기 중은 물론이고, 매질이 존재하지 않는 우주공간에서도 전자기파는 진행한다. 우리가 별빛을 볼 수 있다는 사실은 빛이 진공 속에서도 전달될 수 있다는 것을 뜻하며, 이는 빛과 전파의 동질성을 암시하는 것이다.

가시광선, 곧 사람이 눈으로 볼 수 있는 빛은 파장이 약 800nm(나노미터)에서 400nm인 전자기파다(1nm는 10억분의 1m). 이 범위 내에서 초당 약 500조 번 진동하는 전자기파가 우리 눈에 들어오면 눈에 있는 시신경을 자극하고, 시신경은 우리 뇌에 '빛' 신호를 전달한다. 이로써 인류는 드디어 빛의 정체를 파악하게 되었다.

적외선은 800nm~1mm(마이크로미터)이고, 이보다 더 긴 파장은 마이크로파라고 부르는데, 바로 전자레인지에서 쓰는 전자파다. 전자기파가 물질 중의 전자 등을 흔들 때는, 전자기파의 일부는 물질

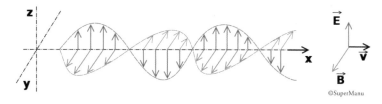

전자기파는 매질 없이 전파되는 전기장과 자기장의 횡파로,
전기장은 수직 평면에서 진동하고 자기장은 수평 평면에서 진동한다.

에 흡수되고 에너지가 물질에 인계된다. 이것이 바로 물질에 빛(전자기파)이 흡수되는 본질적인 의미이다.

그 반대의 과정도 있다. 곧 모든 물체는 그 온도에 따른 파장의 빛을 방출한다. 이것을 열복사라 한다. 우리 눈에 보이지는 않지만 얼음덩이나 바위도 빛을 방출한다. 고온일수록 파장이 짧은 빛의 성분이 많이 복사된다. 빛은 전자가 가진 에너지의 형태가 모습을 바꾼 것이라 할 수 있다.

마이크로파보다 파장이 길어 수 미터에서 수십 미터까지 긴 것은 보통 전파(라디오파)라 부르며 통신에 쓰인다. 오늘도 우리가 만지작거리고 있는 휴대전화, 스마트폰은 모두 라디오파를 이용한 것이다.

가시광선보다 파장이 짧은 전자기파는 차례대로 자외선, X선, 감마선이라 하는데, 특히 감마선은 파장이 10pm(피코미터. 10pm은 1억분의 1mm) 이하로, 주로 방사선 물질에서 방출되는 아주 고에너지의 전자파다. 전자파, 곧 빛의 빠르기는 일정하므로 진동수(주파수)와 파장은 반비례한다. FM 방송에서 쓰는 전자파는 주파수 100메가헤르츠(1메가헤르츠는 초당 1백만 번 진동수)로, 파장은 3m이다.

맥스웰은 1874년에 캐번디시 연구소를 설립하는 일을 맡았다. 그때 이미 병이 깊어 자신의 생이 얼마 남지 않았음을 알고 있었다. 그래도 그는 연구소 설립 일과 연구를 계속해나갔다. 1879년 11월 5일, 맥스웰은 '행복의 골짜기'에서 보냈던 어린 시절에 그를 떠났던 어머니의 길을 그대로 밟아 세상을 떠났다. 어머니와 같은 암이었다. 얄궂게도 생을 마감한 나이 역시 어머니와 똑같이 48살이었다.

전자기학 이론의 완성으로 맥스웰은 과학사에 불멸의 금자탑을 쌓았다. 전기와 자기, 그리고 빛의 삼각관계를 밝힌 맥스웰 방정식은 지난 2004년 물리학자 120명을 대상으로 한 설문조사에서 인류 역사상 가장 위대한 식 1위로 뽑혔다. 물리학자들은 신이 창세기의 태초에 "빛이 있으라!"는 말 대신 맥스웰 방정식을 주문으로 외웠을 것이라는 농담을 하기도 한다. 말하자면 맥스웰 방정식은 신의 설계도에서 읽어낸 것이었다.

맥스웰이 밝혀낸 빛의 본질에 대한 문제는 양자물리학으로, 빛의 속도는 상대성 이론으로 우리를 이끌어갔다. 아인슈타인은 맥스웰의 업적을 "뉴턴 이후 물리학의 가장 심대하고 가장 풍성한 수확"이라고 평가했다. 물리학사에 길이 남을 최고 업적으로 맥스웰 앞에 설 수 있는 사람은 뉴턴과 아인슈타인 정도라 한다.

희한한 일치로 맥스웰이 죽은 해에 태어난 아인슈타인은 자기 연구실에 맥스웰의 사진을 걸어놓고 자신의 우상으로 삼았다. 그는 맥스웰의 죽음에 대해 이렇게 표현했다. "그와 더불어 과학의 한 시대가 끝나고 또 한 시대가 시작되었다."

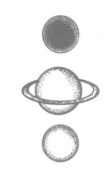

태초와
종말에 관한
이야기

4 장

아인슈타인의 구부러진 우주

나는 신의 생각을 알고 싶다.
나머지는 세부적인 것에 불과하다.
– 아인슈타인

'기적의 해' 1905년

만약 우리가 아주 강력한 레이저 광선을 한 방향으로 쏜다면 그 빛
줄기는 어떻게 될까? 단, 어떤 천체나 성간 물질에도 차단당하지 않
는다는 가정을 한다면 말이다. 아인슈타인의 일반 상대성 이론이
들려주는 답에 의하면, 그 빛줄기는 언젠가 돌아와 우리의 뒤통수
를 치게 된다. 단, 우리가 그때까지 살아 있기만 한다면. 왜냐하면
일반 상대론에 따르면, 이 우주는 우주 안을 채우고 있는 물질들로
인해 시공간이 휘어져 있으며, 경계가 없지만 유한하기 때문에 우
리가 쏜 빛줄기는 결국 우주를 한 바퀴 돌아 출발한 자리로 되돌아

닐스 보어(왼쪽)와 틈만 나면 양자론 논쟁을 했던 아인슈타인. 전자가 발견될 곳은
확률로만 알 수 있다는 양자론에 반발한 아인슈타인이 "신은 주사위 놀이를
하지 않는다"고 하자, 보어는 "신에게 이래라 저래라 하지 마세요" 하고 되받았다.
일련의 논쟁에서 불굴의 투사 보어는 완승을 거두었다.

온다는 것이다.

원래 아인슈타인이 일반 상대성 이론을 완성시킨 것은 등속운동
물체에만 적용되는 특수 상대성 이론을 중력이론으로 확장, 가속운
동을 하는 물체에까지 적용하려는 것이 그 목적이었다.

그러나 완성된 이 이론은 우주에 대해 근원적인 질문들 곧, 우주
는 어떻게 태어났는가, 우주는 얼마나 큰가, 우주는 끝이 있는가 하

는 문제들에 대한 답을 말해주는 이론임이 밝혀졌다. 그리하여 일반 상대성 이론은 단순히 뉴턴의 중력이론을 대체할 뿐 아니라, 우주에 대한 이론 즉, 우주론의 모체가 되었다. 이로써 인류는 최초로 우주의 탄생과 진화에 대해 이해할 수 있는 수학적인 틀을 가지게 된 것이다.

아인슈타인의 일반 상대성 이론이 어떻게 우주의 탄생인 대폭발 이론까지 이르게 되었는지 얘기하기 전에 우선 그의 특수 상대성 이론을 간략하게나마 살펴보자.

1905년 아인슈타인은 스위스 특허청 하급 공무원으로 근무하면서 〈물리학 연보〉에 세 편의 중요한 논문을 발표한다. 광양자설, 브라운 운동 이론 그리고 특수 상대성 이론인 「운동하는 물체들의 전기역학에 관하여」다. 무명의 과학자가 발표한 이 세 편의 논문은 현대물리학의 흐름을 바꾼 중요한 논문으로, 이런 연유로 1905년을 '기적의 해'로 부른다. 유엔이 2005년을 '물리의 해'로 정한 것도 그 100주년을 맞아 아인슈타인을 기리기 위한 것이었다.

어쨌든 그로부터 16년 후 아인슈타인은 노벨 물리학상을 타는데, 상대성 이론이 아니라 광양자설 이론으로 받은 것이었다. 이것은 빛이 에너지를 갖는 입자인 광자^{photon}로 구성되어 있다는 이론이다. 그는 첫 부인 밀레바와 이혼하면서 노벨상을 타면 위자료로 주겠노라고 외상을 달아놓았었는데, 이때 받은 상금은 외상 갚는 데 썼다고 한다.

이 걸출한 천재인 아인슈타인에게도 인생에서 쓰디쓴 좌절의 시간이 있었다. 대학 시절, 툭하면 수업에 빠졌던 아인슈타인은 지도교수에게 '게으른 강아지'라고 찍혀 추천서를 못 받는 바람에 교직 자리를 얻을 수 없었다. 물리로는 먹고 살기 어렵다고 생각한 그는 보험회사에 취직했지만, 곧 직장 상사와 싸우고는 때려치우고 말았다. 게다가 여자 친구 밀레바가 덜컥 임신을 하고 결국엔 낳은 아기를 입양시키는 사태까지 겪게 되었다. 아기는 딸이었는데, 아인슈타인은 이 딸을 입양시킨 후 평생 두번 다시 본 적이 없었다.

또 그 무렵 아버지가 세상을 떠났다. 자식을 공부시키느라 많은 희생을 했던 아버지에 대한 죄책감은 아인슈타인에게 평생 마음의 상처로 남았다. 그때 절망한 나머지 아인슈타인은 자살할 생각까지 했다고 한다. 그러던 중에 친구의 도움으로 베른의 특허청 하급직원으로 취직함으로써 간신히 어둠의 나락에서 탈출할 수 있었다. 그 신산한 시절을 아인슈타인과 함께 겪었던 밀레바로서는 위자료로 노벨상금을 받을 만한 자격이 충분히 있었다고 하겠다.

빛의 속도는 절대 불변

아인슈타인이 이 같은 최악의 시기를 넘긴 후 3년 만에 발표된 특수상대성 원리는 두 개의 기둥이 떠받치고 있다고 할 수 있다. 하나는 갈릴레오의 상대성 원리이고, 다른 하나는 광속도 불변의 원리이다.

상대성 원리는 갈릴레오의 상대론을 가리키는데 이에 따르면, 관측자의 상태에 관계없이 속도를 제외한 모든 물리량은 같은 값으로 측정되어야 하고, 이들 사이의 관계를 나타내는 물리법칙도 같다는 것이다.

예컨대, 고요히 달리는 배 안에서 커튼으로 선창을 가리면 그 배가 운동하는 것을 증명할 방법이 없다는 뜻이다. 그리고 그 배에서도 술통 꼭지에서 술은 수직으로 떨어진다는 얘기다. 이 상대론으로 갈릴레오는 지동설을 반대하는 자들을 잠재웠다. 지구가 우주공간을 초속 30km라는 무서운 속도로 달리고 있지만 그것을 우리가 알 수 없는 이유를 바로 이 상대론이 설명해준다.

특수 상대성 이론은 운동은 절대적인 것이 아니라 상대적인 것이라

청소년 시절의 아인슈타인. '빛줄기와 함께 달리면 빛은 어떻게 보일까?' 상상하던 15살 소년이 자연의 신비를 향해 달린 끝에 이윽고 빛에 대한 하나의 통찰에 도달했다. 그의 상대성 이론은 인류의 세계관과 우주관을 크게 바꾸었다.

는 관념을 전제하고 있다. 갑이 서 있는 기차역으로 을이 탄 기차가 등속으로 지나간다고 치자. 이때 갑이 볼 때는 기차가 움직이지만, 을이 볼 때는 기차역이 움직이는 걸로 보인다. 무대를 우주공간으로 옮겨보자. 갑이 있는 옆으로 을의 우주선이 지나간다고 치자. 이때도 갑이 움직이는지 을이 움직이는지 판정할 방법은 전혀 없다는 사실이다.

아인슈타인이 받아들인 또 하나의 원리는 '빛의 속도는 누구에게나 항상 같은 값으로 측정된다'는 광속도 불변의 원리이다. 이는 곧, 빛은 어떤 기준도 필요로 하지 않으며 상대성 원리에 따르지 않는다는 뜻이다. 이에 대해 아인슈타인은 다음과 같이 말했다. "맥스웰 방

정식에 기준이 도입되지 않았다는 것은 그런 것이 애초에 필요하지 않았다는 뜻이다. 빛은 이 세상 만물에 대해 초속 30만km다."

빛이 모든 기준계에서 똑같은 속도로 달린다는 것은 이들 기준계마다 시간과 거리가 다르기 때문이라고 추론할 수밖에 없다고 아인슈타인은 생각했다. 그는 또 빛의 파동이 앞으로 활발하게 진행할 때만 빛이 존재하며, 정지상태에서는 존재할 수 없으므로 우리는 결코 빛을 따라잡지 못한다고 결론 내렸다. 그렇다면 절대공간과 절대시간 위에 성립된 뉴턴 역학은 심각한 모순을 일으킨다고 아인슈타인은 생각했다. 맥스웰의 전자기파 방정식과 뉴턴 역학이 충돌하는 것이다.

만약 광속의 1/2 속도로 달리는 기차에서 앞쪽으로 빛을 쏘았다고 하자. 뉴턴 역학에 따르면 이때 빛의 속도는 기차 속도가 더해진 초당 45만km가 되어야 한다. 그러나 광속은 어떤 관찰자에게도 일정한 값을 보일 뿐이다. 빛을 앞으로 쏘든 뒤로 쏘든 여전히 초속 30만km인 것이다. 이는 200년 동안 가장 완전한 물리법칙으로 생각해온 뉴턴 역학이 틀렸음을 뜻하는 것이다.

다른 예를 하나 더 들어보자. 달리는 기차의 좌우 좌석에 앉아 서로 공을 던지며 주고받는 두 사람을 생각해보자. 기차 안에서 볼 때는 공이 직선으로 움직이지만, 기차역에서 보는 사람에게는 공이 V자로 움직이는 걸로 보인다. 공의 체공 시간에도 기차는 달리기 때문이다. 이때 기차 안의 사람과 기차역의 사람이 공의 속도를 측정한다면 당연히 다른 결과가 나올 것이다. 같은 공이 같은 시간에 날아간 속도가 어떻게 서로 다를 수가 있다는 건가? 이 모순을 해결할 수 있는 단 하나의 방법을 아인슈타인은 이렇게 말한다. "달리는 기차 속의 시간은 천천히 흐르기 때문이다."

이러한 모순을 바로잡기 위해 아인슈타인은 광속도 불변의 원리를 바탕으로 등속도로 움직이는 모든 관찰자들에게 새로운 시공 개념인 특수 상대성 이론을 제시했다. 이에 따르면 우주 어디에도 관찰자에 전혀 상관없는 '절대공간'과 '절대시간'이란 개념은 존재하지 않으며, 시간과 공간은 각각의 관찰자에 따라 정의될 뿐이라는 것이다.

아인슈타인의 특수 상대성 이론은 모든 관성계에서 같은 물리법칙이 성립하고(상대성 원리), 빛의 속도가 일정하기(광속 불변의 원칙) 위해서는 서로 다른 운동 상태에 있는 관찰자가 측정한 물리량이 달라야 한다는 이론이라고 할 수 있다. 말하자면 상대성 원리와 광속 불변 원리를 지키기 위해 아인슈타인은 기존의 시간과 공간 개념을 수정해야 한다고 생각했던 것이다. 이렇게 하여 아인슈타인은 시간과 공간을 시공간이라는 하나의 체계 속에 통합시켰다.

아인슈타인의 특수 상대성 이론은 이제껏 믿어왔던 우리의 경험세계 상당부분을 포기해야 한다고 말한다. 우리가 절대 변하지 않을 것이라고 생각했던 물리량도 관측자에 따라 변하는 상대적인 것임을 인정해야 한다는 뜻이다. 관측자의 상태에 따라 길이는 물론, 시간과 질량마저 다른 값으로 측정되어야 한다는 것은 참으로 받아들이기 어려운 대목이 아닐 수 없다. 우리가 가지고 있는 기존의 시간과 공간 개념을 바꾸지 않으면 상대성 이론을 받아들일 수가 없다는 것을 뜻한다. 달리는 기차는 길이가 짧아지고 질량이 늘어나며, 시간은 느리게 간다.

물질과 에너지는 같다

특수 상대성 이론에 의하면, 질량과 에너지는 존재의 두 가지 형식으로, 양자는 동등하며 서로 변환할 수 있다. 곧, 물질은 얼어붙은 에너지다. 물체의 속도가 빨라지면 질량이 증가한다. 물체에 가해진 에너지의 일부는 속도를 높이는 데 사용되지만, 일부는 질량을 증가시키는 데 사용된다. 따라서 아무리 에너지를 높여 속도를 가속시키더라도 광속에는 이를 수가 없다. 광속에 가까울수록 질량이 무한대로 늘어나기 때문이다. 질량과 에너지의 등가 관계를 나타내는 것이 다음과 같은 그 유명한 식이다.

$$E = mc^2 \ ,$$

(E는 에너지, m은 질량, c는 진공 속에서의 빛의 속도)

원자탄의 원리는 여기서 나왔다. 방사성 물질이 핵분열하거나 수소가 핵융합한 후 질량은 반응 전에 비해 약간 감소한다. 이 질량 결손분이 광속도 제곱을 곱하는 공식에 따라 엄청난 에너지를 만들어낸다. 인류는 이 원자력 에너지의 위력을 이미 히로시마에 투하된 원자폭탄으로 실감한 바 있다. 또한 이 식을 통해 별의 비밀도 자연스럽게 풀렸다. 별의 내부에서 핵융합이 일어나 결손질량이 막대한 에너지로 변환됨으로써 별이 오랜 기간 밝은 빛을 뿜어낼 수 있는 것이다. 에너지와 물질과 빛이 모두 들어 있는 저 놀라운 방정식. 아무리 수학이 싫더라도 저 방정식 하나만은 머리에 넣어둘 가치가 있다.

공간은 휘어져 있다

1905년에 발표된 특수 상대성 이론은 기존의 상식과는 너무 다른 사실을 주장하고 있으므로 물리학자들을 납득시키기란 쉽지 않았다. 그것은 기존의 역학체계를 뒤흔드는 혁명적인 이론이었다. 아인슈타인은 여기에서 한걸음 더 나아가 등속도로 운동하는 관성계에만 적용되는 특수 상대성 이론을 확장하여 중력에 적용하기로 마음먹고 이후 10년간 일반 상대성 이론의 연구에 매달렸다.

1917년 초, 그는 마침내 「일반 상대성 이론에 대한 우주론적 고찰」이라는 제목의 논문을 발표해 과학계에 커다란 반향을 불러일으켰다. 특수 상대성 이론은 아인슈타인이 아니더라도 누군가가 그와 똑같은 결론에 다다랐을 것이라고 얘기한다. 그것도 5년 이내에. 그러나 일반 상대성 이론만큼은 그 시대의 어느 누구도 생각지 못했으며, 인류 역사상 가장 위대한 지적 산물의 하나라는 평가를 받고 있다.

특수 상대성 이론이 일정한 속도, 곧 등속운동로 움직이는 물체에 적용되는 이론인 데 비해 일반 상대성 이론은 중력과 가속도가 작용하는 상황에서도 성립하도록 일반화한 상대성 이론이다. 그래서 흔히 중력이론으로도 불린다.

아인슈타인은 일반 상대성 이론에서 혁명적인 발상을 하나 선보였는데, 바로 '중력과 가속도는 같은 것이다'라는 개념이다.

아인슈타인의 장기 중 하나는 사고思考실험인데, 상상으로 실험을 하는 것을 가리킨다. 그는 어느 날 문득 '엘리베이터를 타고 자유낙하를 한다면 어떨까?' 하는 사고실험을 했다. 모든 물체는 질량에 관계없이 중력 아래에서 같은 속도로 떨어진다. 자유낙하하는 물체는 중력이 없는 것처럼 행동한다. 자유낙하하는 엘리베이터 속의 사람은 틀림없이 중력을 느끼지 못할 거라는 데 생각이 미치자, 하나의 통찰이 그를 찾아왔다. "아, 중력과 가속운동은 같은 거구나!" 곧, 중력은 물체의 성질이 아니라, 시공간의 성질이라고 아인슈타인은 생각했다.

뉴턴은 중력을 전제로 만유인력 방정식을 만들었지만, 중력의 정체에 대해서는 끝내 알 수 없었다. 역제곱 법칙으로 공간을 가로지르는 중력이란 무엇인가? 뉴턴을 비판하던 사람들은 이것을 중력의 '원격작용'이라고 하면서 '유령'이 그 전달 매개물이라고 비꼬았다. 이에 대해 뉴턴은 "나는 가설을 만들지 않는다"며 문제를 덮고 말았다. 따라서 만유인력의 법칙은 사실 원료가 밝혀지지 않은 제품의 사용 설명서에 다름아닌 셈이다.

이렇게 뉴턴이 포기한 지점에서 아인슈타인은 시작했다. 도대체 중력이란 무엇일까? 눈으로 볼 수도 없고 감각으로 지각할 수도 없지만, 엄연히 존재하는 이 중력은 아인슈타인에게 커다란 신비이자 수수께끼였다.

어릴 때부터 상상력이 풍부했던 아인슈타인은 2살 때 누이 마리아 아인슈타인이 태어나자 무척 즐거워하면서 "그런데 바퀴는 어디 있나요?" 하고 물었다고 한다. 그리고 5살 때는 아버지로부터 생일선물로 나침반을 받았는데 보이지 않는 힘이 나침반의 바늘을 움직이는 것을 보고는 신비로운 감정을 느꼈다고 나중에 회고한 적이 있다. 자연의 신비에 대해 누구보다 민감하고 상상력이 풍부했던 아인슈타인이 중력에 매달린 것은 결코 우연이 아니었다.

그는 10년 동안 이 문제에 매달린 끝에 중력의 맨얼굴을 비로소 힐끗 본 것이다. 우리가 중력 때문이라고 믿는 효과와, 가속 때문이라고 믿는 효과는 모두 하나의 똑같은 구조에 의해 만들어진 것임을 깨달았다. 즉 중력이란 물질이 휘어진 시공간을 타고 움직이게 하는 힘이라는 것이다.

일반 상대성 이론에 따르면 큰 질량체는 주변 공간을 구부러뜨리고, 이 휘어진 공간을 물체가 통과할 때는 반드시 가속을 받게 되는데, 물체가 중력을 느끼는 것은 바로 이 공간의 곡률 때문이다. 말하자면, 중력이라는 힘을 시공간의 기하학적 성질로 바꿔버린 것이다.

뉴턴은 떨어지는 사과를 보고 지구의 중력이 사과를 끌어당기는 것으로 풀이했다. 그러나 아인슈타인의 일반 상대성 이론은 지구가 우리를 둘러싼 시공간 연속체를 휘게 만들어, 휜 시공간의 비탈로 사과가 굴러떨어지고 있다는 것이다.

휘어진 시공간의 개념을 쉽게 이해하기 위해 고무판처럼 휘어지는 평면 위에 쇠구슬을 올려놓아 보자. 쇠구슬이 놓여 있는 평면은 쇠구슬 무게 때문에 조금 눌리는데, 이것은 바로 태양처럼 무거운 물체가 시공간에 미치는 영향과 비슷하다. 이제 작고 가벼운 구슬을 고무판 위로 굴린다면, 그 구슬은 뉴턴의 운동법칙에 따라 직선으로 움직일 것이다. 하지만 무거운 물체 가까이에서는 우묵한 비탈을 타고 아래쪽으로 휘어지면서 무거운 물체 쪽으로 끌리게 된다. 이처럼 무거운 물체는 시공간을 휘어지고 구부러지게 만든다는 것이다.

일반 상대성 이론에서 아인슈타인이 말하고자 하는 바는 중력이란 두 물체 사이에 일어나는 원격작용의 힘이 아니라, 휘어진 시공

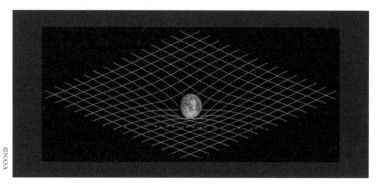

일반 상대성 이론에서 묘사된 시공의 곡률을 2차원으로 표현한 그림.
3차원 존재인 인간은 3차원 공간의 휘어짐은 상상할 수가 없다.

간의 곡률 때문에 생겨나는 것이라는 결론이다.

시공간에서 물체의 존재는 시공간 구조와 물체 운동의 양방향으로 영향을 주고받는다. 곧, 물체는 시공간의 모양을 결정하고, 그와 동시에 시공간의 모양은 물체의 운동을 결정한다. 이를 두고 미국의 물리학자 존 휠러(1911~2008)는 "질량은 공간에게 어떻게 구부러지라고 얘기하고, 공간은 질량에게 어떻게 운동하라고 얘기한다"는 말로 표현했다.

'시인을 위한 물리학자'라는 별명을 가지고 있으며, 블랙홀이라는 신조어를 발명한 것으로도 유명한 휠러는 닐스 보어와 함께 핵분열 이론을 정립한 과학자다, "우리가 알고 있는 물리적 사실들이 혹 모두 환영幻影에 불과한 것이 아닐까?" 하고 자신의 특이한 세계관을 토로한 적이 있다. 세상만사 일장춘몽이라는 동양적 정서를 그도 가지고 있었던 걸까? 인도의 옛 신화는 "우주는 신이 꾸는 꿈이다"라고 말하기도 하니까.

빛도 휘어진다

가속운동을 하는 사람이라면 누구든지 어떤 힘을 느낄 수 있다. 자동차의 가속페달을 밟으면 운전자는 몸이 뒤로 밀리는 듯한 느낌을 받고 커브길을 돌면 옆으로 쏠리는 힘을 받는다. 이런 힘을 관성력이라고 하는데, 이는 질량을 가진 물체 모두에 적용되는 힘이다.

중력질량이란 중력에 비례하는 물체의 질량을 말하지만, 관성질량의 개념은 좀 까다롭다. 어떤 물체에 힘을 가하면 가속도가 생기는데, 가속도는 물체의 질량에 반비례한다. 질량이 클수록 가속도는 작아진다는 말이다. 이 질량을 관성질량이라 한다. 중력을 얼마나 받는지는 중력질량에 비례하고, 관성이 얼마나 큰지는 관성질량에 비례한다. 따라서 두 질량은 각기 다른 것으로 같아야 할 이유가 없다. 그런데 갈릴레오의 낙하실험에서 보듯이 무거운 물체와 가벼운 물체가 같은 가속도로 떨어진다는 것은 중력질량과 관성질량이 같다는 것을 나타낸다.

여기서 아인슈타인은 본질적으로 중력과 관성력은 같은 것이라는 결론에 이르렀다. 이것이 바로 일반 상대성 이론의 핵심을 이루는 등가 원리이다. 그가 본 중력은 시공간의 휘어짐에서 비롯되는 힘이다. 결국 중력은 기하학이었다. 아인슈타인은 중력이 다른 힘들과는 달리 실제로 존재하는 힘이 아니며, 그 속에 들어 있는 질량과 에너지의 분포에 따라 시간과 공간이 평평하지 않고 휘어져 있기 때문에 발생하는 결과라고 주장했다.

이 등가 원리가 빚어내는 결과는 심대한 것이다. 단순히 중력질량과 관성질량이 같다는 것 이상의 의미를 지니고 있다. 가속도를 중력으로 바꾸어버림에 따라 가속계를 만들어내는 효과가 곧 중력효과가 되는 셈이다. 여기서 빛이 중력장에서 휘어간다는 결론이 나올 수 있게 된다.

일반적으로 빛은 최단 경로, 곧 가장 빠른 길을 따라 진행하는 성질이 있다. 이를 페르마가 발견하여 페르마의 원리, 또는 최단시간의 원리라 불린다. 반사나 굴절도 모두 이 원리로 풀이된다. 그런데 일반 상대성 이론에 따르면, 빛이 중력장을 지날 때는 빛 역시 휘어진 시공간 경로를 통과한다는 것이다.

예컨대, 무중력 상태의 우주공간을 가속운동하는 우주선이 달려가고, 그 우주선 창으로 빛이 수직으로 들어왔다고 하자. 이때 빛은 우주선 맞은편 벽에 직진하여 꽂히지 않고 약간 아래쪽에 꽂힐 것이다. 마치 화살처럼 말이다. 이는 지상에서 던져진 공이 직선운동과 낙하운동이 결합되면서 포물선 궤도를 그리는 것과 마찬가지다. 우주선 창으로 들어온 빛의 운동은 이처럼 우주선의 가속운동으로도 설명할 수 있고, 중력장의 효과로도 설명할 수가 있다. 곧, 빛도 중력장에 의해 진행경로가 굽을 수 있다는 것을 보여주는 것이다.

아인슈타인은 빛의 경로가 직선이 아니고 휘어진다면 곧 공간이 휘어져 있기 때문이라고 보았다. 빛의 경로는 공간의 성질을 드러내준다. 그래서 아인슈타인은 '오직 빛만이 우주공간의 본질을 밝혀주는 지표'라고 말했다.

이리하여 가속도에서 출발한 일반 상대성 이론은 결국 중력이론으로 변신하여 우주 구조의 근본적인 문제에 대한 해석 틀을 제공해줌으로써 모든 우주론의 모태가 되었던 것이다. 아인슈타인이 처음으로 일반 상대성 이론의 기초적인 아이디어를 생각해낸 것은 1907년이라고 알려져 있다. 그는 주로 사고실험으로 이런 아이디어와 개념을 만들어내곤 했는데, 나중에 일반 상대성 이론이 '내 인생의 가장 행복한 생각'이었다고 술회했다.

우리는 여기서 한 가지 해결하고 넘어가야 할 문제가 있다. 공간이 휘어져 있다는 이 특이한 생각을 어떻게 받아들여야 하는가의 문제다. 선과 면이 평평하거나 휘어질 수 있듯이 3차원 입체(공간) 역시 평평할 수도 휘어질 수도 있다. 다만 3차원 존재인 우리가 그것을 감지할 수 없을 따름이다. 우선 2차원에 대해서 생각해보자. 2차원 공간은 면의 세계다. 평평한 면도 있고 공처럼 굽은 면도 있다. 평평한 2차원 평면을 유클리드 평면이라 하고, 굽은 면을 비유클리드 평면이라 한다. 이 굽은 평면에서는 당연히 유클리드의 공리들이 성립하지 않는다.

예컨대 구의 표면에 그린 삼각형의 내각은 180도보다 크다. 반대로 말안장처럼 안으로 굽은 평면에 그린 삼각형 내각의 합은 180도보다 작다. 그래서 삼각형 내각의 합이 180도보다 큰 굽은 평면을 +곡률을 가졌다 하고, 반대로 180도보다 작은 굽은 평면을 −곡률을 가졌다고 한다. 2차원에서 사는 사람(절대로 3차원으로 못 나옴)이 자신이 사는 평면의 성질을 알고자 한다면 그 위에 삼각형을 그리고 각도를 더해보면 알 수 있다. 이것이 기하학의 위력이다. 평평하지 않은 평면이나 공간에 적용되는 기하학은 그것을 발전시킨 독일 수학자 리만(1826~66)의 이름을 따서 리만 기하학이라고 부른다.

3차원 공간이 굽었는지를 알려면 무슨 방법이 있을까? 가장 간단한 방법은 직접 4차원 이상의 공간으로 나가 살펴보는 것이다. 그러나 3차원에 사는 인간으로서는 불가능한 일이다. 따라서 우리는 다시 수학의 힘을 빌지 않으면 안 된다. 2차원 평면에서 삼각형을 썼듯이 3차원에서는 직선을 사용하면 된다. 직선이 휘었는가의 여부를 살펴보면 그 공간이 평평한지 굽었는지를 판단할 수 있다.

그런데 직선이란 두 점을 연결하는 최단거리이지만, 이 정의는 평면 위나 굽지 않은 3차원 공간에만 적용된다. 구면 위에서 두 점 사이의 최단 거리는 두 점을 지나는 대원大圓(두 점과 구의 중심을 지나는 면이 구면 위에 그리는 큰 원)의 일부다. 일반적으로 공간의 두 점 사이 최단 거리를 측지선이라 하고, 빛은 이 측지선을 따라 진행한다. 페르마의 원리가 그대로 적용되는 것이다. 따라서 3차원 공간이 굽었는가의 여부를 판단할 수 있는 방법 중 하나는 빛이 직선으로 나아가는지를 살펴보는 것이다.

우주를 설명하는 새로운 이론

일반 상대성 이론에 의하면 큰 질량체는 주위의 시공간을 구부러뜨리고, 이 굽은 시공간은 빛의 경로에 영향을 미친다. 빛은 직진하려 하지만 굽은 공간 때문에 휘어진다는 것이다. 중력이 그리 크지 않는 경우에 뉴턴의 이론과 아인슈타인의 이론은 모두 똑같은 결과를 내놓지만, 중력장이 매우 센 경우에는 서로 다른 결과를 나타낸다. 따라서 일반 상대성 이론이 발표되자 많은 학자들이 그 진위를 밝히기 위해 갖가지 실험에 나섰다. 영국 케임브리지 천체연구소 소장이었던 에딩턴이 아프리카 서해안으로 개기일식 관측에 나섰던 것도 그러한 노력의 하나였다.

빛이 큰 중력장을 지날 때 경로가 구부러진다면, 그것을 가장 잘 관측할 수 있는 곳이 태양이다. 우리 주위에서 가장 큰 질량체이기 때문이다. 개기일식 때 태양 주위를 스쳐오는 먼 별빛을 관측하고, 태양이 그곳에 없을 때 오는 별빛의 위치와 비교해보면 된다. 만약 태양 주위의 공간이 굽어 있다면 태양 근처를 지나오는 별빛은 휘어져 별의 실제 위치가 다를 것이다.

1919년 개기일식이 일어날 때, 에딩턴은 팀을 이끌고 개기일식을 가장 잘 관측할 수 있는 아프리카 서해안의 한 섬으로 떠났다. 거기서 관측 팀은 개기일식 중 태양 주위에 있는 별들의 사진을 찍은 후 몇

1919년 5월 29일 개기일식을 찍은 에딩턴의 사진. 아인슈타인이 일반 상대성 이론에서 예측한 중력장에서의 빛의 휘어짐이 이 사진으로 증명되었다고 에딩턴은 그의 논문에서 선언했다.

달 전에 찍었던 별들의 위치와 비교해보았다. 그 결과, 별들의 위치가 아인슈타인이 예측했던 만큼 이동해 있는 것이 확인되었다. 이는 일반 상대성 이론이 옳다는 것을 확인해주는 강력한 증거가 되었다.

에딩턴이 영국 왕립천문학회에서 이 사실을 발표했을 때 협회장인 노벨상 수상자 톰슨은 "이것은 인간 사고의 역사에서 가장 위대한 성과이며, 뉴턴의 중력이론을 발표한 이래 중력과 관련되어 이루어진 가장 위대한 발견이다"고 선언했다.

에딩턴의 관측 사실은 곧바로 언론에 보도되어 세계적으로 큰 화제를 불러일으켰다. 런던의 《타임》은 '과학 혁명-우주를 설명하는 새로운 이론-뉴턴의 이론에 작별을 고하다'라는 톱기사로 보도했고, 《뉴욕타임스》는 '하늘에서 빛은 휘어진다-아인슈타인 이론의 승리'라고 대서특필했다. 그것은 뉴턴의 시대가 끝나고 아인슈타인의 시대가 시작되었음을 알리는 신호탄이었고, 이로써 아인슈타인은 일약 과학 천재로 명성을 얻게 되었다.

독일의 물리학자 막스 보른은 아인슈타인의 중력장 방정식에 다음과 같은 찬사를 바쳤다. "그의 연구는 한 편의 예술작품 같았다. 자연에 대한 인간 사고의 위대한 향연이며, 철학적 통찰과 물리학적 직관, 수학적 기술의 놀라운 결합이다."

아인슈타인의 일반 상대성 이론에서 말하는 중력장에서의 빛의 휘어짐은 우주에서 중력렌즈 효과를 나타낼 것으로 예측되었다. 중력렌즈 효과란 어떤 천체에서 나온 빛이 지구에 도착할 때, 그 경로 상에 있는 다른 무거운 천체에 의해 휘어져 렌즈와 같은 효과를 나타내는 현상이다. 이때 원래 보이지 않던 먼 천체가 보이기도 하고, 상

빛의 휘어짐으로 인한 중력렌즈 현상을 보여주는 '웃는 은하'. SDSS J1038+4849로 불리는 은하단이다. 커다란 원 안의 두 눈은 밝은 은하들이며, 웃는 것처럼 보이는 선은 사실 강력한 중력렌즈 효과로 빛이 굴절돼 보이는 것이다.

이 일그러지거나 여러 개로 보이기도 한다. 이 같은 현상이 1979년 실제로 확인되어 많은 사람들에게 놀라움을 안겨주기도 했다.

실생활 속의 상대성 이론

1915년 아인슈타인은 일반 상대성 이론 논문에서 태양 같은 거대 질량의 물체에 의해 휘어진 공간의 기하학을 나타내는 한 쌍의 방정식을 유도했다. 이 방정식들은 질량을 가진 물체에 의해 공간이 어떻게 휘어지는지를 정확히 기술한다.

아인슈타인은 중력이 시간과 공간의 곡률이라는 것을 입증하기 위해 세 가지 현상에 대해 예측했다. 즉 태양 근처에서 빛이 휘어지는 현상과 수성 궤도의 미세한 변화, 그리고 중력장에서 시간이 느려지는 현상이다.

첫 번째 예측은 앞에서 말한 대로 1919년 에딩턴에 의해 입증되었고, 수성에 관한 두 번째의 예측은 이미 반세기 전 르베리에에 의해 입증되어 있었다. 르베리에는 뉴턴 역학을 이용해 계산으로 해왕성을 발견한 사람이기도 하다.

행성 중 태양에 가장 가까운 수성은 태양의 중력을 가장 많이 받으며, 조금 길쭉한 타원 궤도를 돈다. 일반 상대성 이론에 따르면, 수성의 타원 궤도 긴 지름이 1만 년에 약 1도의 차이로 태양 주위를 회전할 것이라고 예측되었다. 이 수치는 아주 작지만, 1859년 르베리에의 관찰로 수성의 근일점 이동이 확인되었다.

상대성이론의 세 번째 예측은 중력장에서 시간이 느리게 간다는 것이다. 중력이 클수록 시간은 더 느리게 간다. 이를 입증하는 방법은 아주 간단하다. 세슘 원자시계를 지구 위의 높은 궤도에 일정 기간 놓아뒀다가 지구로 가져와서 비교해보면 된다. 이것은 실험적으로도 증명되었다. 실제로 무중력 상태에 있는 사람이 빨리 늙는다.

아주 미세한 차이지만 고도가 높은 산악지대에 사는 사람이 바닷가에 사는 사람보다 빨리 늙는다는 얘기다.

시간지연에 대해 가장 극적인 사례를 자연에서 찾아볼 수 있는데, 바로 뮤온 입자의 붕괴가 그것이다.

뮤온 입자는 우주를 구성하는 가장 기본 입자 중의 하나로서, 우주선宇宙線이 수백 내지 수십 킬로미터 상공에서 대기와 충돌하면서 생성되어 지상으로 쏟아져내리게 된다. 수명이 약 2.2마이크로초(1마이크로초는 1백만분의 1초)인 뮤온은 불안정한 입자로, 전자 또는 양전자와 중성미자로 붕괴된다. 따라서 광속에 가까운 속도로 운동하는 뮤온이 살아서 움직이는 거리는 기껏해야 600m 정도라는 계산이 나온다. 그러나 뮤온에게는 놀라운 '반전'이 있다. 바로 속도다.

대기권 상층부에서 발생한 뮤온이 지상에 도달하기 위해서는 최소 200마이크로초의 시간이 걸리기 때문에 이론적으로는 지상에서 뮤온을 발견할 수 없어야 한다. 그러나 이런 예상을 보기 좋게 깨고 지상에 도달하는 뮤온이 쉽게 관측된다. 바로 광속에 가까운 속도로 날아감으로써 발생된 시간지연 현상이다. 말하자면 뮤온 입자는 상대성 이론의 시간지연을 몸소 체험하는 입자라고 할 수 있다.

하지만 뮤온이 제 수명을 100배를 산다는 뜻은 아니다. 뮤온의 입장에서 보면 특수 상대성 이론의 효과에 의해 광속에 가까운 뮤온에게 대기권 상층부와 지표까지의 공간이 줄어든 것이다. 그러나 지상 관측자를 기준으로 보면 광속에 가까운 속도로 날아가는 뮤온의 시간이 느리게 흘러 수명이 늘어난 것으로 관측되는 것이다.

아인슈타인의 상대성 이론은 태양처럼 질량이 매우 큰 물체들로 이루어진 거시 세계, 그리고 빛처럼 빠른 속도로 움직이는 미시세계의 작은 입자들에 적용되는 이론이다. 그래서 우리가 감각적으로는 느낄 수는 없지만, 지구상의 모든 물체들은 비록 미미하나마 상대성 이론의 영향을 받고 있다.

1970년대 말, 일반 상대성 이론이 경험적으로 옳다는 것을 보여주는 관측과 기술체계가 등장했다. 바로 위성항법장치GPS이다. 오늘날 우리는 GPS를 이용해 자동차나 비행기, 배의 행선이나 항로를 정하고 목적지를 찾아간다.

GPS 정보는 지구 주위를 돌고 있는 인공위성들이 알려주는데, 이 위성들은 자체 내에 원자시계를 갖고 있다. 내비게이션으로 어떤 곳의 위치를 알기 위해서는 인공위성의 시계와 지구에 있는 시계가 정확히 일치해야 한다.

1978년 발사되기 시작한 위성항법장치 위성들은 위성궤도에서 고속으로 움직이면서 정밀한 전파신호를 발사한다. 이 위성들은 시속 14,000km 속도로 지구 주위를 움직이기 때문에, 특수 상대성 이론의 효과로 하루에 1백만분의 7초 정도 시간이 느려진다. 한편 위성은 지표면에서 2만km 높은 곳에서 지구 주위를 돌고 있다. 중력이 약한 곳에서는 시간이 빨리 가므로 위성 시계는 지표면보다 하루에 1백만분의 45초 정도 시간이 빨라진다.

따라서 두 상대성 이론의 두 가지 효과를 같이 고려하면, 인공위성 시계는 지표면보다 1백만분의 38초 정도 빨리 가게 된다. GPS 기기는 위치의 허용 오차가 15m 정도인데, 상대론적 효과에 의하면 2분만 지나도 오차가 허용 범위를 넘어선다.

허블 우주망원경이 촬영한 아인슈타인 고리. 고리 모양은 아인슈타인이 예견한 중력렌즈 현상으로,
붉은 은하 뒤의 푸른 은하가 왜곡되어 보이는 것이다.

  따라서 상대성 이론에 따른 두 효과를 모두 합해서 보정해야 GPS
장치가 정확히 위치를 계산할 수 있고, 휴대전화 단말기와 기지국이
시각을 맞춰 전파신호를 헷갈리지 않게 주고받을 수 있다. 이렇듯
우리는 내비게이션을 사용해 길을 찾고 휴대전화로 통화할 때마다
상대성 이론을 활용하고 있는 셈이다.

  아인슈타인의 상대성 이론으로 말미암아 200년간 부동의 진리로
군림해오던 뉴턴 역학은 근사적으로만 진리일 뿐이라는 사실이 드
러났다. 이는 곧 뉴턴의 극복을 의미하는 것이었다. 이런 점이 마음
에 걸렸는지 아인슈타인은 대선배를 향해 이런 헌사를 바쳤다.

  "뉴턴 선생님, 용서하십시오. 당신은 당신의 시대에 가장 높은 사상

과 창의력을 가진 사람에게만 허용되는 유일한 길을 찾으셨습니다."

훗날 아인슈타인은 영국 웨스트민스터 사원에 안장되어 있는 뉴턴의 묘소를 찾아 한동안 조용히 응시한 후 꽃다발을 바쳐 경의를 표했다.

'빛줄기와 함께 달리면 빛은 어떻게 보일까?' 상상하던 15살 정소년이 자연의 신비를 캐기 위해 지치지 않고 달린 끝에 이윽고 빛에 대한 하나의 통찰에 도달했고, 상대성 이론을 만들어 인류의 세계관과 우주관을 크게 바꾸었다. 《타임》은 1999년 밀레니엄을 분석하는 기사에서 20세기 인물로 아인슈타인을 선정했다. 역사상 유일무이한 밀레니엄 과학 천재였다.

쌍둥이 역설

특수 상대성 이론에 따른 시간지연 효과와 관련해 가장 유명한 예시는 쌍둥이 역설이다. 이 역설을 맨 처음 제기한 사람은 프랑스 물리학자 폴 랑주뱅이었다. 쌍둥이 중 동생은 지구에 남고, 형은 광속에 가까운 속도의 우주선을 타고 우주로 떠난다고 가정해보자.

지구에 남은 동생은 우주선에서는 시간이 지구보다 느리게 흐를 테니 나중에 형이 돌아오면 자기가 더 늙어 있을 거라고 생각한다. 반면, 운동은 상대적인 것이므로 쌍둥이 형의 입장에서는 우주선은 정지해 있고 지구가 고속으로 날아가고 있으므로 동생이 훨씬 덜 늙을 거라 생각한다.

그렇다면 형이 지구로 우주선을 가속하여 광속의 80%로 비행한 끝에 10광년 떨어진 슈퍼 지구에 도착한 후에는 곧 방향을 바꾸어 지구를 향해 역시 광속의 80%로 날아간다. 그리고 지구 가까이에 와서는 감속해서 지구에 착륙하여 동생을 만났다고 치자. 그럴 때 두 쌍둥이 중 누가 더 나이를 먹었을까?

지구에 남은 동생의 입장에서 볼 때, 광속 80%로 여행 중인 형의 시간은 느리게 흐르기 때문에 형이 여행을 하고 돌아오면 동생의 나이가 더 많을 것이다. 그러나 운동은 상대적인 것이므로, 우주선을 탄 형의 입장에서 보면 지구가 그만한 속도로 운동하므로 동생의 시간이 느려지는 것으로 보인다. 그러니까 서로 상대가 더 늙었다고 주장하게 된다. 누가 맞는가?

특수 상대성 이론에 따르면 두 사람의 주장은 모두 맞다. 그래서 이것을 쌍둥이의 역설이라고 한다. 그러나 사실 역설이라 할 수 없다. 두 사람의 늙음을 비교하려면 둘 중 하나는 반드시 방향을 바꾸어야 한다. 그러면 필연적으로 감속과 가속이 따르게 되고, 이것은 등속운동에만 적용되는 특수 상대성 이론의 전제를 깨뜨리는 것이 된다. 결국 특수 상대성 이론의 대전제를 위반하지 않는 범위에서 쌍둥이 중 누가 더 젊은가를 비교할 방법은 없다.

일반 상대성 이론에 의하면, 가속되고 있는 계는 중력장 속을 여행하는 것과 같으며, 중력장을 통과하는 동안에는 시간이 천천히 가는 시간지연 효과를 겪게 되므로, 우주선을 타고 갔다가 돌아온 사람이 지구에 있는 사람보다 덜 늙게 된다. 따라서 역설은 성립되지 않는다.

'우주는 유한하나 끝은 없다'

중력장 방정식으로 우주의 구조를 기술했던 아인슈타인이 생각한 우주의 모습은 '유한하고 정적인 우주'였다. 그러나 아인슈타인은 자신의 중력장 방정식을 직접 풀어본 뒤 혼란 속에 빠지고 말았다. 유한한 우주는 팽창하거나 수축할 수 있을 뿐, 결코 안정된 상태를 유지할 수 없는 것으로 드러났다.

오래 고민하던 아인슈타인은 방정식에 '우주상수'라는 군더더기를 하나 덧붙였다. 우주를 짜부러뜨리는 인력에 맞서는 척력이었다.

일반인이 이해하기는 어렵지만, 참고 삼아 소개하자면 아인슈타인의 중력장 방정식은 다음과 같다. 마지막 항이 우주상수다. 우주상수가 0일 때는 이 식이 일반 상대성 이론의 중력장 방정식이 된다.

$$ G_{\mu\nu} = \frac{8mG}{c^4} T_{\mu\nu} - A g_{\mu\nu} $$

($G\mu\nu$은 아인슈타인 곡률 텐서, R은 스칼라 곡률, $g\mu\nu$는 계량 텐서, Λ는 우주상수, G는 뉴턴 중력 상수, c는 진공에서의 빛의 속도, 그리고 $T\mu\nu$는 응력-에너지 텐서)

나중에 우주가 팽창한다는 사실이 명백히 밝혀졌을 때, 그는 우주상수가 '내 생애 최대의 실수'였노라고 고백했다. 그러나 그 우주상수는 오늘날 다시 부활하고 있다. 우주의 가속팽창을 추동하는 '암흑 에너지'가 바로 아인슈타인의 우주상수가 아닐까 하고 많은 우주론자들이 생각하고 있는 터이다. 그래서 어떤 이는 천재의 실수는 범재의 성공보다 가치있다는 자조 섞인 말을 하기도 한다.

아인슈타인이 오랜 모색 끝에 다다른 우주의 구조는 '유한하나 경계가 없는 우주'였다. 그는 무한한 우주가 불가능한 이유로, 중력이 무한대가 되고, 모든 방향에서 쏟아져들어오는 빛의 양도 무한대가 되기 때문이라고 보았다. 그리고 공간의 한 위치에 떠 있는 유한한 우주는 별과 에너지가 우주에서 빠져나가는 것을 막아줄 아무런 것도 없기 때문에 역시 불가능하며, 오로지 유한하면서 경계가 없는 우주만이 가능하다고 생각했다.

우주에 존재하는 질량이 공간을 휘어지게 만들고, 그래서 우주 전체로 볼 때 우주는 그 자체로 완전히 휘어져 들어오는 닫힌 시스템이다. 따라서 유한하지만, 경계나 끝도 없고, 안팎도 따로 없고, 가장자리나 중심도 따로 없는 우주다. 이것이 바로 깊은 사유 끝에 아인슈타인이 도달한 우주의 모습이었다.

독일 물리학자 막스 보른은 "유한하지만 경계가 없는 우주의 개념은 지금까지 생각해왔던 세계의 본질에 대한 가장 위대한 아이디어의 하나"라고 평했다.

이 같은 우주가 아인슈타인에게는 '신'이었다. 아인슈타인은 어떤 종교인이 자신의 신앙 대상에 대해 갖는 경외감보다 더 깊은 경외감을 우주에 대해 갖고 있었다. 아인슈타인은 그 신을 알기 위해 도징에 자신의 평생을 오롯이 바쳤다. 죽기 직전까지 그는 종이 위에서 우주의 본질을 꿰뚫는 대통일장 이론 방정식을 이리저리 매만졌다. 끝내 이루어지지 않은 그의 열망은 다음 말에 그대로 나타나 있다.

"나는 신이 이 세상을 어떻게 창조했는지 알고 싶다. 나의 관심은 이런저런 현상을 규명하는 것이 아니라, 신의 생각을 알아내는 것이다. 그 나머지는 모두 부차적인 문제에 불과하다."

안과 밖이 따로 없는 우주의 구조

유한하나 경계가 없다는 뜻은 우주는 무한하다는 뜻인가? 그렇지는 않다. 현재 관측 가능한 우주의 크기는 약 930억 광년이란 계산서가 나와 있다. 우주의 나이가 138억 년밖에 안되지만, 초기에 빛의 속도보다 빠르게 팽창했기 때문이다. 이를 인플레이션(급팽창)이라 한다. 아인슈타인의 특수 상대성 이론에 따르면 우주에서 빛보다 빠른 것은 없다고 하지만, 우주는 공간 자체가 팽창하는 것이기 때문에 그에 구애받지 않는다.

관측 가능한 우주의 경계를 우주 지평선이라고 한다. 우주 지평선 너머에는 과연 무엇이 있을까? 우주의 등방성과 균일성을 믿고 있는 천문학자들은 그곳의 풍경도 이쪽의 풍경과 별반 다르지 않을 거라고 생각하고 있다. 신은 공평하니까 거기라고 해서 여기와 크게 다르게 무엇을 창조해놓았을 리는 없다고 생각하는 것이다. 하지만 아무도 확신할 수는 없다. 우리는 영원히 그 너머의 풍경을 엿볼 수 없을 것이므로.

이런 사연으로 인해 우주의 끝 문제는 그리 간단하지가 않다. 우주의 구조가 우리가 일상적으로 겪고 보는 것들과는 전혀 다른 형태를 하고 있는 것도 또 한 가지 이유이기도 하다.

유한하지만 경계나 끝이 없다는 것은 곧, 우주는 안과 밖이 따로 없는 구조라는 뜻이다. '그런 게 어디 있어? 안이 있으면 바깥도 있고, 시작이 있으면 끝도 있는 거지.' 사람들은 보통 상식적으로 그렇게들 생각하지만, 그렇지 않은 사물들도 있다.

뫼비우스의 띠만 해도 그렇다. 한 줄의 긴 띠를 한 바퀴 틀어 서로 연결해보라. 그 띠에는 안과 밖이 따로 없다. 국소적으로는 안팎이 있지만, 전체적으로는 서로 연결된 구조다. 만약 개미가 그 띠 위를 계속 기어가면 자연 다른 면으로 이동하게 된다. 2차원 구면을 생각해보면 더 이해하기 쉽다. 지구 표면을 한없이 걸어가도 경계나 끝에 다다를 수 없다. 이러한 현상의 3차원 버전이 바로 우주라는 것이다.

클라인 병은 더 극적인 현상을 보여준다. 1882년 독일 수학자 펠릭스 클라인이 발견한 이 병은 안과 바깥의 구별이 없는 3차원 공간을 가진 구조다. 클라인 병을 따라가다 보면 뒷면으로 갈 수 있다. 그

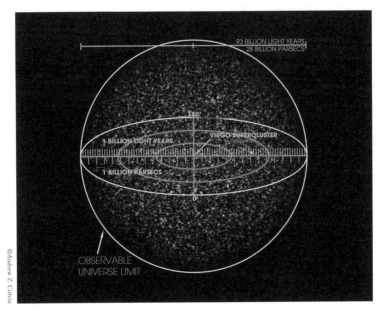

우주의 지평선. 현재 관측 가능한 우주의 크기는 약 930억 광년이란 계산서가 나와 있다.

러니 안과 밖이 반드시 따로 있다는 것은 우리의 고정관념일 뿐이다. 3차원의 우주는 이런 식으로 휘어져 있다는 얘기다.

따라서 우주에는 중심과 가장자리란 게 따로 없다. 내가 있는 이 공간이 우주의 중심이라 해도 틀린 얘기가 아니다. 우주의 모든 지점은 중심이기도 하고 가장자리이기도 하다는 뜻이다.

우주의 종말은…

일반 상대성 이론에 따르면, 큰 중력장에서는 빛도 휜다는 것을 말

띠를 한 바퀴 틀어 서로 연결한 뫼비우스의 띠. 이 띠에는 안과 밖이 따로 없다.

해준다. 만약 어느 곳에 엄청난 질량이 뭉쳐져 있으면 그 주위의 공간은 심하게 왜곡된다. 그러한 왜곡 정도가 극한으로 갈 때는 이윽고 빛도 그 공간에서 빠져나올 수 없게 될 것이다. 빛조차 굽은 공간의 최단 경로를 달리기 때문에 이 공간에서 탈출하는 것은 불가능하다. 이는 곧 일반 상대성 이론이 블랙홀의 존재까지 예견하고 있음을 뜻하는 것이다.

많은 과학자들은 아인슈타인의 일반 상대성 이론을 설명하는 방정식 중 하나인 중력장 방정식을 통해 블랙홀의 존재를 밝혀냈다. 천체의 중력에 의해 더 먼 천체의 빛이 구부러지는 중력렌즈 현상이 실제로 관측되기 시작했다. 중력이 클수록 이 현상은 더욱 크게 나타난다.

1920년대 대부분의 천문학자들은 우주가 정적이면서 균일하다고 믿고 있었다. 이는 뉴턴 이래의 줄기찬 전통이었다. 아인슈타인도 이 정적인 우주를 선호했다. 그런데 실망스럽게도 그의 일반 상대성 이론을 통하여 제시된 중력 방정식은 우주가 팽창하거나 수축해야 한다는 것을 보여주는 것이었다. 그가 자신의 중력 방정식에 우주상 수항을 추가한 것은 정적인 우주를 만들기 위한 것이었다.

결국 우주의 운명은 우주가 얼마나 많은 물질을 품고 있느냐에 달려 있다고 일반 상대성 이론은 말해주지만, 어떤 경우의 수든 우주가 결국엔 종말에 이를 것이란 점에서는 다를 바가 없을 것이다.

일반 상대성 이론이 지배하는 우주는 어떤 우주일까? 이 이론에 따르면, 질량이 공간을 굽힌다고 한다. 우주의 질량밀도가 우주공간의 크기를 결정한다. 만약 우주 전체의 질량이 충분히 크고 우주의 크기가 충분히 크지 않다면, 우주공간 자체가 안으로 짜부라들 수 있다. 그러면 빛은 한없이 직진하는 게 아니라, 결국은 굽은 공간 때문에 휘어서 돌아오게 된다.

반대로, 우주 전체의 질량밀도가 충분히 크지 않다면, 우주의 곡률은 전체 우주를 짜부라뜨릴 정도로는 크지 못할 것이며, 그러한 상황은 경계가 없는 무한 우주를 만들어갈 것이다.

또 다른 가능성으로는, 만약 우주의 물질이 임계밀도($1m^3$당 수소 원자 10개)와 균형을 이룬다면, 우주는 평탄한 상태를 유지하며 영원히 팽창할 것이다.

우리가 살고 있는 우주가 과연 닫혀 있는가, 열려 있는가 하는 것은 아직까지도 확실한 결론이 나지 않은 문제다. 일반 상대성 이론은 우주가 굽어 있다는 것을 분명히 말해주고 있지만, 그것이 열린

©NASA

130억 년 전 우주의 풍경을 담은 '허블 익스트림 딥 필드

우주인지 닫힌 우주인지에 대해서는 분명한 답을 주지는 않는다. 관측 사실로 지금까지 알려진 것은 우주가 놀랍게도 가속 팽창을 하고 있다는 사실이다.

　어쨌거나 영겁의 오랜 시간이 지나면 모든 별들의 땔감은 소진되어 더이상 우주에서 별이 반짝이는 일은 없을 것이다. 우주의 모든 물질들은 결국 블랙홀로 귀의하고, 다시 10^{108}년이 지나 모든 블랙홀들도 결국 빛으로 증발해 사라지고 나면, 종국에는 전 우주가 열사망熱死亡*에 이르게 될 것이라고 과학자들은 예측하고 있다. 그러면 모든 물질의 소동은 사라지고, 시간도 방향성을 잃어 시간 자체가 사라져, 영광과 활동으로 가득 찼던 대우주는 우울하면서도 장엄한 종말을 맞을 것이다.

---

* 엔트로피가 최대가 되어 모든 물질의 온도가 일정하게 된 우주. 이러한 상황에서 어떠한 에너지도 일을 할 수 없고 우주는 정지한다

우주는 팽창하고 있다!

우주는 왜 존재하는가? 인간은 왜 존재하는가?
그 해답을 발견할 수 있다면,
그것은 인간 이성의 궁극적인 승리가 될 것이다.
－ 스티븐 호킹

대논쟁 -'우주는 얼마나 큰가?'

20세기 초의 사람들은 우주를 어떻게 생각했을까?

그 무렵이면 한반도에서는 조선 왕조가 일제의 입안에 반쯤은 들어가 있던 상황이라 한가롭게 우주를 사색할 여유는 그닥 없었을 것 같기도 하다. 하긴 그런 점에선 서양도 뒤지진 않겠다. 1차 세계대전이 눈앞에 닥쳐왔기 때문이다.

세상은 어수선하지만, 그래도 한쪽에선 우주를 사색하고 연구하고 토론하는 사람들이 있었다. 그들을 나무랄 수는 없는 일이다. 우주는 어디서 왔는가? 우리는 왜 여기에 존재하는가? 인간은 우주에서 어떤 존재인가? 이런 원초적 질문들을 늘 되뇌게 되는 게 인간이 니까.

그 시절 사람들이 생각한 우주는 100년 전 은하의 3차원 지도를 만들었던 윌리엄 허셜처럼 밤하늘을 가로지르는 미리내(은하수의 우리말. 용의 고어 미루와 내의 합성어. 한자어로는 용천龍川쯤 되겠다)가 우주의 전부라는 것이었다.

이 뿌연 미리내가 우유를 엎지른 것도 아니요, 강도 아니라는 것은 다 아는 사실이었다. 이미 300년도 더 전에 갈릴레오가 자신이 만든 망원경으로 들여다보고는, 어마어마한 별무리들이 뭉쳐 있는 게 은하수라고 인류에게 고한 바가 있었다.

그로부터 100년 뒤 임마누엘 칸트라는 18세기 독일의 철학자는 태양계 형성과 은하수에 대해 놀라운 추론을 내놓았다. 회전하는 거대한 성운이 수축하면서 원반 모양이 되고, 원반에서 별과 태양계가 탄생했으며, 은하수가 길게 한 줄로 보이는 것은 우리가 원반 위에서 보고 있기 때문이다. 오늘날 들어 보아도 입이 딱 벌어지는 해석 아닌가.

칸트는 여기에 그치지 않았다. 우리은하 바깥으로도 무수한 은하들이 섬처럼 흩어져 있으며, 우리은하는 그 수많은 은하 중의 하나일 뿐이라는 섬우주론을 내놓았던 것이다. 칸트가 성운을 우리은하 바깥에 있는 다른 은하라고 주장한 데는 관측 사실뿐 아니라 자신의 철학, 종교와도 깊은 관계가 있었다. 신은 전지전능하다, 따라서 우주는 영원하고 무한할 수밖에 없다고 그는 생각했던 것이다. 그에게는 무한한 신이 유한한 우주를 창조했을 리 없다고 믿었다. 그래서 허셜처럼 유한 우주론을 믿는 사람은 어리석게 보였다.

"우리는 신의 무한한 창조능력에 다가갈 수 없다. 신이 창조한 공간을 우리은하의 지름으로 나타낼 수 있는 공간으로 한정하는 것은 지름 1인치의 공으로 한정하는 것이나 무엇이 다른가? 유한한 것은 그 무엇이든 무한한 것은 아니다. 그러므로 신의 영역은 무한해야 한다. 영원은 무한한 공간과 결합되지 않는다면 절대자의 속성을 나타내기에 충분치 않다."

말하자면 칸트는 동시대인 허셜처럼 우주가 유한하다고 생각지 않았다. 두 사람은 비록 서로 얼굴을 맞대고 토론하지는 않았지만, 이러한 토론이 100년 뒤에 실제로 공식적으로 벌어지게 되었다.

1차대전의 연기가 채 가시기도 전인 1920년 4월, 우주를 사색하는 일단의 사람들이 한 장소에 모여 역사적인 대논쟁을 벌였다. 장소는 연례회의가 열린 미국 워싱턴의 미국국립과학 아카데미, 주제는 '우주의 크기', 키워드는 '성운'이었다.

과연 우리은하가 온 우주인가, 아니면 우리은하 바깥에 다른 섬우주가 있는가? 우주는 과연 끝이 있는가, 무한한가? 어떤 신문은 기사에서 '우주가 어디선가 끝이 난다고 주장하는 과학자들은 우리에게 그 바깥에 무엇이 있는지 알려줄 의무가 있다'고 쓰기도 했다.

우주의 크기를 결정하는 시금석은 안드로메다 성운*이었는데, 그 성운이 우리은하 안에 있는가, 바깥에 있는가 하는 문제의 핵심이었

---

* 우리은하와 함께 국부 은하군을 이루는 나선은하. 우리은하와 흡사한 점이 많다. 안시등급이 3~5등으로 눈으로 보면 희미하게 보인다. M31, NGC 224라고도 한다. 우리은하에서 가장 가까운 나선은하로, 안드로메다자리 방향으로 약 250만 광년 거리에 있다. 우리은하와 1시간에 50만km씩 가까워지고 있어 약 40억 년 뒤에는 서로 부딪칠 것으로 예상된다.

성운이 우리은하 내 물질이라고
주장한 할로 섀플리

다. 논쟁은 두 논적을 축으로 하여 불꽃을 튀었는데, 하버드 대학의 할로 섀플리와 릭 천문대의 허버 커티스로, 둘 다 우주에 대해서는 내로라하는 일급 천문학자였다.

두 사람의 이력을 잠시 살펴보자. 먼저 섀플리는 1919년 구상성단 속의 세페이드 변광성 관측을 통해, 우리은하는 거대한 구상성단이며, 그 지름이 30만 광년이고, 태양은 그 중심으로부터 4만 5천 광년 떨어진 곳에 있다는 결론을 내렸다. 이는 최초로 우리 은하계의 구조와 크기를 밝히고, 우리 태양계가 은하계 속에서 자리하는 위치를 찾아낸 것으로, 태양계가 은하 중심에 있을 거라는 종전의 생각을 뒤집어놓았다. 그리고 안드로메다 성운은 우리은하 안에 있는 것이 틀림없다고 선언했다.

태양계가 우리은하의 중심에 있지 않다는 섀플리의 우리은하 모형은 학계에 큰 파문을 일으켰고 우주관에 큰 변혁을 가져왔다. 이는 지구 중심설을 몰아낸 코페르니쿠스의 업적에 버금가는 것이라 할 수 있다.

미주리 주 가난한 건초농가 출신인 섀플리는 특이한 내력을 지닌 사람이었는데, 그가 천문학을 공부하게 된 것도 꽤나 터무니없는 이유 때문이었다. 언론학을 전공하려고 대학에 갔는데, 그 학과 개설이 1년 지연되는 바람에 다른 과를 찾기 위해 전공분야 안내 책자를 뒤적였다. 처음에 'archaeology(고고학)'가 나왔지만 읽을 수가 없었다. 책장을 넘기니 'astronomy'가 나왔다. 그건 읽을 수 있었다. "이게 내가 천문학자가 된 이유다." 그는 나중에 천문대장이 되어 관측을 하지 않는 낮에는 천문대 밖에 나와앉아 개미를 관찰하는 일에 열중하여 개미에 관한 논문을 쓰기도 한 괴짜였다.

반대편에 선 커티스는 허셜-캅테인 모형을 받아들여 칸트의 섬우주론을 지지하는 쪽이었다. 허셜-캅테인 모형이란 우리은하 구조를 최초로 연구한 허셜의 이론과 캅테인의 이론에서 나온 우리은하 모형으로, 우리은하의 모양은 타원체이며, 태양은 그 중심에 가까운 곳에 위치한다. 네덜란드의 천문학자 캅테인(1851~1922)은 별들의 분포를 조사해 연구한 결과, 우리은하는 렌즈 형이며, 지름은 4만 광년, 두께 6,500광년, 태양은 중심으로부터 3천 광년 떨어진 곳에 있다고 주장했다.

이 모형을 받아들인 커티스는 안드로메다 성운까지의 거리를 50만 광년이라고 밝혔다. 이것은 안드로메다 성운 안의 신성新星*과 우리은하 안의 신성의 밝기를 비교해 산정한 값이었다. 이는 새플리 모형이 주장하는 우리은하 크기를 훌쩍 넘어서는 거리였다. 즉, 커티스는 안드로메다 성운은 우리은하 안에 있는 성운이 아니라, 밖의 외부 은하임이 틀림없다고 결론 내린 것이다.

대논쟁은 한마디로 우주에서 인류가 차지하고 있는 위치에 관한

---

* 폭발변광성의 하나로 육안이나 망원경으로 잘 보이지 않을 정도로 어둡던 별이 갑자기 밝아져 수일 내에 빛의 밝기가 수천 배에서 수만 배에 이르는 별을 말한다. 은하계 안에서는 매년 수십 개의 신성이 출현하는 것으로 추산되고 있지만 그중 관측되는 것은 몇 개 되지 않는다.

것이었다. 만약 이 문제의 해답을 찾는다면 천문학에서 가장 위대한 업적이 될 것이다. 그러나 많은 사람들은 답을 찾는 것은 불가능할 거라고 생각했다. 이유는 천문학자들의 지식이 한계에 도달했기 때문이라고 보았다. 그러나 당시 학계는 성운이 우리은하의 일부라는 쪽이 다수였다.

논쟁은 열기로 달아올랐다. 청중 속에는 아인슈타인도 끼어 앉아 "최근에 영원에 대해 새로운 이론을 발견했소"라고 옆사람에게 속삭이고 있었다. 결론적으로 대논쟁은 승부가 나지 않았다. 판정을 내려줄 만한 잣대가 없었던 것이다. 해결의 핵심은 별까지의 거리를 결정하는 문제로, 예나 지금이나 천문학에서 가장 골머리를 앓던 난제였다.

그런데 판정은 엉뚱한 곳에서 내려졌다. 3년 뒤, 혜성처럼 나타난 신출내기 천문학자 에드윈 허블에 의해 승패가 가려졌던 것이다. 그의 관측에 의해 안드로메다 성운은 우리은하 밖에 있는 또 다른 은하임이 밝혀졌다. 이로써 칸트의 섬우주론은 150년 만에 다시 화려하게 등장하게 되었다. 논쟁의 진정한 승자는 칸트였던 셈이다.

허블로부터 안드로메다 성운까지의 거리를 결정한 편지를 받았을 때 섀플리는 "이것이 내 우주를 파괴한 편지다"라고 주위 사람들에게 말했다. 그러고는 이렇게 덧붙였다. "나는 판 마넌의 관측 결과를 믿었지… 어쨌든 그는 내 친구니까." 섀플리는 당시 윌슨산 천문대에 있던 동료이자 친구인 판 마넌의 관측값에 근거해 논문을 썼던 것이다.

여담이지만, 섀플리는 학문적으로 반대편에 섰던 허블에게 여러 차례 거친 말로 모욕당한 적이 있었지만 끝까지 허블에게 관대하게 대했다. 뿐만 아니라 "허블은 뛰어난 관측자다. 나보다도 몇 배는 더 훌륭하다"고 상찬했다니, 섀플리는 대인배였던 모양이다.

평생을 은하 연구에 바쳤던 섀플리는 1972년 콜로라도 주의 한 노인 요양원에서 영면했다. 향년 87세. 그는 다음과 같은 명언을 남기기도 했다.

"우리는 뒹구는 돌들의 형제요, 떠도는 구름의 사촌이다."

20세기 천문학의 최고 영웅

지금부터 하려는 이야기는 20세기 천문학의 최고 영웅에 대한 것이다. 그의 이름은 허블 법칙, 허블 상수로 너무나 잘 알려진 에드윈 허블(1889~1953)이다. 그는 여러 가지 면에서 문제적 인물이었다.

1889년 미국 미주리 주의 마시필드에서 태어난 허블은 한마디로 온갖 행운을 타고난 사람이었다. 아버지는 변호사이자 보험 대리인이라 풍족한 어린 시절을 보냈다. 그는 부모로부터 높은 지능과 강건한 체질까지 물려받은데다 미남형이라 매력이 주체하지 못할 정도로 철철 흘렀다. 이는 과장이 아니다. 그를 아도니스(그리스 신화 속의 미소년)라고 부르는 사람도 있었다. 약간 과장해 말한다면, 얼굴은 폴 뉴먼이요, 몸은 무하마드 알리, 머리는 아인슈타인이었다.

허블은 고등학교 시절 육상대표로 7종 경기에서 우승했고, 그 밖에도 여러 대회, 여러 종목에서 메달을 수두룩하게 받았다. 권투 솜씨도 수준급이라 주위에서 헤비급 세계 챔피언 잭 존슨과 한번 붙어

보라고 권하는 사람도 있었다. 공부도 잘했다. 천문학을 하고 싶었지만 아버지의 반대로 포기하고 명문 시카고 대학 법학과에 어렵잖게 진학했다. 말하자면 허블은 '엄친아' 대표선수였다.

대학에서도 발군의 성적을 보인 그는 로즈 장학금을 받고 영국 옥스퍼드 대학으로 유학을 갔다. 이 유학기간 3년이 허블에게 큰 영향을 미친 듯하다. 이때부터 허블은 늘 정장차림에다 파이프를 입에 물고 멋을 부리기 시작했다. 그리고 허풍스러운 영국식 억양을 쓰기 시작했는데, 이 버릇은 평생 바뀌지 않았다. 그는 곧잘 그런 억양으로 결투에서 얻었다는 상처를 자랑하곤 했는데, 소문에 의하면 자해한 것이라고 한다(일설에는 여자 문제로 권총 뽑아들고 결투한 적도 있단다). 그는 상습적인 거짓말쟁이이기도 했다.

그런 버릇이 영국 유학에서 생긴 건지 원래 타고난 건지는 알 수 없는 노릇이지만, 어쨌든 희한한 캐릭터인 것만은 분명하다. 천문학을 연구하는 사람 중에 괴짜가 많긴 하지만, 허블도 그런 면에서는 전혀 꿀리지 않는 등급이었다.

아무튼 그런 허블이 어떻게 20세기 천문학계에서 최고의 영웅으로 등극하는 영예를 거머쥐게 되었을까? 가끔 세상에는 별로 힘들이지 않고도 손대는 일마다 떡 먹듯이 성공하는 그런 부류의 인간들이 있는 법이다. 불공평하게 보이고 배 아픈 노릇이지만, 어쩔 수 없는 일이다. 그것도 우주가 하는 일이니까. 허블이 바로 그런 인간형이었다.

1913년 귀국해서 잠시 변호사 협회에 이름을 걸어놓은 허블은 얼마 후 돌연 하던 일을 접고 시카고 대학 천문학과에 들어갔다. 이에 대해 훗날 허블은 다음과 같이 말했다. "천문학은 성직과도 같다. 소명을 받아야 하기 때문이다. 나는 루이스빌에서 1년 동안 법률업무에 종사한 다음에야 비로소 그 소명을 받았다." 하지만 이 말은 사실이 아니었다. 그는 고등학교 교사와 농구팀 코치로 잠시 일했을 뿐이다.

하지만 이 발언이 허블의 전향을 정확히 표현한 말임에는 틀림없다. 뒤늦게 시작한 천문학이었지만 그는 뛰어난 머리와 약간의 노력으로 밀린 공부를 따라잡아 1917년 천문학 박사학위를 손에 쥐었다.

허블의 어록 중에는 이런 말이 있다. "인간은 오감을 사용해 자기 주변의 우주를 탐험한다. 우리는 이 모험을 과학이라 부른다." 오감 중 천문학자에게 가장 중요한 감각은 시각이며, 따라서 가장 좋은 망원경을 사용하는 사람이 경쟁에서 이길 확률이 가장 높다고 생각한 허블은 당시 최대의 망원경을 가진 윌슨산 천문대를 다음 정복지로 삼았다.

졸업 후 은사인 조지 헤일(1868~1938)의 추천으로 윌슨산 천문대에서 일하려던 허블의 계획은 뜻하지 않은 일로 취소되었다. 미국이 뒤늦게 1차대전에 뛰어들었던 탓이다. 육군 장교로 지원한 허블은 전투에서 오른팔에 부상을 입은 덕으로 소령으로 특진되었다. 그 역시 허블에게는 자랑거리였다. 평생 소령 칭호를 입에 달고 살았다니까.

전선에서 돌아온 허블은 1919년 8월, 30살 때 짐을 꾸려서 로스앤젤레스에서 북동쪽으로 약 50km 떨어진 윌슨산으로 들어갔다. 말 그대로 입산이었다. 해발 1,742m 산꼭대기에 있는 윌슨산 천문대에는 당시 세계 최대인 구경 2.5m 반사망원경이 설치되어 있었다. 그러나 노새가 이끄는 수레를 타고 한나절이나 걸려서야 도착할 수 있는 외진 곳이라, 산중의 생활은 고행이었고, 나날의 일과는 고달팠다. 그럼에도 수십 명의 천문학자들이 연구를 위해 이곳에 둥지를 틀었다.

흔히 천문학자들은 우아하게 사색과 연구를 하는 존재로 알고 있지만, 당시 관측 천문학자인 경우엔 이 말이 전혀 해당되지 않는다. 오히려 3D업종에 가깝다. 그들은 추운 겨울에도 관측대 위에 앉아 밤을 지새운다. 거대한 반사망원경을 조그마한 손잡이를 돌려 조절하며, 렌즈의 십자선을 응시하면서 최장 12시간을 버텨야 한다. 면벽수행이 아니라 면경수행面鏡修行이었다. 간혹 그들의 눈물이 접안렌즈에 얼어붙는 적도 있다. 그러나 따뜻한 커피를 마실 수도, 난방기구를 이용할 수도 없다. 망원경 렌즈에 안 좋은 영향을 끼치기 때문이다. 곰가죽이나 양가죽 코트로 온몸을 감싸는 사람들도 있었다. 이런 고행이 보람이 있는지는 다음 날 유리 사진건판이 현상돼 봐야 알 수 있었다.

천문대에서는 여러 가지 제약도 많았다. 연구원 숙소에 여자가 머무는 것은 금지되어 있었기 때문에 연구원들은 그곳을 수도원이라 불렀다. '수도원 원장' 조지 헤일은 일찍이 천체물리학은 모든 잡념을 버린 '남자'만이 전념할 수 있는 분야라고 설파했다.

안드로메다는 은하인가, 성운인가

윌슨산 천문대에는 섀플리도 근무하고 있었다. 섀플리와 허블은 여러 가지 면에서 대조적인 인간형이었다. 늘 겸손하며 자기과시를 싫어하는 섀플리에 반해 허블은 과시적이고 자기현시욕이 강한 유형이었다. 미국의 참전을 반대했던 섀플리에게 있어 허블이 가장 눈꼴사나운 점은 천문대에서 고집스레 군용 트렌치코트를 펄럭이며 다니는 모습이었다. 우주관도 두 사람은 대척점에 있었다. 섀플리와는 반대로 허블은 성운이 독립적인 은하라는 생각을 가지고 있었다. 다행이 1921년 섀플리가 하버드 천문대장이 되어 윌슨산을 떠나면서 두 사람의 마찰은 끝났다.

다른 분야도 비슷하겠지만, 특히 관측천문학은 열정 없이는 하기 힘든 학문이다. 그런데 열정이라면 허블을 따를 사람이 많지 않았다. 관측 일정이 잡혀 있을 때면 1,742m 고지인 윌슨산의 가파른 길을 바람을 맞으며 걸어올라가 밤새 거대한 후커 망원경과 작업했다.

그는 마치 거대한 배의 함교에 올라선 선장처럼 우렁찬 목소리로 각도와 시간을 지시한다. 뒤이어 육중한 소리와 함께 금속제 커튼 레일이 열리고, 이윽고 세계 최대의 100인치 후커 반사망원경이 거대한 항공모함의 포신처럼 천천히 움직이며 희미하게 빛나는 성운들을 향해 주경을 겨눈다. 허블과 그의 조수는 사진을 찍고 스펙트럼을 찍는 데 온 열정을 쏟아부었다. 그것은 때로는 열흘 밤을 꼬박 지새워야 하는 고된 작업이었다. 정신적으로나 육체적으로 강하게 단련되지 않은 사람이라면 감당해내기 힘들었다. 중요한 촬영 순간 몸을 떨지 않고 장비가 흔들리지 않게 버틸 수 있는 힘이 필수적이었다. 허블의 타고난 체력이 없이는 해내기 어려웠으리라. 게다가 허블은 방광을 오랫동안 억제할 수 있는 능력의 소유자였는데, 이것은 이런 일을 하는 사람에게는 결코 작은 혜택이 아니었다.

또 무엇보다 그의 폭넓은 지성은 관측 사실로부터 무엇을 알아내거나 유추할 수 있을지 끊임없이 주구하고 사색했다. 다른 사람들 눈에는 허블이 보는 것은 곧 개념화 과정과 동일한 것으로 비쳤다. 비록 허블의 잘난체하는 태도에는 못마땅해하는 동료들도 허블의 이런 장점만은 인정하지 않을 수 없었다.

비록 잘난 체는 하지만 허블이 결코 사기꾼은 아니었다. 허블은 소년 시절에 할아버지의 망원경으로 별보기를 좋아했다. 그리고 할아버지가 좋아하던 퍼시벌 로웰*(1855~1916)의 화성 이야기를 들으며 우주를 향한 꿈을 키워왔던 것이다.

허블의 박사 논문 주제는 '희미한 성운'이었다. 주류 천문학자들은 밝은 별과 행성, 혜성에 연구할 주제가 얼마든지 있는데 무엇 하러 그런 희미한 빛뭉치를 연구한다 말인가 하고 의아해했다. 하지만 허블의 깊은 관심은 늘 그 희미한 빛뭉치인 성운에 있었다. 천문대에 들어온 허블은 밤이면 밤마다 성운 산책에 나섰다. 지독한 추위와 고독을 트렌치코트 한 장으로 견뎌내며 머나먼 성운의 모래톱 사이를 오가는 외로운 파수꾼, 그가 바로 에드윈 허블이었다. 천문대를 방문한 은행가의 딸 그레이스 버크는 이런 허블의 모습을 보고 사랑에 빠졌고, 둘은 결혼하게 된다.

---

* 미국의 천문학자. 로웰 천문대를 설립하고 화성 '운하'의 정체 해명에 골몰했다. 1883년 조선을 방문하고 『고요한 아침의 나라 조선(Choson, the Land of the Morning Calm)』이라는 제목의 책을 펴내기도 했다.

성운에 대해 최초로 체계적으로 관심 깊게 접근한 사람은 프랑스의 천문학자 샤를 메시에(1730~1817)였다. 원래 혜성 사냥꾼이었던 그는 혜성을 발견하는 데 방해되는 천체들을 정리할 필요가 있다고 생각해서 성운·성단들을 100개 이상 수집해서 목록으로 펴냈다. 다른 혜성 사냥꾼들에게 도움이 되기 위함

에드윈 허블. 안드로메다 대성운이 외부 은하임을 밝혀내 광막한 대우주의 문을 열었다.

이었다. 〈메시에 목록〉으로 알려진 여기에 수록된 천체들은 지금도 M1, M2 등으로 부른다. 안드로메다 성운은 M31이다.

현재 M110까지 확장된 이 목록의 천체들을 공식적인 메시에 천체라 부르며, 아마추어 천문가들이 천체관측에 애용하고 있다. 우리나라에도 매년 춘분 때쯤 메시에 천체 110개를 하룻밤에 다 관측하는 대회가 열리는데, 이를 일컬어 '메시에 마라톤'이라고 한다.

'저 가스 구름들은 과연 우리은하 안에 있는 것인가, 아니면 은하 바깥을 떠도는 별들의 도시인가?' 하는 의문이 허블의 머리에서 떠나질 않았다. 라틴어로 '안개'를 뜻하는 성운^{nebula}은 20세기 초만 해도 정말 안개 속에 가려진 천체였다. 허블이 윌슨산에 오자마자 대망원경의 주경을 성운 쪽으로 돌린 것은 당연한 노릇이었다.

천문학자가 된 건달 노름꾼

이 대목에서 우리는 또 한 사나이를 떠올리지 않을 수 없다. 허블의 조수였던 그 사내 역시 천문학사에서는 전설이 되어 있는 존재이다.

그는 원래 직업이 노새 몰이꾼이었다. 이름은 밀턴 휴메이슨(1891~1972), 나이는 허블보다 2살 아래였다. 윌슨산 천문대로 장비나 생필품을 운반하는 노새 몰이꾼으로 일했던 휴메이슨은 한마디로 건달이었다. 늘 씹는담배를 질겅거리는 그는 학교를 십대 시절 일찍 감치 때려치우고, 당구와 도박, 여자 꼬시기에 한가락하는 사내로, 좋게 말하면 한량, 대충 말하면 건달이었다.

그런데 휴메이슨은 머리가 영리하고 호기심도 풍부한데다, 도박으로 다져진 눈썰미와 손재주, 머리 회전속도에 힘입어, 천문대의 각종 장비와 기계에 대해 질문하고 익히고 하여 어느덧 엔지니어 비슷한 수준까지 되었다. 더욱이 천문대 소속의 연구원 딸을 꼬셔 사귀고 있었다. 그 박사님 연구원은 노새 몰이꾼 사위 후보에 배알이 뒤틀렸겠지만 어쩌랴, 자고로 남녀상열지사는 아무도 못 말리는 법 아닌가. 이래저래 휴메이슨은 천문대에 말뚝을 박는 형국이 되었다. 천문대 수위가 되어 온갖 허드렛일을 도맡아 하기에 이르렀다.

그러던 어느 날, 야사가 전하는 바에 따르면, 휴메이슨의 놀라운 변신이 전개된다. 야간 관측 보조원이 병결하는 사태가 벌어졌는데, 대타로 투입할 마땅한 사람이 없었다. 그렇다고 귀한 망원경을 놀릴 수도 없는 노릇이라, 천문대에서는 하룻밤 공칠 요량을 하고 휴메이슨에게 대타로 뛰어볼 용의가 없느냐고 제안했다. 그 업무는 거대한 덩치인 망원경을 다룰 뿐만 아니라 천체사진까지 찍어야 하는 일이었다.

그날 밤 휴메이슨은 임시직 관측 보조원이 되어 거대 망원경을 능숙하게 다루는 솜씨를 자랑했다. 그뿐인가, 천문대 연구원들은 휴메이슨이 찍어놓은 은하 스펙트럼들을 보고는 입을 다물지 못했다. 선명한 화질이 일급 전문가의 솜씨였던 것이다. 이 일로 그는 천문대 정식 직원으로 채용되어 허블의 조수가 되었다.

이 중학교 중퇴 건달과 허풍기 있는 천문학 박사는 만나자마자 악동들처럼 서로 죽이 잘 맞았다. 그들은 이후 오래 공동 관측자로서 같이 일했다. 휴메이슨은 일을 시작하자마자 이내 양질의 은하 스펙트럼을 얻는 데 어떤 천문학자보다 뛰어난 역량을 발휘했고, 나중엔 훌륭한 업적을 많이 남겨 완벽한 천문학자로 인정받게 되었다. 건달에서 천문학자로의 놀라운 변신이었다. 그 연구원의 딸이 남자 보는 눈이 있었다고 해야 하나?

'참으로 아름다운 연구입니다'

1923년 10월 어느 날 밤, 마침내 허블은 생애 최고의 사진을 찍었다. 그는 2.5m 후커 반사망원경을 이용해 안드로메다 대성운으로 알려진 M31과 삼각형자리 나선은하 M33의 사진을 찍었다.

며칠 후 안드로메다 성운 사진 건판을 분석하던 허블은 갑자기 "유레카!" 하고 크게 외쳤다. 성운 안에 찍혀 있는 변광성을 발견한 것이다. 흥분한 허블은 건판 가장자리에다 활기찬 필체로 'VAR!'라고 적어넣었다. 'variable star(변광성)'라는 뜻이다. 이것이 성운에서 발견된 첫 번째 세페이드형 변광성이었다.

1912년 헨리에타 리비트가 변광성의 주기와 밝기가 밀접한 관계가 있음을 발견하고 이를 우주를 재는 표준 촛불로 삼아, 그때까지 알려지지 않았던 우주의 잣대를 제공했다는 사실은 앞에서 언급한 바 있다. 리비트의 발견을 잘 알고 있던 허블은 안드로메다 변광성의 주기를 측정해본 결과 31.4일이라는 주기를 알아냈다. 여기에다 리비트의 자를 들이대어 그 별의 절대 밝기를 계산할 수 있었다.

이 세페이드형 변광성의 절대 밝기는 무려 태양의 7천 배나 되었다. 절대 밝기와 겉보기 밝기를 비교하면 성운에서 지구까지의 거리를 계산할 수 있다. 계산서를 뽑아본 결과, 놀랍게도 93만 광년이란 답이 나왔다!

당시 섀플리가 추정한 우리은하의 지름 크기는 30만 광년이었다 (실제로는 10만 광년). 그렇다면 안드로메다 대성운이 우리은하 크기보다 3배나 멀리 떨어져 있다는 계산이 나온다. 이는 명백히 우리은하 바깥에 위치한다는 증거다. 이로써 대논쟁의 승부는 결정되었다. 섀플리의 패배였다.

단순히 나선 모양의 성운으로 알고 있었던 안드로메다 성운은 사실 우리은하를 까마득히 넘어선 우주공간에 있는 독립된 나선은하였다. 칸트의 섬우주론이 200년 만에 완벽히 증명된 셈이었다. 이로써 인류 역사상 가장 먼 거리를 측정했던 허블은 새로운 우주공간의 문을 열어젖혔던 것이다.

허블의 위대한 발견이 알려지자 천문학계는 천문학 역사상 가장 오래 지속되었던 논쟁을 해결한 그의 업적에 일제히 환호와 박수를 보냈다. 헤르츠스프룽-러셀 그림표를 만든 헨리 러셀 프린스턴 천문대 대장은 허블에게 편지를 썼다. "그것은 참으로 아름다운 연구입니다. 당신은 모든 찬사를 받을 자격이 있습니다."

허블의 연구 결과는 1924년 워싱턴에서 열린 미국 과학진흥협회 회의에서 발표되었고, 가장 뛰어난 논문으로 선정되어 1천 달러의 상금을 받았다. 그의 업적이 가지는 의미는 미국천문학회의 한 위원회에서 이렇게 요약했다.

"그것은 전에는 조사할 수 없었던 공간의 깊이를 열었고, 가까운 미래에 더 큰 진전이 있을 거라는 약속을 주었다. 그의 측정은 기왕에 알려진 물질세계의 크기를 100배나 확장시켰고, 성운이 우리은하와 거의 같은 크기의 별들의 집단임을 보여줌으로써 오랫동안 쟁점이 되어온 성운의 성격을 명확히 밝혀냈다."

허블의 놀라운 발견은 인류에게 우주 속에서 우리의 위치를 다시금 생각하도록 만들었다. 우리은하는 유일한 은하도 아니요, 그렇다고 우주의 중심도 아니었다.

밤하늘에서 빛나는 모든 것들이 우리 은하 안에 속해 있다고 믿고 있던 사람들에게 이 발견은 청천벽력과도 같은 것이었다. 갑자기 우리 태양계는 자디잔 티끌 같은 것으로 축소돼버리고, 지구상에 살아 있는 모든 것들에게 빛을 주는 태양은 우주라는 드넓은 바닷가의 한 알갱이 모래에 지나지 않은 것이 되었다.

오랜 세월 동안 맨눈으로 볼 수 있는 범위의 크기로 생각해왔던 우주가 허블의 발견 이후, 은하들 뒤에 다시 무수한 은하들이 늘어서 있는 무한에 가까운 우주임이 드러났다. 이것은 인류에게 하나의 근본적인 계시였다.

　이 발견 하나로 허블은 일약 천문학계의 영웅으로 떠올랐다. 늦깎이 후발주자의 눈부신 추월이었다. 나중에 알려진 사실이지만, 허블의 계산은 참값과 큰 차이가 나는 것이었다. 현재 알려진 안드로메다 은하까지의 거리는 그 두 배가 넘는 250만 광년이다.

　우리은하가 우주의 전부라고 믿었던 섀플리는 우주의 물질이 모두 우리은하 속에 포함되어 있다고 주장했다. 그러나 허블은 우리은하 바깥으로 수백만 광년 거리에 존재하는 은하를 보여주었다. 은하 사이의 막대한 공간이 인류에게 비로소 모습을 드러내게 된 것이다.

　허블은 자신의 관측을 이용해 우주에 퍼져 있는 물질의 밀도를 계산해보았다. 그러자 지구 크기의 1천 배 되는 공간 속에 1그램의 물질이 들어 있는 꼴이었다. 우주는 텅 비어 있었다. 거의 태허太虛였다. 『코스모스』의 저자 칼 세이건은 우주의 태허에 대해 이렇게 말했다.

　"넓고 추운 진공이 우주의 전형적인 장소다. 영원히 밤만 계속되는 은하 사이의 공간은 아주 이상하고 황폐한 공간이므로 이와 비교하면 행성이나 별, 은하는 매우 드물고 사랑스러운 곳이다."

은하들이 달아나고 있다!

은하를 추적하는 허블의 망원경은 여기서 멈추지 않았다. 그 후 6년 동안 허블과 그의 조수 휴메이슨은 은하들의 거리에 관한 데이터들을 모으느라 춥고 긴 밤을 지새우기 일쑤였다(체력에서 이들 콤비를 대적할 자가 없었을 것이다).

과학자들은 은하들이 제자리에 고정되어 있지 않다는 사실을 알고 있었다. 1912년, 로웰 천문대의 베스토 슬라이퍼는 은하 스펙트럼에서 적색이동*을 발견하고, 은하들이 엄청난 속도로 지구로부터 멀어지고 있다는 사실을 처음으로 알아냈다. 우주는 뉴턴이나 아인슈타인이 생각했던 것처럼 정적이지 않다는 사실을 처음 발견한 것이다.

허블은 슬라이퍼의 연구를 기초로 삼고, 그동안 24개의 은하를 집요하게 추적해서 얻은 자신의 관측자료를 정리하여 거리와 속도를 반비례시킨 표에다가 은하들을 집어넣었다. 그 결과 놀라운 사실이 하나 드러났다. 멀리 있는 은하일수록 더 빠른 속도로 멀어져가고 있는 것이다!

이게 무슨 일인가? 사방의 은하들이 우리로부터 도망가고 있었다. 우리가 무슨 몹쓸 돌림병에 걸렸거나 큰 잘못이라도 저질렀다는 건가? 그래서 우리와는 다시는 상종하지 않으려고 저렇게 허급지급 달아나는 건가? 훗날 어떤 천문학자는 우리은하가 인간이라는 물질로 오염되어서 다른 은하들이 도망가는 거라는 우스갯소리도 했다.

---

* 관측대상이 멀어질 때 거기서 나오는 빛의 파장이 길어지는 도플러 효과에 의해 파장에서 빛의 중심이 긴 쪽(적색)으로 약간 이동하는 효과이다. 실제로 음향학의 도플러 효과에서 유추된 것이다. 적색편이 라고도 한다.

은하는 후퇴하고 있다. 먼 은하일수록 후퇴속도는 더 빠르다. 그리고 은하의 이동속도를 거리로 나눈 값은 항상 일정하다. 이것이 허블 법칙이다(허블-휴메이슨 법칙으로 불러야 공정하다고 주장하는 학자들도 다수 있다. 그러나 공동 연구자인 휴메이슨은 한번도 자기 몫을 주장한 적이 없다고 한다).

훗날 이 상수는 허블 상수로 불리며, H로 표시된다. 허블 상수는 우주의 팽창속도를 알려주는 지표로서, 이것만 정확히 알아낸다면 우주의 크기와 나이를 구할 수 있다. 그래서 허블 상수는 우주의 로제타석에 비유되기도 한다. 허블은 그 값을 550km/s/Mpc(100만pc만큼 떨어진 천체는 1초에 550km의 속도로 멀어진다는 뜻)이라고 구했다. 그것을 적용하면 우주의 나이가 20억 년밖에 안 되는 것으로 나온다.

지난 70년 동안 과학자들은 허블 상수의 정확한 값을 놓고 열띤 논쟁을 벌였다. 이를 두고 '허블 전쟁'이라고까지 했다. 최근 플랑크 우주망원경의 2013년 관측을 기반으로 허블 상수가 67.8(km/s/Mpc) 근처라는 것이 확인되었다.

여기서 Mpc는 약 325만 9000광년이고, 이만 한 거리가 늘어날 때마다 지구에서 본 후퇴속도가 초속 67.8km씩 늘어난다는 뜻이다. 이 허블 상수의 역수는 약 140억 년으로, 이것이 우주의 나이가 된다. 그러나 이러한 우주시간 척도는 우주의 나이에 대한 대략적인 측정치일 뿐이다. 태양계 나이가 약 46억 년이니까, 우주 나이의 3분의 1 정도 되는 셈이다. 지금도 허블 상수는 천문학에서 가장 중요한 상수로 다뤄지고 있다. 허블의 법칙을 식으로 나타내면 다음과 같다.

$$Vr = H \times r$$

(Vr : 은하 후퇴속도 $[km/s]$, r : 은하까지의 거리 $[Mpc]$, H : 허블 상수 $[km/s/Mpc]$)

허블과 휴메이슨의 발견은 우주가 팽창하고 있음을 명백히 보여주는 것이었다. 또한 여러 세기 동안 과학자들을 괴롭혀왔던 벤틀리의 역설과 올베르스의 역설도 이로써 우주 팽창이라는 정답을 얻은 셈이었다.

그러나 당시에는 이것이 우주의 기원과 연관되어 있으며, 모든 것의 근본을 건드리는 심오한 문제라고 확신하는 사람은 허블을 포함해서 아무도 없었다. 이상하게도 죽이 잘 맞았던 이 콤비가 인류를 우주 기원의 순간으로 데려갈 이론적 토대를 닦았던 것이다. 팽창 우주는 20세기 천문학사에서 가장 중요한 발견이자, 위대한 지식 혁명의 하나로 받아들여졌다. 허블의 제자인 앨런 샌디지는 우주의 팽창을 역사상 가장 놀라운 과학적 발견이라 불렀다. 이처럼 유명한 허블의 법칙이 90년 만에 새옷을 갈아입게 되었다. 2018년 8월 국제천문연맹IAU은 오스트리아 빈에서 열린 연례회의에서 허블의 법칙을 개명하는 찬반투표를 진행한 결과 78%가 찬성해 '허블의 법칙'을 '허블-르메트르의 법칙'으로 바꾸기로 했다. 허블이 법칙을 발표하기 2년 전인 1927년, 매우 높은 에너지를 가진 작은 '원시 원자'가 거대한 폭발을 일으켜 팽창 우주가 시작되었다는 대폭발 이론을 최초로 내놓았던 벨기에의 천문학자 조르주 르메트르의 업적을 기리기 위한 것이었다.

우리는 중심도, 심지어 가장자리도 아니다

허블의 발견에 따르면, 우주 팽창은 나를 중심으로 진행되고 있다고도 볼 수 있다. 내가 만약 이웃 안드로메다 은하로 가더라도 마찬가지다. 그곳을 중심으로 모든 은하들은 나로부터 멀어져가고 있을 것이다. 우주의 모든 은하들은 이처럼 서로 후퇴하고 있는 것이다.

이 경우 은하들이 스스로 이동하는 것은 아니다. 우주 팽창은 공간 자체가 팽창하는 것이기 때문에 은하 간 공간이 늘어나고 있는 것이다. 따라서 은하들은 늘어나는 우주의 카펫을 타고 서로 멀어져가고 있는 셈이다. 풍선을 생각해보면 이해하기가 한결 쉽다. 풍선 위에 무수한 점들을 찍어놓고 풍선에 바람을 불어넣는다고 치자. 풍선이 무한대로 부풀어간다면 그 표면에 찍힌 점들도 무한히 멀어져갈 것이다. 우주의 팽창이 3차원적으로 이와 같다는 말이다.

1929년, 이 사실이 발표되었을 때 엄청난 충격을 사람들에게 던져주었다. 그것은 상식 파괴였다. 이 우주가 지금 이 순간에도 무서운 속도로 팽창하고 있으며, 우리가 발붙이고 사는 이 세상에 고정되어 있는 거라곤 하나도 없다는 이 현기증 나는 사실에 사람들은 황망해했다. 최초로 인류가 지구상을 걸어다닌 이래 우리 인간사가 불안정하다는 것은 알고 있었지만, 우리가 딛고 사는 이 땅덩이가 허공을 날아다닌다는 사실까지 받아들였지만, 20세기에 들어서는 하늘조차도 불안정하다는 사실을 깨닫게 되었던 것이다. 그것은 그야말로 일체무상一切無常의 대우주였다.

허블의 일은 일단 여기에서 끝났다. 사상가이기보다 관측가였던 그는 자신의 발견이 지닌 의미를 완전히 이해하지는 못했다. 그의

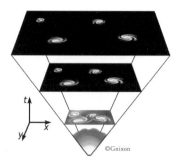

팽창하는 우주. 원시의 알이 대폭발을 일으켜 탄생한 우주를 현재까지 이른 과정을 단순화한 그림.
허블의 법칙으로 인해 팽창우주가 확인되었다.

발견은 우주의 근원을 건드리는 것으로 우주 팽창설의 기초가 되었
지만, 대폭발(빅뱅)로 이어지는 큰 이야기에는 참여하지 못했다. 그
것은 또 다른 천재들을 기다려야 했다.

불과 100년 전만 해도 천문학자들은 항성목록을 만들고, 태양계
에 대해 연구했지만, 그들의 생각은 대체로 우리은하를 넘어서지 못
했다. 그러던 중 허블이 나타나 손바닥만 하던 인류의 우주를 무한
공간으로 확대시켜놓은 것이다. 허블은 다른 은하들의 존재를 밝히
고 은하들을 형태에 따라 분류했으며, 정밀한 관측자료를 바탕으로
팽창우주의 개념을 자리잡게 했다. 허블의 법칙은 은하의 기원과 진
화에 관한 이론의 중요한 길잡이가 된 것이다.

허블은 자신의 연구 결과를 정리해서 1934년에 『성운 스펙트럼의
적색이동』을 출간했으며, 천문학에 대한 업적으로 많은 영예와 상을
받았다. 그가 죽은 후 1961년에 앨런 샌디지가 편집하고 출판한 『허
블 은하도감』이 나왔다.

팽창 우주의 발견으로 엄청난 명예를 얻은 허블은 《타임》의 표지 모델이 된 최초의 천문학자였다. 1937년에 허블은 아카데미 영화상 시상식에 주빈으로 참석하기도 하는 등 큰 인기를 누렸다. 그러나 그는 망원경 앞을 떠나지 않고 죽을 때까지 열성적으로 은하를 관측했다. 1953년 허블은 팔로마 산 천문대의 지름 5m의 거대망원경 앞에서 며칠 밤을 새워 관측할 준비를 하던 중 심장마비로 숨졌다. 대천문학자다운 열반이었다. 향년 64세.

코페르니쿠스 이후 천문학 발전에 최대의 공헌을 한 허블의 업적은 노벨상을 뛰어넘는 것이지만, 허블은 상을 받지 못했다. 노벨 물

©STS-82 Crew/STScI/NASA

허블 우주망원경. 허블의 업적을 기리기 위해 1990년 우주공간으로 쏘아올려진 우주망원경에 붙여진 이름. 허블이 어디 묻혔는지 알 수 없는 지금 허블을 추억하려면 하늘의 저 망원경을 우러러볼 수밖에 없다.

리학상이 천문학을 배제했기 때문이다. 그러나 뒤늦게 규정이 바뀌어 허블에게도 상을 주기로 했지만, 이번엔 상 받을 사람이 없었다. 허블이 죽은 지 3개월 뒤였던 것이다. 노벨상은 고인이 된 사람에게는 주지 않는 것이기 때문에, 상을 받으려면 업적 못지않게 긴 수명도 필수적인 상수라는 것을 새삼 일깨워주었다.

허블에게 노벨 물리학상을 수여하기 한 노벨상 위원회의 결정이 알려지게 된 것은 순전히 엔리코 페르미와 찬드라세카르 덕분이었다. 위원직을 맡았던 두 사람은 비밀에 부쳐진 노벨 위원회의 결정을 허블 사후 부인인 그레이스에게 알려주었던 것이다. 인류에게 우주의 진면목을 보여준 허블의 공적이 결코 경시돼서는 안된다는 것이 그들의 신념이었다.

죽은 뒤에도 허블은 세간의 관심을 모았다. 허블의 유언에 따른 거라는 설도 있지만, 그의 부인 그레이스는 장례식과 추도회를 모두 거부했다. 그리고 남편의 유해를 어떻게 처리했는지에 대해서도 끝내 입을 열지 않았다. 그래서 20세기의 가장 위대한 천문학자였던 허블의 마지막 행로는 반세기가 지난 지금까지도 풀리지 않은 미스터리로 남아 있다. 허블에게 '성운 항해자'라는 별명을 붙여준 그의 부인 그레이스는 유려한 문장의 소유자이기도 해서 남편을 추억하며 쓴 회고록을 남겼다.

1990년 우주공간으로 쏘아올려진 우주망원경에 허블의 업적을 기리는 뜻에서 그의 이름이 붙여졌다. 지금도 지구 중심 궤도를 95분마다 한 바퀴씩 돌며 먼 우주를 담아보내고 있으며 2021년 제임스 웹 우주망원경이 발사될 때까지운용되다가 퇴역할 거라 한다.

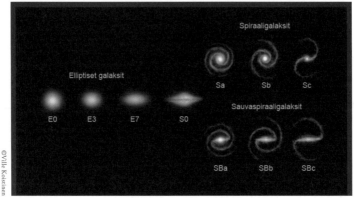

허블 순차에 따른 은하 분류. E는 타원은하,
S는 나선은하, SB는 막대나선 은하를 가리킨다.

각기 다른 은하들의 종류

은하를 형태에 따라 최초로 분류한 사람은 에드윈 허블이다. 타원은하(E),

나선은하(S), 막대나선은하(SB) 및 불규칙은하(Ir)로 크게 4가지로 분류했

다. 하늘에서 밝은 은하 중 약 70%는 나선은하이다.

타원은하 • 전체 모습이 타원체 꼴이며, 중심에서 주변으로 가며 서서히 어

두워진다. 일반적으로 밝기의 차이나 흡수물질에 의한 내부구조가 결여되

어 다양하지 못하다.

나선은하 • 일반적으로 중심부의 둥근 꼴의 팽대부와 그것을 에워싼 평평

한 원반부로 이루어지고, 나선구조는 팽대부의 가장자리에서 시작하여 주

변을 크게 감싸면서 원반부의 가장자리에서 사라진다.

막대나선은하 • 팽대부에서 대칭으로 막대구조가 뻗어 있고, 그 끝에서 나선팔이 시작된다. 막대구조에 따라 뚜렷한 암흑성운의 띠가 보이는 수가 많다. 우리은하가 막대나선은하에 속한다.

불규칙은하 • 모양에 규칙성이 없는 형태의 은하다. 형태는 회전축 대칭을 나타내지 않고 나선상 구조도 결여되어 있다. 보통 이웃 은하들의 중력 때문에 모양이 교란된 것이다. 그 대표적인 은하로 대소 마젤란은하 등이 있다.

2013년 NASA는 그동안 허블 우주망원경이 촬영한 1,670개의 은하를 크기와 형태에 따라 분류했다. 그 결과, 110억 년 전의 은하들은 현재의 은하보다 크기는 작았으나, 타원은하와 나선은하가 모두 존재했다는 사실이 밝혀졌다. 이는 적어도 110억 년 전부터 기본적인 은하형태의 패턴은 변하지 않았음을 말해준다. 은하의 진화는 아직까지 풀어야 할 많은 수수께끼를 가지고 있는 것이다.

암흑물질을 잡은 남자

우리는 얼마나
괴짜 같은 우주에 살고 있는가. 우이!
— 로버트 크럼의 만화 주인공

천문학계의 막말꾼

허블이 발견한 팽창우주가 모든 사람들의 지지를 얻어낸 것은 아니
었다. 우주는 영원하고 변함이 없다는 정상 우주론이 여전히 주류를
이루고 있었다. 하지만 그들은 허블의 관측이 명백히 밝혀낸 은하들
의 적색이동을 나름대로 설명해야 할 필요성을 느꼈다. 곧, 우주의
팽창이 과거 우주의 탄생이 있었다는 것을 의미하지는 않는다는 이
론을 개발해야만 했다.

빅뱅 이론의 반대자들이 개발한 이론은 동적 상대론이란 이름표
를 붙인 것으로, 은하가 거리에 비례하는 속도로 후퇴하는 것은 원

시원자의 폭발 때문이 아니라, 임의의 방향으로 자유스럽게 움직이는 사물의 자연스러운 현상이라고 주장했다. 그리고 멀리 있는 은하는 빠른 속도 때문에 멀리 있는 것이므로 그 역시 당연한 노릇이라는 것이다. 이 같은 주장은 은하 자체가 고유한 속도로 운동한다는 전제를 한 것으로 많은 논리적 모순을 갖고 있다.

빅뱅 우주론은 은하 간 공간 자체가 팽창하고 있다고 보고 있다. 예컨대, 풍선 거죽에 매직펜으로 많은 점들을 찍어놓은 다음 바람을 불어넣으면 풍선 표면이 부풀면서 점들이 서로 멀어져간다. 이것이 바로 빅뱅 우주론에서 말하는 공간 팽창인 것이다. 그리고 팽창을 거슬러 올라가면 한 점에 수렴하는데, 그것이 바로 원시원자이다.

또 다른 빅뱅 모델의 반대 이론은 '피곤한 빛 이론'이라 불리는 것으로, 스위스 출신의 칼텍 교수 프리츠 츠비키(1898~1974)가 내놓은 것이었다. 그는 허블의 자료를 검토한 끝에 은하가 실제로 움직이고 있다는 것을 미심쩍게 생각했다. 그렇다면 적색이동은 무엇인가? 그것을 츠비키는 '빛이 피곤해진 것'이라고 해석했다. 별에서 나오는 것은 무엇이든 시간이 지남에 따라 에너지를 잃는다는 생각에서 은하에서 출발한 빛도 은하의 중력에 에너지를 빼앗기는데, 빛의 속도는 일정하므로 대신 파장이 늘어나 적색이동을 보인다는 이론이다.

중력이 빛에 영향을 주어 약간의 적색이동을 일으키기는 하지만, 그 정도는 미미하여 허블의 데이터에는 크게 미치지 못하는 수준이다. 이 점에 대해 츠비키는 또 허블의 데이터가 과장되었거나 조작되었을 거라는 악평을 내놓았다. 하긴 그는 천문학계에서 둘째 가라면 서러워할 막말꾼이기는 했다. 그에게 막말을 듣지 않은 동료가 없을 정도였다. 전자의 무게를 재어 노벨상을 받은 밀리컨의 초청으로 칼텍과 윌슨산 천문대를 방문했음에도 그는 밀리컨에 대해 평생한번도 훌륭한 아이디어를 낸 적이 없다고 악평하고, 주변 동료들에게는 '원형 도둑놈'이라고 막말을 퍼부었다. 자기 아이디어를 훔쳐갔다는 것이다. 여기서 '원형'이란 '구'는 완전대칭이므로 어느 각도에서 봐도 좀도둑이라는 의미다.

츠비키의 이런 독불장군식 처세는 많은 동료들을 떠나게 했지만, 초신성과 중성자별에 관한 연구로 탁월한 업적을 남기기도 했다. 그는 발터 바데와 함께 '초신성supernova'이라는 용어를 처음으로 만들었고, "초신성은 정상적인 별에서 죽은 별의 최종단계인 중성자별로의 전이를 의미한다"며 중성자별의 존재를 예견하기도 했다. 그로부터 30년 후인 1967년 영국 전파 천문학자 앤터니 휴이시의 조수 조슬린 벨이 빠르게 회전하는 중성자별을 발견했다.

우주 최대의 미스터리 발견

괴팍한 성격으로 많은 일화와 함께 큰 업적을 남긴 츠비키이지만, 그의 결정적인 업적은 최초로 암흑물질을 감지했다는 것이다.

1933년, 윌슨산 천문대의 츠비키는 머리털자리 은하단에 있는 은하들의 움직임을 관측하던 중 놀라운 사실 하나를 잡아냈다. 은하들의 운동속도가 뉴턴의 중력법칙을 비웃듯이 엄청난 속도로 움직이고 있었다. 머리털 은하단 질량이 가진 자체 중력만으로는 도저히 붙들어둘 수 없는 은하의 속도였다. 뉴턴의 중력방정식에 대입하면

저 은하들은 즉시로 바깥으로 튕겨져나가고 은하단은 해체되어야 한다는 계산이 나왔다.

온 우주를 관통하는 뉴턴의 중력법칙이 저 머리털 은하단에서만 불통된다고는 도저히 생각할 수 없었으므로 우리 눈에 보이지 않는 그 무엇이 은하단을 움켜잡고 있다고 볼 수밖에 없었다. 분명 암흑물질이 있어! 계산서를 뽑아보니 머리털 은하단이 현상태를 유지하려면 은하단 질량보다 무려 7배나 많은 질량이 있어야 한다는 걸로 나왔다.

여기서 츠비키는 이렇게 결론낼 수밖에 없었다. "우주에는 정체불명의 암흑물질이 대부분을 차지하고 있다!"

참으로 파격적이고 황당한 주장이었다. 츠비키의 주장은 16세기 코페르니쿠스의 지동설보다 더한 냉대를 받았다. 아무도 그의 주장에 귀기울여주지 않았다. 그리하여 그의 암흑물질은 암흑 속으로 묻혀졌고, 세상 사람들의 뇌리에서 사라졌다.

그렇다면 80년이 지난 지금의 상황은 어떠한가? 국면은 대역전되었다. 현재 암흑물질의 존재를 부정하는 과학자는 거의 없다. 여기에는 미국의 여성 천문학자 베라 루빈(1928~2016)이 등장한다. 그녀는 1962년 은하 회전에 관한 연구에서 은하의 회전곡선이 케플러의 법칙을 따르지 않는다는 사실을 발견하고 암흑물질 이론의 바탕을 구축했다. 그녀가 계산해낸 암흑물질의 비중은 은하 질량의 6배였다.

그러나 루빈의 논문도 학계의 관심을 끌지 못했다. 이번에는 성性이 문제였다. 성차별은 천문학 동네의 뿌리 깊은 관습법이었다. 그러나 루빈의 경우는 츠비키와는 달리 때늦었지만 보상을 받았다.

1994년, 암흑물질 연구 업적으로 미국 천문학회가 주는 최고상인 헨리 노리스 러셀상을 받았다. 그녀가 수상식장에서 〈은하수를 여행하는 히치하이커를 위한 안내서〉의 주제가를 부르자 참석자들도 다같이 합창했다고 한다.

대체 암흑물질은 무엇으로 구성된 존재인가? 중력하고만 작용할 뿐, 전기적으로는 중성이며 빛과 전혀 상호작용을 하지 않는 암흑물질의 정체를 파헤치기 위해 물리학자들은 지금도 악전고투를 거듭하고 있다. 이 전투에서 승리하는 사람에게는 당연히 노벨상이 기다리고 있을 것이다.

그런데 어려운 패가 하나 더 늘었다. 암흑 에너지란 존재도 모습을 드러냈던 것이다. 이 에너지는 우주공간 자체가 가진 것으로 알려져 있다. 따라서 우주가 팽창하면 그에 비례해 암흑 에너지도 늘어난다. 현재 우주를 가속팽창시키고 있는 유력한 용의자로 바로 이 암흑 에너지가 지목되고 있다.

암흑물질을 보여주는 중력렌즈

최근 자료에 따르면, 암흑물질은 우주의 총 에너지의 대략 22%를 차지하며, 암흑 에너지가 74%, 나머지 4%는 성간 가스가 3.6%를 차지하고, 우리가 눈으로 보는 가시적인 우주는 0.4%에 지나지 않은 것으로 밝혀졌다. 우리는 이 0.4%의 가시 물질 위에 까치발을 하고서서 우주를 바라보는 형국인 셈이다. 어느 천문학자의 말처럼 우리는 우리가 상상하는 이상으로 기괴한 우주에서 살고 있는 것이다.

아직 발견되지 않은 입자일 것으로 추정되고 있는 암흑물질은 우주의 미래를 결정지을 요인으로 등장하고 있다. 우리가 빛으로 관찰할 수 있는 일반 물질의 양으로는 현재 팽창하고 있는 우주를 멈출만한 충분한 중력이 없는 만큼 암흑물질이 적거나 없다면 팽창은 영원히 계속될 것이다. 반대로 암흑물질이 충분히 있다면 우주는 팽창을 멈추는 시점에서 수축하여 최후에 대붕괴로 끝나게 될 것이다. 실제로는 우주의 팽창이나 수축 여부는 암흑물질과는 다른 암흑 에너지에 의해 결정될 것이라는 것이 일반적인 관측이다.

암흑물질의 존재를 보여주는 또 다른 증거는 중력렌즈로 확인할 수 있다. 중력렌즈 효과로 인해 퀘이사와 같은 매우 먼 광원에서 온 빛이 은하단 따위를 거치면서 그 중력장에 의해 굴절되어 지구에서 관측된다. 이에 따라, 은하단의 상이 은하단에 포함된 질량에 비례하여 왜곡되게 된다. 이를 통해 유추한 은하단의 질량은 직접적으로 관측되는 질량보다 더 크므로, 은하단에 포함된 암흑물질의 존재를

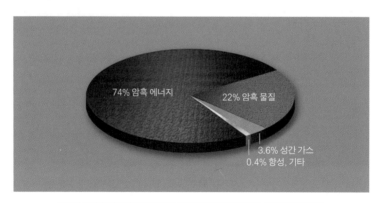

우주의 구성 물질들의 비율 그래프. 회색의 22%를 차지하는 부분이 암흑물질.

알 수 있다. 이 중력렌즈 효과를 이용해 우주의 암흑물질 분포지도
가 만들어지고 있다.

우주의 최대 미스터리이자 천문학의 최대 화두인 암흑물질과 암
흑 에너지에 대해 그 존재 자체에 회의를 표하는 과학자들도 아직
없진 않다. 우리가 혹 숭력의 성질을 완전히 파악하지 못한 나머지
그런 상정을 하게 된 것은 아닐까 하는 회의이다. 암흑물질 22%, 암

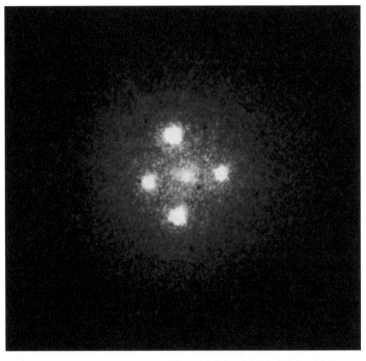

아인슈타인 십자가(Einstein Cross)는 페가수스자리에 있는 퀘이사다. 이 천체는 실제로는
80억 광년 떨어진 퀘이사 하나와 4억 광년 떨어진 은하 하나로 이루어져 있다. 퀘이사는 은하 뒤에
놓여 있으며, 은하의 중력렌즈 효과로 4개로 보여 십자가처럼 보인다.

흑 에너지 74%, 일반 물질 4%의 우주를 설명하기 위해 '암흑' 속을 헤매고 있는 과학자들은 1800년 전 프톨레마이오스가 천동설을 구축하기 위해 무리하게 주전원들을 끼워맞추었던 것과 같은 노력을 하고 있는지도 모른다고 그들은 생각한다. 아직 판정은 내려지지 않았다.

태초와 종말에 관한 이야기

나는 사라진다,
저 광활한 우주 속으로
— 박정만의 〈종시終詩〉 전문

우주론이란 무엇인가?

20세기에 들어 격돌한 빅뱅 이론과 정상상태 우주론을 자세히 살펴보기 전에 우주론에 대해 잠시 정리해보기로 하자. 우주론이란 한마디로 말하면, 우주의 모습과 그 탄생 그리고 종말에 대한 이야기다. 우주는 무엇으로부터 어떻게, 왜 생겨났는가? 우주의 종말은 올 것인가? 유사 이래부터 이어져왔던 이 유서 깊은 질문보다 더 사람의 마음을 사로잡는 심오한 물음은 없을 것이다. 이 물음은 곧 모든 것의 근원을 건드리는 존재론이자 인간인 '나'의 정체성에 관련된 것이며, 영겁의 시간과 무한의 공간에 대한 이야기이기 때문이다.

우리가 우주론에 깊은 관심을 기울이는 이유는 무엇일까? 그것은 장구한 시간의 흐름과 광대한 공간 속에서 '나'란 존재는 한낱 티끌에 불과하다는 사실을 아는 것, 이 분명한 진실을 깊이 깨닫고 분별력을 얻기 위해 내 주위를 싸고 있는 사물에 대한 견해, 곧 자신의 우주관을 완성시켜 나가야 하기 때문이다.

이 우주론의 역사는 인류 생존의 역사만큼이나 오랜 것이다. 약 20만 년 전(지구 역사 46억 년 중 0.005%), 현생인류가 처음 지구상에 모습을 드러낸 이래, 그들 중 사색적인 인간이 틀림없이 있었을 것이다. 그가 어두운 동굴 안에 앉아 밤하늘의 별과 달 들의 운행을 지켜보면서 우주와 그 탄생에 관해 깊이 생각했을 것임을 상상하기란 그리 어려운 일이 아니다. 세계 곳곳에서 전해내려오는 각 민족의 천지창조 신화가 그러한 상상을 뒷받침해준다. 우주론의 역사는 그런 고대인들의 우주관에서 출발했다고 볼 수 있다.

하지만 오랜 우주론의 역사를 자세히 다루는 것은 이 글의 목적이 아니므로 간략하게 짚어보자. 우주론은 하늘을 둥근 지붕처럼 생각한 고대인들의 지구 중심 우주에서 코페르니쿠스의 태양중심 우주로, 뉴턴의 중심이 없는 무한 우주로, 칸트의 섬우주로, 허블의 팽창 우주로 나아가는 경로를 밟아왔다. 앞에서 잠시 말했듯이, 20세기에 들어 우주론은 두 가지 이론으로 확연히 나뉘어져 대립하기에 이르렀는데, 바로 태초나 종말이 없이 영원히 존재한다는 정상 우주론, 그리고 탄생 이후부터 팽창 일로를 걷고 있다는 대폭발 우주론이 그것들이다.

사실, 정상 우주론이나 대폭발 우주론이나 우리 머리로 사고하고 이해하기가 어렵다는 점에서는 다를 바가 없다. 시작도 끝도 없이 존재하는 것을 상상하기도 어렵고, 공간이 팽창한다는 얘기도 이해하기 어렵다. 그 지점들이 바로 인간 이성의 소실점이다.

재미있는 일화가 하나 있다. 지금으로부터 약 2100년 전에 살았던, 그러니까 기원전 사람이었던 로마의 철학자 루크레티우스는 우주가 아직 어린 단계에 있다는 결론을 내렸다. 무슨 과학적인 이론이나 자료를 갖고 내린 결론이 아니라, 순전히 추론에 의한 것이었다.

> "나는 어린 시절부터 내 주위에서 기술의 진보가 이루어지는 것을 보아왔다. 범선의 돛이 개량되었고, 무기도 점점 발달했으며, 악기도 더욱 정교한 것들이 만들어졌다. 만약 우주가 영원히 존재해오던 것이라면 이 모든 변화와 발전이 수천, 수만 번도 더 일어날 시간이 흘렀을 것이다! 그 결과, 나는 지금 아무것도 변하지 않는 완성된 세계에서 살고 있어야 할 것이다. 그러나 얼마 안되는 나의 짧은 생애 동안에도 많은 변화가 일어나는 것을 보아왔으니, 세계는 늘 존재해온 것이 아닌 게 분명하다."

참으로 기발한 추론이 아닌가! 오늘날 우주론은 2100년 전에 한 그의 추론이 옳았음을 확인해주고 있다. 그 세 가지 사실은 첫째, 세계는 항상 존재해온 것이 아니다, 둘째, 세계는 계속 변하고 있다, 셋째, 이 변화는 단순한 것에서 복잡한 것으로 변하는 양상으로 나타난다는 것이다.

이에 비해 최근에는 지극히 인간 중심의 우주론이 관심을 끌고 있는데, 이름하여 '인류 원리anthropic principle'라는 것으로, 이 이론을 처음으로 제기한 사람은 영국의 물리학자 브랜던 카터(1942-)였다.

간단히 말하면 "우리가 왜 하필이면 이런 우주에서 살게 되었을까?" 하는 질문에, "만약 이런 우주가 아니었다면 우리는 여기에 존재할 수 없었을 테니까" 하는 입장이다. "왜 하필 지구가 태양으로부터 1억 5천만km 떨어져 있을까?" 하는 질문도 마찬가지다. "지구가 그 보다 더 멀리 있거나 더 가까이 있다면 지구상에 생명체가 태어나 인간 같은 지능을 가진 생명으로 진화하지 못했을 것"이라는 대답이 돌아온다.

배우 이름과 똑같은 마이클 더글러스(1961-)라는 물리학자가 물리적으로 가능한 우주 초기상태의 경우의 수가 약 10^{500}승이라는 엄청난 확률을 계산해낸 적이 있다. 그중의 하나가 지금 우리가 살고 있는 우주라는 것이다. 확률이 거의 0이다. 어쩌면 종교인들에게 환영 받을 이론 같기도 하다. 이런 우주가 존재하려면 신의 가호가 거의 필수적이기 때문이다.

이처럼 인류 원리는 일견 말이 되는 것 같기도 하지만, 또 어찌 보면 하나마나한 말 같기도 하다. 이른바 사후事後 확률 같은 것이다. 아무리 확률이 낮아도 사후 확률이란 별 의미가 없다. 내가 오늘 아침 길에 나가 처음 본 차의 번호판이 99구-9999였다고 치자. 한국에 차량 대수가 약 1천만대 되니 나는 1천만분의 1의 확률을 맞췄다고 우길 수 있는가?

인류 원리란 게 대체로 이런 순전히 자아본위의 이론이라 하겠지만, 더욱 안 좋은 점은 인류 원리는 예측력이 전혀 없다는 것이다. 예

인류의 우주관을 바꿔놓은 사진 '지구돋이'. 이 사진을 보고 인류는 비로소 지구가 우주 속의 한 천체임을 실감하게 되었다. 이처럼 직접 체험할 때 인식의 전환이 일어나는데, 이를 조망효과(overview effect)라 한다. 아폴로 8호 우주인 빌 앤더스가 1968년 12월 24일 달 궤도에서 달의 지평선 위로 떠오르는 지구를 찍었다.

©NASA

측력이 없는 과학이론은 효용성이 없다. 그러므로 차라리 우주는 인간에 연연해하지 않는다는 자세가 더 바람직하지 않을까?

여담이지만, 카터는 또 인류 종말 논법이라는 것도 내놨는데, 확률론에 기초하여 인류의 멸종 시기를 예측하는 논법이다. 간단히 말해, 이미 태어났거나 앞으로 태어날 모든 인간에 출생 순서대로 번호를 붙인다고 하면, 코페르니쿠스 원리—인류는 특별하지 않다는 원리—에 따라 우리 자신의 번호가 중간 즈음에 위치할 것이라 기대할 수 있다. 인구는 지수적으로 증가하므로 인류의 미래 기간은 인류의 과거 기간보다 훨씬 짧을 것이라는 논리이다. 재미있는 이론인 것만은 분명하다.

"대체 외계인들은 어디 있는 거야?"

-페르미의 역설

'페르미 역설'이란 이탈리아의 천재 물리학자로 노벨상을 받은 엔리코 페르미가 외계문명에 대해 처음 언급한 것이다.

페르미는 1950년 4명의 물리학자들과 식사를 하던 중 우연히 외계인에 대한 얘기를 하게 되었고, 그들은 우주의 나이와 크기에 비추어볼 때 외계인이 존재할 것이라는 데 의견일치를 보았다. 그러자 페르미는 그 자리에서 방정식을 계산해 무려 100만 개의 문명이 우주에 존재해야 한다는 계산서를 내놓았다. 그런데 '수많은 외계문명이 존재한다면 어째서 인류 앞에 외계인이 나타나지 않았는가?'라면서 "대체 그들은 어디 있는 거야?"라는 질문을 던졌는데, 이를 '페르미 역설'이라 한다.

관측 가능한 우주에만도 수천억 개의 은하들이 존재한다. 또 은하마다 수천억 개의 별들이 있으니, 생명이 서식할 수 있는 행성의 수는 그야말로 수십, 수백조 개가 있을 거란 계산이 금방 나온다. 그런데도 우리는 왜 아직까지 외계인들을 한번도 본 적이 없을까?

우주에는 우리 외에도 다른 문명이 있을 거라는 데 많은 과학자들은 동의한다. 그런데도 우리는 왜 외계인들을 한번도 본 적이 없는가? 그 이유는 항성간 거리가 너무나 멀어 어떤 문명도 그만한 거리를 여행할 수 있는 기술을 확보하지 못했기 때문이라고 과학자들은 생각하고 있다.

또 하나의 장애는 통신수단의 문제다. 비록 외계문명이 존재한다 하더라도 그들과 교신하기에는 우리의 통신수단이 너무나 원시적이라 외계인들이 신호를 보내도 우리 기술로는 그것을 포착하지 못할 수도 있다는 것이다. 또 다른 장애로는 시간의 문제가 있다. 인류가 문명을 일구어온 지는 1만 년도 채 안된다. 우주에 긴 역사에 비하면 거의 찰나다. 다른 문명도 만약 그렇다면, 이 오랜 우주의 시간 속에서 두 찰나가 동시에 존재할 확률은 거의 0에 가깝다는 말이 된다. 이러한 것들이 바로 외계인을 만날 수 없는 가장 근본적인 장애들이다.

우주의 기원을 찾아서

은하들이 맹렬한 속도로 멀어져가고 있다는 허블의 발견은 사람들에게 충격과 흥분을 가져다주었다. 이는 곧 우주가 이제껏 생각하던 고정된 우주가 아니라, 팽창하는 우주라는 것을 뜻하며, 나아가 우주 자체가 진화하고 있다는 것을 뜻하기 때문이었다. 어찌 보면 이것은 지동설보다 더한 우주관의 대변혁을 요구하는, 실로 날벼락 같은 일이었다.

1920년대 대부분의 천문학자들은 우주가 정적이면서 균일하다고 믿고 있었다. 이는 뉴턴 이래의 줄기찬 전통이었다. 아인슈타인도 이 정적인 우주를 선호했다. 그런데 실망스럽게도 그의 일반 상대성이론을 통하여 제시된 중력 방정식은 우주가 팽창하거나 수축해야 한다는 것을 보여주는 것이었다. 아인슈타인 역시 200년 전 벤틀리가 발견했던 역설을 뛰어넘을 수가 없었다. 중력은 항상 인력으로만 작용하므로, 종국에는 모든 별들이 한 덩어리로 뭉칠 것이고 우주의 파국은 피할 수 없게 된다.

아인슈타인은 자신의 중력 방정식에서 정적인 우주를 유도하기 위해 우주상수라는 새로운 항을 덧붙여 이 문제를 피해갔다. 말하자면 반중력에 해당하는 우주상수를 집어넣음으로써 인위적으로 정적 우주를 만들어냈던 것이다. 아인슈타인의 우주상수는 200년 전 뉴턴이 말한 '신의 손'에 다름아니었다.

우주상수를 끼운 아인슈타인의 중력 방정식은 곧 반격을 받았다. 러시아의 수학자 알렉산드르 프리드만(1888-1925)은 우주상수가 0인 중력 방정식이 우주의 팽창을 나타낸다는 것을 최초로 발견하고, 그에 대한 해결책으로 프리드만 방정식을 내놓았다.

그가 내놓은 방정식은 우주의 밀도와 곡률이 주어졌을 때 우주의 진화를 기술하는 역동적인 우주 모델을 보여주었다. 프리드만은 그러한 역동성은 초기 팽창으로 시작된 우주에서 비롯된 것으로, 그런 우주는 중력을 이길 수 있는 운동량을 가지고 있을 것이라고 생각했다. 이는 전혀 새로운 우주관이었다.

프리드만의 우주 모델은 우주의 미래를 다음 세 가지로 상정하고 있었다. 그것은 우주공간에 물질이 어느 정도 있는가에 따른 것이다. 우주공간의 평균밀도가 임계밀도 이하이면 우주는 계속해서 팽창하다가 얼어붙게 되고, 그 이상이면 언젠가 팽창이 멈춰지고 수축해서 대파국을 맞는다. 그리고 $1m^3$당 수소원자 10개인 임계밀도면 영원히 팽창한다. 곧 우주는 평평하다는 뜻이다.

프리드만의 세 가지 우주는 하나의 공통점을 갖고 있었다. 그것은 모두 변해가는 우주라는 점이다. 따라서 우리는 나날이 다른 우주에서 살아가고 있는 셈이다. 오늘의 우주는 어제와 다르고, 내일의 우주는 오늘과 다른 우주다. 이처럼 프리드만의 우주는 정적인 우주가 아니라, 우주 규모에서 진화하는 역동적인 우주였다.

이 같은 내용을 다룬 프리드만의 논문이 1922년 《물리학 잡지》에 발표되었지만, 불행하게도 아인슈타인으로부터 오류를 지적받고 배척당했다. 프리드만의 반발로 아인슈타인이 오류를 지적한 자신의 발언을 취소했지만, 이미 거목으로 성장한 아인슈타인의

알렉산드르 프리드만.
역동적이고 진화하는
우주 모델을 제안했다.

부정적 반응은 논문의 운명을 결정지었다. 논문은 철저히 무시되고 잊혀졌다. 그리고 프리드만 자신도 몇 년 후 치명적인 병에 걸려 정신착란 속에 숨을 거두었다. 향년 37세.

로만 칼라의 신부복을 입은 우주론자

비슷한 내용으로 아인슈타인에게 냉대를 받은 사람이 몇 년 후 다시 나타났다. 이번엔 로만 칼라를 한 신부 조르주 르메트르라는 우주론자였다.

1931년, 벨기에 천문학자이자 예수회 사제인 조르주 르메트르는 독자적인 연구 끝에 팽창하는 대우주의 의미를 담고 있는 이 우주론을 발표했다. 현재 팽창 일로에 있는 우주는 사실 먼 과거 어느 한 시

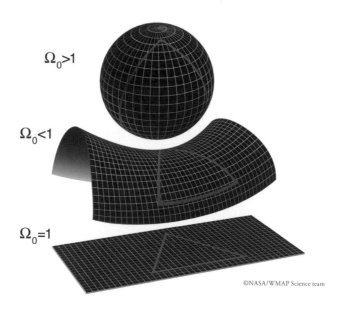

$\Omega_0 > 1$

$\Omega_0 < 1$

$\Omega_0 = 1$

©NASA/WMAP Science team

우주의 구조는 그 안에 물질이 얼마나 담겨 있느냐에 따라 결정된다.
우주에 담긴 질량이 임계밀도보다 크다면, 닫힌 우주(위), 임계밀도와 같다면 평탄 우주(아래),
임계밀도에 못 미친다면 열린 우주가 된다(가운데).

점에 실제로 있었던 대폭발의 결과물이라는 것이다. 그는 대우주는 극단적으로 높은 밀도와 온도를 가진 물질의 응축된 방울에서 시작했다는 '원시원자 가설'을 제안했다. '원시의 알'이라 할 만한 이 '원시원자primeval atom'는 대우주의 모든 물질과 복사를 포함한 것으로, 내부 압력으로 말미암아 대폭발을 일으켜 급격히 팽창하기 시작했다.

방울 안의 모든 물질은 소립자들─전자. 중성자. 양성자─로, 팽창이 진행될수록 원시물질의 밀도와 온도는 급격히 떨어져 양성자와 중성자가 융합, 원자핵을 만들기 시작했다. 대폭발 이론에 따르면, 처음에는 중양성자가 만들어지고, 다음에는 수소, 헬륨이 되고, 또 그다음은 더 무거운 원소들이 형성되는 식으로, 92종의 원소는 대폭발 후 반 시간 안에 모두 형성되었다.

시간이 흘러감에 따라 우주의 물질은 더욱 냉각되고 은하로 응축되었으며, 은하 내부에서는 항성으로 응축되었다. 그리하여 몇 십억 년이 흐른 후 대우주는 계속된 팽창과 함께 오늘 존재하는 것과 같은 상태에 도달하기에 이른 것이다. 그러므로 이러한 팽창을 거슬러 올라가면 우주의 기원, 즉 르메트르가 '어제가 없는 오늘the day without yesterday'이라고 불렀던 태초의 시공간에 도달한다는 것이다.

그럼 그 이전에는 무엇이 있었으며, 왜 대폭발이 일어났는가 묻는 것은 아무런 의미가 없는 물음이다. 시간과 공간이 그때 비로소 시작되었기 때문이다. 이 개념이 무척 낯설다면 이렇게 생각해보는 것도 한 방법이다. 우리가 지구상에서 계속 북쪽으로 간다면 마침내 북극점에 이를 것이다. 그러면 거기서부터는 북쪽이란 것 자체가 없어지고 만다. 시간과 공간의 시작점도 그와 마찬가지라는 것이다.

이러한 시간 개념을 1,600년 전에 이미 생각한 사람이 있었다. 바로 기독교 신학자 성 아우구스티누스(354~430)였다. 한 신자가 그에게 묻기를, "하나님이 천지를 창조하시기 전에는 무엇을 하셨습니까?" 하자 "너 같이 묻는 자를 잡아가둘 지옥을 만드셨다"고 독설을 퍼부었다는 이야기가 전하는데, 이는 사실이 아니다. 아우구스티누스는 이렇게 대답했다고 한다. "그 이전이란 건 없다. 시간이 그로부터 시작되었기 때문이다." 현대의 우주론자에 흡사한 시간개념이 아닐 수 없다.

어쨌든 138억 년 전 한 특이점으로부터 시작된 시간과 공간은 지금 이 순간에도 쉼없이 팽창하고 있다. 우리는 그 경계선 너머까지는 볼 수가 없다. 곧, 대폭발은 우주의 사건 지평선인 것이다. 인간의 모든 사고와 지식은 그 선에서 멈추고 만다. 그래서 과학자들 중에는 "우주의 기원이 무엇이냐는 물음에는 답이 없다가 정답이다"라거나, "우주는 무無로부터 저절로, 그리고 필연적으로 생겨났다"고 말하는 이가 있다. 인플레이션 우주론으로 유명한 미국의 물리학자 앨런 구스는 이렇게 말하기도 했다. "세상에 공짜 점심이란 없다고 말하지만, 우주는 따지고 보면 완전 공짜 점심에 지나지 않는다."

빅뱅에 의해 팽창하는 우주에서는 은하들 사이의 거리와 그들이 서로 멀어져가는 속도를 알 수 있으므로 우리는 팽창이 시작된 시점까지의 시간을 계산해낼 수 있다. 이 같은 방법으로 빅뱅 우주론 제창자들은 우주의 나이는 약 100억 년이라는 결론에 도달했다. 곧, 100억 년 전에 우주 탄생을 알리는 대폭발이 실제로 일어났다는 것이다.

세기의 천재 아인슈타인조차 인식하지 못했던 팽창우주부터 우주상수와 블랙홀까지, 현대 우주론의 중요한 발전에 큰 역할을 한 르메트르는 자신의 모델을 소개하기 위해 1927년 브뤼셀에서 열렸던 솔베이 학회에 참석하여 아인슈타인을 만났다.

로만 칼라의 신부복을 입은 르메트르는 자신의 이론을 아인슈타인에게 열심히 설명했지만 아인슈타인의 반응은 차가웠다. "당신의 수학은 정확하지만 당신의 물리학은 끔찍합니다"라는 끔찍한 말을 들었을 뿐이다. 그러나 아인슈타인은 그로부터 6년 후 자신의 발언을 취소해야 했다. 1933년, 허블이 우주 팽창을 발견한 윌슨산 천문대에서 열린 세미나에서 르메트르는 허블과 아인슈타인 등 쟁쟁한 천문학자와 물리학자들 앞에서 자신의 빅뱅 모델을 발표했다. 그리고 현재의 시간에 대해 이렇게 말했다.

"모든 것의 최초에 상상할 수 없을 만큼 아름다운 불꽃놀이가 있었습니다. 그런 후 폭발이 있었고, 폭발 후에는 하늘이 연기로 가득차게 되었습니다. 우리는 우주가 창조된 장관을 보기엔 너무 늦게 도착했습니다. (…) 이 세상의 진화는 이제 막 끝난 불꽃놀이에 비유될 수 있습니다. 지금의 이 우주는 약간의 빨간 재와 연기인 것입니다. 우리는 식어빠진 잿더미 위에 서서 별들이 서서히 꺼져가는 광경을 지켜보면서, 이제는 이미 사라져버린 태초의 휘광을 회상하려 애쓰고 있는 것입니다."

르메트르의 발표를 다 들은 아인슈타인은 "내가 들어본 것 중에서 가장 아름답고 만족스러운 창조에 대한 설명"이라면서 그의 개척자적인 노력을 높이 평가했다. 아마 르메트르는 6년 전 아인슈타인에게서 받았던 혹평을 충분히 보상받았다고 생각했을 것이다.

빅뱅 이론에서 뽑아낸 원소의 탄생

허블의 팽창우주 발견이 있은 지 2년 후인 1931년, 아인슈타인은 부인과 함께 세기의 발견이 이루어진 윌슨산 천문대를 방문해 허블과 역사적인 만남을 가졌다. 아인슈타인은 윌슨산 천문대 도서관에 모인 기자들에게 자신의 정적인 우주를 부정하고 팽창하는 우주 모델을 받아들인다고 선언했다. 프리드만과 르메트르가 옳았음을 인정한 것이다. 그리고 자신이 우주상수를 도입했던 것은 생애의 가장 큰 실수였다고 말했다.

이처럼 우주의 팽창이 거역할 수 없는 대세가 되자 일단의 천문학자들은 최초의 순간에 대해 생각하기 시작했다. 은하들이 서로 멀어져가는 과정을 거꾸로 되돌린다고 생각하면 우주의 시작 지점까지 되돌아갈 수 있을 거라고 생각한 것이다. 이는 우주 팽창의 기록 필름을 거꾸로 돌리는 것이나 다를 바 없었다. 태고에 있었을지도 모를 대폭발, 다시 말해 빅뱅에 대한 관심이 시작된 것이다.

아인슈타인의 인정에도 불구하고 우주의 역사를 설명하는 이론은 한동안 서로 다른 두 개가 대립했다. 빅뱅 이론과 정상상태 이론이 그것이다. 러시아 출신의 미국 천문학자 조지 가모브(1904~1968)가 주도적 역할을 하며 발전시킨 빅뱅 이론은 우주의 팽창이 시작된 지점은 우주의 모든 질량과 에너지가 한 점에 모여 엄청나게 높은 밀도의 에너지가 있었으며, 이것이 급격히 폭발, 팽창했다는 주장이다.

가모브는 여러 면에서 흥미로운 이력을 가진 물리학자로, 1904년 러시아의 항구도시 오데사에서 태어났다. 그의 부모는 모두 중등학교 교사였다. 어렸을 때부터 천재성을 드러낸 그는 국내외의 대학과 연구소에서 공부하다가 1931년 봄, 레닌그라드에 있는 라듐 연구소의 연구원으로 일했다. 같은 해 28세의 가모브는 역사상 최연소 회원으로 소련 과학 아카데미의 회원으로 선출되었다.

그러나 자유주의자인 그는 개인의 자유를 억누르는 소련의 사회적 분위기를 좋아하지 않았다. 그리하여 마침내 1932년, 조국을 탈출하여 터키로 가기 위해 아내와 함께 너비 250km의 흑해에 작은 카약을 띄웠다. 하루 반을 교대로 열심히 노를 저었으나, 날씨가 나빠지는 바람에 결국 되돌아올 수밖에 없었다.

기회는 이듬해 다시 찾아왔다. 브뤼셀에서 열리는 솔베이 학회에 참석하게 된 것이다. 더욱이 같은 물리학자인 아내와 동행하게 되었다. 가모브 부부는 마지막 조국을 떠난 뒤 두 번 다시 돌아가지 않았다. 그가 망명한 후 소련은 궐석재판에서 사형을 선고했다.

솔베이 회의가 끝난 후 동료 학자들의 도움을 받으며 유럽을 전전하던 가모브 부부는 미국 조지 워싱턴 대학의 교수직을 제안받고, 1934년 4월 뉴욕으로 출항하는 덴마크 선박에 몸을 실었다. 그리고 워싱턴 대학에서 20년 동안 빅뱅 가설을 연구하고 이론을 가다듬었다.

1945년 가모브는 랠프 앨퍼를 박사과정 학생으로 받아들인 후 초기 우주에 대해 연구하기 시작했다. 초기 우주가 초고온·초고밀도 상태였고, 급격하게 팽창하면서 온도가 내려갔다고 생각한 그는 우주 초기에는 너무 뜨거워 무거운 원자들은 존재할 수 없었기 때문에 중성자와 양성자, 전자가 뒤섞인 수프 형태였을 것으로 보았다.

빅뱅 우주론의 개척자 조지 가모브. 태초의 빛이 우주에 퍼져 있으며, 그 온도는 3K일 거라고 예측했다.

우주가 식어감에 따라 양성자가 전자를 잡을 수 있게 되었다. 이것이 바로 수소의 탄생이다. 이윽고 헬륨이 생겨났고, 우주가 너무 식는 바람에 더이상의 원소들은 만들어질 수 없었다. 이것이 가모브가 구상한 원소 탄생의 시나리오였다. 그는 이때 생겨난 수소와 헬륨이 오늘날 우주의 대부분을 차지한다고 주장했다. 특히 빅뱅 후 5분 동안에 10개의 수소 원자핵에 1개꼴로 헬륨 원자핵이 만들어졌다는 계산서를 뽑아냈는데, 그것은 관측 천문학자들이 측정한 값과 일치했다.

가모브는 또 한걸음 더 나아가, 이때 생긴 마이크로파가 우주에 널리 퍼져 있을 것이라고 예견했는데, 65년 아노 펜지어스와 로버트 윌슨이 우주배경복사를 발견함으로써 그의 예언은 훌륭하게 증명되었다.

1948년 4월 1일, 빅뱅 이론의 출발점이 되는 논문「화학 원소의 기원」은 가모브와 앨퍼의 이름이 아니라 가모브, 베테, 앨퍼의 이름으로《피지컬 리뷰》에 발표되었다. 한스 베테는 1939년 항성의 에너지원을 밝힘으로서 별이 빛나는 이유를 최초로 인류에게 알린 쟁쟁한 물리학자였다. 유머와 장난기가 많았던 가모브는 논문과 별 상관없는 베테 이름을 끼워넣음으로써 사람들이 이 논문을 보면서 그리스어인 알파, 베타, 감마를 떠올리면서 재미있어하기를 바랐다. 그의 바람대로 이 논문은 '알파-베타-감마 논문'으로 불리게 되었다.

가모브 팀의 연구는 계속되었다. 앨퍼는 새롭게 합류한 로버트 허먼과 함께 우주의 진화과정을 추적한 끝에, 우주가 팽창과 냉각을 계속해서 전자들이 원자핵과 결합해 중성 원자인 수소와 헬륨을 형성할 때의 온도가 대략 3,000℃이며, 그 빛이 오늘날에도 우주를 달리고 있어야 한다는 결론에 이르렀다. 이 빛의 파장은 약 3K(절대온도)인 물체가 내는 복사선의 파장인 1mm 정도 될 것이라 예측되었다.

랠프 앨퍼는 뒤에 자신의 박사논문으로 빅뱅 직후 수소와 헬륨이 정확한 비율로 합성되었음을 증명하는 논문을 발표했다. 심사관들과 신문기자들을 포함한 300여 명의 청중 앞에서 앨퍼는 논문을 발표하고 질문에 대한 답변을 한 후 심사관들로부터 박사학위 자격을 인정받았다. 다음 날인 1948년 4월 14일자 《워싱턴포스트》는 "세상은 5분 만에 이루어졌다"는 기사에서 수소와 헬륨을 만든 원시 원자핵 합성이 300초 만에 이루어졌다는 앨퍼의 논문 내용을 소개했다.

정상 우주론 대 빅뱅 우주론

우주 진화론을 주장하는 빅뱅 우주론에 맞서 우주가 한결같았다고 주장하는 정상 우주론은 은하가 진화해왔다고 생각하지 않는다.

1948년에 영국 케임브리지 대학 트리니티 칼리지의 프레드 호일(1915-2001)은 허먼 본디, 토머스 골드와 함께 빅뱅 이론을 정면 반박하며 정상(상태) 우주론을 제안했다.

반세기 동안 대폭발 우주론과 선의의 경쟁을 벌인 정상 우주론은 우주는 시작도 끝도 없으며, 따라서 진화도 없고 이대로 영원하다는 것이다. 또한 우주는 넓게 보았을 때 어느 쪽으로나 등방, 균일한 것처럼 시간적으로도 예나 이제나 앞으로나 변함없이 같다는 주장이다. 우주는 진화하는 것이 아니라 항상 동일한 모습이라는 이론으로서 여기서는 굳이 우주의 시작점을 정할 필요가 없다.

하지만 문제가 있었다. 허블이 발견한 우주의 팽창은 너무나 명백한 사실이므로 정적인 우주는 발붙일 자리가 없었다. 따라서 진화하면서도 변화하지 않는 우주 모델을 생각해야 했다. 우주가 팽창한다면 시간이 감에 따라 우주의 물질 밀도는 낮아진다. 이 문제를 해결하기 위해 토머스 골드는 우주가 팽창함에 따라 늘어나는 은하 사이의 공간에서 새로운 물질이 나타난다는 착상을 했다. 그의 계산에 따르면, 우주의 팽창에 벌충하기 위해서는 엠파이어스테이트 빌딩만한 부피 속에서 100년에 원자 1개만 창조되면 충분하다는 것이다.

이렇게 해서 정상 우주론은 동적이면서도 무한한 우주라는 조건에 들어맞는다. 우주가 무한하다면 우주가 2배로 커져도 역시 무한하다. 은하 사이에 물질이 만들어지기만 하면 우주의 물질 밀도는 유지될 수 있으며, 우주 전체는 변하지 않고 그대로 남아 있게 된다. 이렇게 하여 정상 우주론이 등장하게 되었다. 이 이론은 이전의 영원하고 정적인 우주에 새로운 물질의 창생을 덧보태 약간 수정을 가한 것이다. 우주는 팽창하지만, 그 내용은 영원하며 근본적으로는 변하지 않는다. 별들은 수소 구름에서 태어난다. 별이 생을 마치고 죽으면 그 물질은 다시 우주공간으로 돌려지고, 그것을 밑천 삼아 다른 별로 재생한다.

이 아름다운 이론에 의하면, 대우주는 죽음과 재생의 무한한 순환으로 영원히 지속된다. 죽은 별들의 잔해는 그럼 어떻게 되는가? 정상상태 우주론 역시 우주가 팽창한다고 보므로 계속 생기는 공간으로 인해 죽은 별들로 꽉 찰 염려는 없다.

그러나 단 하나 불온한 사실이 있다. 새로운 별의 탄생에는 신선한 수소가 필요불가결하다. 만약 새로운 수소가 공급되지 않는다면, 빛의 속도로 팽창해가는 우주는 언젠가는 물질의 밀도가 0의 상태로 떨어지고, 마지막 항성의 빛이 꺼진 후에는 어떤 빛도, 생명도 존재하지 않는 대공허로 변해갈 것이다. 그러나 정상 우주론은 대우주를 통해서 신선한 수소가 무에서부터 끊임없이 창생된다고 주장한다. 이는 질량불변의 법칙에 위배된다고 생각할지 모르지만, 태초에 물질이 창생되었다면 지금 그러지 말란 법은 없지 않은가 하고 반박한다.

　그러면 물질이 어떻게 무에서부터 창조되는가? 우주가 팽창하면서 온도가 떨어지면 우주를 가득 채우고 있는 양자장이 음의 압력을 내고 물질 사이에 밀힘(척력, 반중력)을 일으켜 우주공간이 급팽창한다. 공간이 팽창한 만큼 우주의 에너지가 증가하는데, 이 에너지가 급팽창이 끝나면서 물질로 바뀐다.

정상 우주론의 대표주자 프레드 호일의 동상. 케임브리지 대학교 정원에 있다.

이 이론대로라면 대우주는 태초도 없고 종말도 없이 영구적으로 일정한 물질 밀도를 가지며 정상인 상태로 남아 있을 수 있다. 이처럼 정상 우주론은 떠들썩한 탄생이나 음울한 종말이 없다는 점에서 강한 매력을 지닌 우주론이었다.

인간은 우주가 팽창한다는 사실을 알게되었다. 우주의 팽창에는 중심이 없으며 모든 은하는 서로 멀어지고 있다는 사실로부터 우주에는 특별한 중심이 없고 어떤 방향으로도 동일하다는 등방성을 '우주원리'로 받아들이게 되었다. 이 원리는 우리은하가 있는 우주공간이나 수십억 광년 떨어진 다른 곳의 우주공간이나 근본적으로 별반 다를 게 없으며, 우리가 사는 곳이 우주의 어떤 특별한 장소가 아니라는 것이다.

그런데 정상 우주론은 여기서 한걸음 더 나아가 우주는 시간적으로도 동일하다고 주장한다. 다시 말하면, 공간적으로 동일할 뿐만 아니라, 우리가 존재하는 이 시대도 우주의 다른 시대와 같다는 말이다. 곧 우리는 우주의 특별한 장소, 특별한 시대에 살고 있는 것이 아니라는 뜻이다. 이 우주원리는 시공간 모두에 대해 대칭성을 주장하는 것으로 '완전 우주원리'라 부른다.

어쨌든 이렇게 하여 전선은 구축되었고, 당시의 과학자들은 두 그룹으로 나뉘어져 격렬한 논쟁을 벌였다. 이러한 과정에서 가모브 팀의 연구결과에 '빅뱅'이라는 이름이 붙여졌다. 호일이 1950년에 BBC 라디오 방송에서 자신의 경쟁 이론을 비꼬는 투로 "그렇다면 태초에 빅뱅이라도 있었다는 건가?" 하고 말했는데, 그런 것에 전혀 개의치 않는 가모브가 그 말을 냉큼 받아들여서 '빅뱅 이론'으로 낙착되었다.

호일은 또 다른 면에서도 빅뱅 이론에 기여했다. 빅뱅 이론이 완전히 규명해내지 못한 중원소 합성을 완전하게 밝혀냈던 것이다. 호일을 비롯, 네 명의 연구자가 참여한 '별의 원소 합성'에서 별의 각 단계의 역할과 핵반응 과정들이 밝혀졌다. 빅뱅 모델이 정상 우주론에 승리했지만, 그 승리를 완벽하게 만들어준 사람이 정상 우주론자 호일이었던 셈이다.

가모브는 그런 점에서 호일을 존경했다. 그는 '창세기'라는 시를 지어 "그리고 하나님이 말씀하셨다. 호일이 있으라. 호일이 있었다. 하나님은 호일을 보시고 그에게 좋아하는 방법으로 무거운 원소들을 만들라고 하셨다"고 말하며 호일에게 경의를 바쳤다.

20세기 과학의 위대한 업적으로 평가받았던 '별의 원소 합성'이지만, 1983년 노벨 물리학상은 논문에 주도적 역할을 한 호일이 아니라 공동연구자인 윌리엄 파울러에게 돌아갔다. 노벨 위원회가 호일을 배제한 것은 과거 위원회의 처사에 대한 호일의 날카로운 비판 때문이었다. 1974년 노벨 물리학상이 펄서를 발견한 영국의 A. 휴이시에게 주어졌는데, 사실 펄서의 최초 발견자는 그의 대학원생 제자인 조슬린 벨이었다. 그렇다면 최소한 공동수상이라도 하는 게 정의에 부합됨에도 휴이시가 단독 수상한 것에 대해 호일은 분통을 터뜨렸고, 이것이 화근이 되어 호일이 노벨상 수상에서 배제되었던 것이다. 이는 노벨상 역사에서 가장 불공정한 처사로 평가받고 있다.

빅뱅의 증거가 발견되었다!

정상 우주론과 빅뱅 이론의 격렬한 전투는 그리 오래 가지 않았다. 일합을 겨룬 지 대략 20년 뒤 바로 승부가 결정되었다. 일찍이 르메트르가 말한 '태초의 휘광'의 증거물이 발견되었던 것이다. 그것은 또 가모브의 계산서에 나와 있는 품목이기도 했다.

1965년 프린스턴 대학의 로버트 디케는 가모브가 예언한 태초의 강력한 복사선 잔재가 오늘날까지 남아 있으며, 감도 높은 전파 안테나로 검출할 수 있다는 결론을 내놓았다.

그런데 그 잔재는 이미 다른 두 물리학자에 의해 발견되어 있었다. 미국 물리학자 펜지어스와 윌슨이 벨 연구소의 대형 안테나의 소음을 없애기 위해 비둘기똥을 청소하다가 배경복사의 전파를 잡아냈던 것이다. 아무리 안테나를 청소해도 끊임없이 들려오는 잡음을 잡을 수가 없던 그들은 프린스턴의 디키에게 전화해본 결과, 일찍이 조지 가모브가 예언했던 우주창생의 마이크로파임이 밝혀졌다. 바로 대폭발의 화석이라 불리는 우주배경복사였다.

빅뱅 우주론에 공헌한 아인슈타인, 프리드만, 허블은 이미 세상을 떠나 승리의 환희를 맛볼 수 없었지만, 그 기초를 놓은 조르주 르메트르는 병상에서 빅뱅의 화석이 발견되었다는 소식을 들었다. 평생 신과 과학을 함께 믿었던 빅뱅의 아버지 르메트르는 1966년에 우주 속으로 떠나갔다. 향년 72세.

지금도 우리는 배경복사를 직접 볼 수 있는데, 방송이 없는 채널의 텔레비전에 지글거리는 줄무늬 중의 1%는 바로 그것이다. 138억 년이란 억겁의 세월 저편에서 달려온 빅뱅의 잔재가 지금 당신 눈의 시신경을 건드리는 거라고 생각해도 결코 틀린 말은 아니다.

펜지어스와 윌슨의 발견에 대해 기라성 같은 천문학자와 물리학자 그룹이 찬사를 쏟아냈다. 미항공우주국NASA의 저명한 천문학자 로버트 재스트로는 펜지어스와 윌슨이 "500년 현대 천문학사에서 가장 위대한 발견을 했다"고 칭송했으며, 하버드 대학 물리학자 에드워드 퍼셀은 "그것은 지금까지 인류가 본 것 중에서 가장 중요한 것이다"라고 최상의 찬사를 보냈다. 또한 《뉴욕타임스》는 1965년 5월 21일자 신문 머리기사에 '신호는 빅뱅 우주를 의미했다'는 제목으로 세상에 우주 탄생의 메아리를 전했다.

펜지어스는 자신들의 발견에 열광하는 세상 사람들을 보고 다음

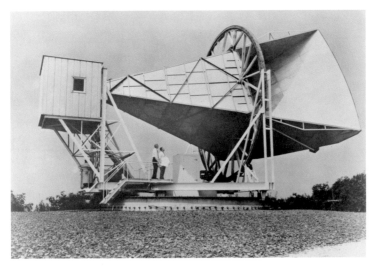

빅뱅의 화석 우주배경복사를 발견한 펜지어스와 윌슨. 앞에 있는 15m 안테나가
'500년 현대 천문학사에서 가장 위대한 발견'을 가져다준 것이다.

과 같은 소감을 남겼다.

> "오늘밤 바깥으로 나가 모자를 벗고 당신의 머리 위로 떨어지는
> 빅뱅의 열기를 한번 느껴보라. 만약 당신이 아주 성능 좋은 FM 라디
> 오를 가지고 있고 방송국에서 멀리 떨어져 있다면 라디오에서 쉬쉬
> 하는 소리를 들을 수 있을 것이다. 벌써 이런 소리를 들은 사람도 많
> 을 것이다. 때로는 파도 소리와 비슷한 그 소리는 우리의 마음을 달
> 래준다. 우리가 듣는 그 소리에는 수백억 년 전부터 밀려오고 있는
> 잡음의 0.5% 정도가 섞여 있다."

펜지어스와 윌슨은 우주배경복사에 대해 짤막한 논문 한 편을 썼
을 뿐인데도 1978년 노벨 물리학상을 받았다. 그러나 최초로 우주배
경복사를 예언했던 가모브는 10년 전 이미 세상을 떠났기 때문에 상
을 받을 수 없었다. 살아 있었다면 틀림없이 같이 상을 받았겠지만,
자신들이 예언한 우주배경복사가 실제로 관측되었다는 사실을 알
기만 해도 크게 기뻐했을 것이다. 펜지어스는 노벨상 수상 기념강연
에서 가모브, 앨퍼, 허먼의 공로에 경의를 표했다.

우주에 나타난 '신의 얼굴'

빅뱅 우주론자에 따르면, 빅뱅 이후 급팽창한 우주는 우주 시간으로
는 거의 순식간이라고 할 수 있는 38만 년 만에 물질의 시대에 들어
서서 현재의 모습을 갖춘 것이다. 우주배경복사를 분석한 결과, 우

주의 나이는 오차 범위 1% 수준에서 137억 년으로 밝혀졌다.

여기서 하나의 문제점은 '원시의 알'에서 출발한 우주가 오늘날과 같은 별과 은하 구조를 갖추려면 최초의 폭발 국면에 그 씨앗이 있어야 한다는 점이다. 만약 최초의 팽창 국면이 완벽하게 균일하다면 우주의 건더기라고 할 수 있는 별이나 성간물질, 은하 등은 생겨날 수 없었을 것이기 때문이다. 말하자면 우주는 여전히 맹탕인 채로 있었을 것이란 뜻이다.

그러나 현재의 우주 상황은 전혀 그렇지가 않다. 수많은 별과 은하들이 무서운 속도로 내달리고, 그들끼리 충돌하거나 폭발하며, 지금이 시간에도 별들이 탄생하는 등 천변만화의 변화를 보여주는 약동하는 우주인 것이다. 그러므로 최초의 팽창 국면에 별과 은하의 씨앗이 될 만한 불균일성이 반드시 있었어야 한다는 결론이 나온다.

태초의 불균일성을 찾기 위한 노력의 일환으로 1989년 11월 18일, 코비COBE, Cosmic Background Explorer를 실은 로켓이 우주공간으로 발사되었다. 코비의 우주배경복사 관측 결과, 우주의 온도는 정확하게 2.728±0.002K라는 것을 알아냈다. 이 온도를 만들고 있는 것이 바로 광자光子로서, 우주공간 1cm³당 광자가 약 400개 들어 있다. 온도와 광자 사이에는 간단한 관계식이 성립하는데, 그 계산에 따르면 멋지게도 위와 같은 광자 개수가 나온다.

우주배경복사에서 나타난 불균일성은 10만분의 1이었다. 1992년 4월, 조지 스무트 버클리 대학 교수는 아기 우주 사진을 들고 기자회견에 나와 "만일 여러분이 신앙이 있다면, 이것은 신의 얼굴을 본 것과 같습니다"라고 감탄에 찬 말로 술회했다.

이튿날 주요 언론은 코비의 기사를 1면에 실었고,《뉴스위크》는 "신의 필체를 찾았다"는 제목으로 이 기사를 다루었다. 스티븐 호킹도 "이 발견은 역사상 최고는 아닐지 모르지만, 금세기 최고의 발견임에는 틀림없다"라고 평가했다. 이로써 초단파 잡음이 빅뱅의 잔재라는 것을 더는 의심할 수 없게 되었고, 위기에 빠진 빅뱅 우주론은 화려하게 부활했다. 그 공로로 조지 스무트와 존 마셔는 2006년도 노벨 물리학상을 받았다. 우주배경복사로 두 차례나 노벨상이 주어졌다는 것은 빅뱅 우주론의 최종적인 승리를 뜻하는 것이었다.

이렇게 해서 빅뱅 모델은 견고한 증거들 위에 세 발을 걸치고 서게 되었다. 한 발은 은하들의 후퇴로 입증된 '우주 팽창' 위에, 또 한 발은 온도가 1,000만 도에 육박했던 최초의 3분 사이 우주 오븐에서 구워진 가벼운 원소들의 생성 비율 위에, 그리고 우주 배경복사 위에 그 세 번째 발을 딛고 굳건하게 서게 된 것이다.

돌아보면 1915년 아인슈타인의 일반 상대성 이론, 1922년 프리드

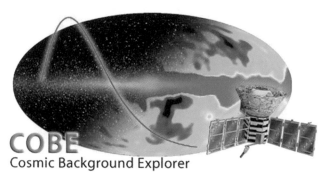

태초의 불균일성을 찾기 위해 발사한 우주배경 탐사선 코비(COBE).
우주 마이크로파 배경의 미세한 온도 차이를 발견했다.

만의 진화하는 우주, 1927년 르메트르의 원시원자 가설, 1929년 허블의 팽창우주 발견으로부터 70년의 세월이 흘렀다. 짧다면 짧은 그 시간 동안 세계와 우주는 그토록 무섭게 변했던 것이다. 우주의 '근원'과 '현재'를 알게 됐다는 점에서 이 시대 사람들은 행복한 사람들이라 할 수 있다. 이로써 인류는 빅뱅 이론으로 원초적인 창조의 문제를 해결하는 데 성공했으며, 진화하는 우주의 미래로 고개를 돌리게 되었다.

일체무상의 우주

우주는 앞으로 어떻게 될까? 그것은 전적으로 이 우주에 물질이 얼마나 있는가에 달려 있다. 곧, 우주밀도와 임계밀도의 관계에 따라 그 가능성은 세 가지다. 참고로, 우주의 임계밀도는 1m³당 수소원자

© ESA/Planck Collaboration

플랑크 관측위성이 찍은 우주배경복사. 태초의 빛으로 빅뱅의 결정적인 증거가 되었다.
약간의 불균일성이 오늘의 우주를 만들었다.

10개 정도다. 이것은 인간이 만들 수 있는 어떤 진공상태보다도 완벽한 진공이다. 우주는 이처럼 태허太虛 자체인 것이다.

우주밀도가 임계밀도보다 작다면, 우주는 영원히 팽창하고(열린 우주), 그보다 크다면 언젠가는 팽창을 멈추고 수축하기 시작할 것이다(닫힌 우주). 또 다른 가능성은 팽창과 수축을 반복하며 끝없이 순환하는 것이다(진동 우주). 우주밀도와 임계밀도와 같아 곡률이 없는 평평한 우주라면, 언젠가 우주 팽창이 끝나지만 그 시점은 무한대이다.

그러나 어느 쪽의 우주가 되든, 우주는 열평형과 무질서도(엔트로피)*의 극한을 향해 서서히 무너져가는 것은 우울하지만 피할 수 없는 운명으로 보인다. 이른바 열사망이라는 상태다. 몇 백조 년이 흐르면 모든 별들은 에너지를 탕진하고 더 이상 빛을 내지 못할 것이며, 은하들은 점점 흐려지고 차가워질 것이다.

은하 속을 운행하는 죽은 별들은 은하 중심으로 소용돌이쳐 들어가 최후를 맞을 것이며, 10^{19}년 뒤에 은하들은 뭉쳐져 커다란 블랙홀이 될 것이다. 하지만 몇몇 죽은 별들은 다른 별들과의 우연한 만남을 통해 은하계 밖으로 내던져짐으로써 이러한 운명에서 벗어나 막막한 우주공간 속을 외로이 떠돌 것이다. 우주론자 에드워드 해리슨은 서서히 진행되는 우주의 파멸을 다음과 같이 실감나게 묘사한다.

"별들은 깜박이는 양초처럼 서서히 흐려지기 시작하면서 하나씩

---

* 자연적인 현상은 비가역적이며 이는 무질서도가 증가하는 방향으로 일어난다는 것이다. 이를 수치적으로 보여주는 것이 엔트로피로, 무질서도의 척도이다. 열역학 제2법칙.

껴져가고 있다. 거대한 천체의 도시인 은하계들은 서서히 죽어가고 있다. 수십억 년이 지나면서 어둠이 깊어져가고 있다. 이따금씩 깜박이는 빛 하나가 우주의 밤을 잠시 빛내며, 어디선가 활동이 생겨나 은하계의 무덤이라는 최종선고를 약간 연기시킨다."

그러나 오랜 시간이 또 지나면 우주의 모든 물질들은 결국 블랙홀로 귀의하고, 다시 10^{108}년이 지나 모든 블랙홀들도 결국 빛으로 증발해 사라지고 나면, 우주에는 약간의 빛과 중성미자, 중력파만이 떠돌아다니게 된다. 종국에는 모든 물질의 소동은 사라지고, 물질도 반물질도 없으며, 우주의 무질서도를 높이는 어떠한 반응도 일어나지 않는다. 곧, 시간도 방향성을 잃게 되어 시간 자체가 사라지고, 우주는 영원하고도 완전한 무덤 속이 되는 것이다. 이것이 바로 영광과 활동으로 가득 찼던 대우주의 우울하면서도 장엄한 종말이다.

이 대우주에서 생명이란 언젠가 사라지고 말 것이라는 우울한 사실은 변함없겠지만, 그래도 하나의 위안은 있다. 자연이 인간에게 베푼 자비라고나 할까, 우주의 종말이 오기까지 걸리는 시간은 상상을 초월할 정도로 엄청나기 때문에, 고작 찰나를 사는 인간의 운명과 연결짓는다는 것 자체가 부질없는 짓이라는 점이다. 또, 우주는 백 퍼센트 과학적으로만 접근해야 할 대상이 아니라, 가슴으로 느껴야 하는 대상이라는 점도 조금은 위안이 된다. 인간의 이성이란 게 어차피 한계가 있는 만큼 지식이 다는 아니라는 말이다. 옛 선사들이 현대의 천문학자보다 우주를 깊이 감득하지 못했다고 누가 단언할 수 있으랴.

기나긴 우주진화의 여정 속에서

천문학의 역사는 우주 속에서 인간이 차지하는 위치에 관한 역사이기도 하다. 지난 시대의 사람들은 인간이 우주의 중심이라고 믿어 의심치 않았다. 그러나 오늘에 와서 보면 인간은 우주의 중심은커녕 우주의 어느 구석에 있는지도 모를 티끌이요 바람임을 알게 되었다. 이 무한 우주 속에서 인간의 의미는 무엇일까? 그것을 찾는다는 자체가 부질없는 노릇일 거라고 우주는 말해주는 듯하다. 우주는 인간에 연연해하지 않는다. 몇천 년 전에 노자^{老子}가 말한 '천지불인^{天地不仁}'은 그런 뜻인지도 모른다.

상황은 단순하다. 수백억 년이란 영겁의 시간 속에, 광대무변한 우주의 공간 속에 '나'라는 존재는 이 자리가 아닌 다른 어디에다 무엇으로 끼워넣어도 하등 달라질 게 없을 거라는 지극히 단순한 사실이다. 어디에 '나'라고 주장할 게 한줌이라도 있는가. 섀플리의 말마따나, '나'는 뒹구는 돌일 수도 있고 떠도는 구름일 수도 있는 범아일체^{凡我一體}의 우주인 것이다. 우리가 우주를 사색하는 것은 이러한 분별력과 자아의 존재에 대한 깨달음을 얻기 위함이다. 그것은 곧 '나'를 놓아버리고 '나'를 비우는 일이 아닐까.

지금 이 순간에도 우주는 빛의 속도로 무한 팽창을 계속해가고 있다. 수많은 별들이 탄생과 죽음의 윤회를 거듭하고, 수천억 은하들이 광막한 우주공간을 비산한다. 그 무수한 은하들 중 한 조약돌인 우리은하 속에서 태양계는 초속 220km로 그 변두리를 순행하며, 지구라는 행성은 또다시 초속 30km로 태양 주위를 순회하고 있다. 원자 알갱이 하나도 제자리에 머무는 놈 없는, 그야말로 일체무상의

허블 울트라 딥 필드. 130억 광년 너머의 아기 우주 모습이다.
우주에서 130억 광년 거리 밖을 본다는 것은 130억 년 전 과거를 본다는 뜻이다.

대우주다.

아인슈타인의 말마따나 인간이 우주를 이해할 수 있다는 게 정말 가장 이해하기 힘든 일일지도 모른다. 별이 남긴 물질에서 몸을 일으킨 인간이 스스로를 자각하는 존재로서 자신이 태어난 고향인 물질의 대향연을 바라보고 있는 것이다. 이것이 기적이요, 우주의 대서사시가 아니고 무엇이랴!

기나긴 우주진화의 여정 속 어느 한 지점에 잠시 머무는 우리는 생과 멸이 끝없이 윤회하는 것을 지켜본다는 자각을 가져야 하며, 결국 '나'란 존재는, '너 아닌 나'라고 주장할 게 하나 없는, 광막한 허공중에 잠시 빛났다가 스러지는 한 점 불씨, 그 이상이 아니라는 분별력을 가지고, 자신의 삶과 세계를 돌아보아야 할 것이다.

마지막으로 셰익스피어의 시 한 줄을 내려놓으며 글을 접는다.

"머지않아 헤어질 것들을 열렬히 사랑하라."

(셰익스피어 소네트 73 중에서)

$10^{-36} \sim 10^{-32}$초:

급팽창(Inflation) 시대. 우주가 짧은 시간에 지름 기준 10^{43}배, 부피로는 10^{129}배의 엄청난 팽창을 겪는다. 이러한 급팽창은 우주의 에너지가 상태를 바꾸는 일종의 상전이현상을 일으켜 강력이 대통일력에서 분리되기 시작한다. 우주는 팽창하면서 점점 식게 되는데, 그 온도가 대통일 이론 에너지 눈금(10^{28}K)보다 더 낮아지면 대통일 게이지 대칭이 자발적으로 깨지게 되고, 강한 상호작용이 전기·약 상호작용과 분리되게 된다. 대통일이 깨졌지만, 전자기약 대칭은 아직 깨지지 않았을 시기를 전자기약 시대(electroweak epoch)라고 한다.

빅뱅 이후
10^{-43}초:

플랑크 시간. 하이젠베르크의 불확정성 원리에 따라 물리학이 정의할 수 있는 최소의 시간단위. 플랑크 시간보다 짧은 시간은 측정할 수도, 설명도 할 수 없다.

연표로 보는

우주의 역사

137.98 ±
0.37억 년 전
빅뱅으로 우주가 출현한다. 극도의 온도와 밀도를 가진 작은 점, 우주의 씨앗이 되는 플랑크 길이 (약 10^{-33}cm) 크기의 '원시의 알'이 대폭발을 일으켜 시간, 공간, 물질의 역사가 시작된다. 0.268%에 불과한 ±0.37억 년의 정확도는 WMAP과 플랑크 인공위성의 우주 마이크로파 배경 관측으로부터 얻어졌다.

$10^{-43} \sim 10^{-36}$초:
대통일 이론 시대. 우주의 온도 약 10^{32}°. 원자핵도 존재할 수 없는 온도로, 빛과 입자의 원료들이 뒤섞인 형태의 에너지만이 존재한다. 4가지 기본 힘인 중력, 전자기력, 약력, 강력 중 중력 외의 나머지 3가지 힘은 이 시기에 대통일력으로 통합되어 존재했을 것으로 추정된다.

$10^{-32} \sim 10^{-4}$초:
강입자의 시대. 쿼크로 구성된 최초의 강입자의 탄생. 위 쿼크와 아래 쿼크가 모여 양성자(수소 원자핵)와 중성자가 만들어진다. 양성자와 중성자 같은 중입자를 포함하여, 강입자가 형성될 수 있을 때까지 우주가 식어가는 동안, 우주는 쿼크-글루온 플라스마로 이루어진 상태. 대폭발 약 1초 뒤, 대폭발 중성미자가 분리하고 공간을 자유롭게 이동하기 시작한다. 아직까지 상세히 관찰된 적 없는 이 우주 중성미자 배경은 한참 후에 방출된 우주 마이크로파 배경과 비슷하다.

10초~3분:

렙톤 시대. 빅뱅 핵합성. 광자 시대 동안 우주의 온도는 원자핵이 형성될 수 있는 정도로 식게 되고, 중성자는 핵융합 반응으로 원자핵 안에 결합되기 시작한다. 우주의 온도는 100억℃~1억℃ 정도까지 낮아진 상태로, 양성자간의 결합 작용, 즉 수소 핵융합 반응이 일어나는 환경이 된다. 그 결과 많은 헬륨이 생성된다.

38만 년:

재결합 시대. 우주가 팽창하던 중 특정 온도(약 3000℃)까지 낮아지는 순간, 우주 전체에서 원자핵들이 자유전자와 결합하는 현상이 일어난다. 재결합이 끝날 무렵, 우주 대부분의 원자가 중성을 띠어 광자가 자유롭게 움직일 수 있게 된다. 곧, 빛이 분리되어 우주가 투명해진다. 재결합 직후 방출된 광자가 우주의 역사에 해당하는 시간 동안 움직여 지구에 도달한다. 이 빛은 매우 큰 적색이동을 겪어 우리에게 미미한 에너지를 가진 복사로 보인다. 이 빛을 우주 마이크로파 배경 또는 우주배경복사라 한다. 우주배경복사를 찍은 그림은 이 시대가 끝날 무렵의 아기 우주 모습이다.

10⁻⁴~1초:
입자와 반입자가 탄생한다.

1초~10초:

강입자 시대의 마지막에 강입자와 반강입자의 대부분이 소멸되고, 렙톤과 반렙톤이 우주의 지배물질로 남는다. 대폭발 이후 약 10초 정도 이후, 우주의 온도는 더욱 낮아져 더이상 새로운 렙톤, 반렙톤이 생성되지 않게 되며, 대부분의 렙톤과 반렙톤은 대소멸 작용에 의해 거의 모두 사라지고 아주 적은 양의 렙톤만 남게 된다.

3분~38만 년:

광자의 시대. 입자와 반입자가 쌍소멸하여 입자만 남게 된다. 우주 대부분의 에너지는 쌍소멸로 인해 발생하는 광자(전자기파)의 형태로 바뀌어 우주의 에너지는 광자가 지배하게 된다. 광자들은 가속된 양성자, 전자, 원자핵과 자주 반응하면서 약 40만 년 동안 지속된다.

38만 년~1억 년:

최초의 별(first star)과 은하의 생성. 당시 우주에 존재하던 원소들인 수소와 헬륨이 매우 많이 밀집된 곳에서 태양 질량의 수백 배에 이르는 무거운 별들이 탄생. 이 무거운 별들은 100만 년 정도의 짧은 수명이 지난 후 초신성 같은 큰 폭발로 최후를 맞으며 자신이 핵융합을 통해 생성한 무거운 원소들을 우주에 뿌렸다. 별의 나이는 대부분 1억 살에서 100억 살 사이이다. 최초의 별은 우주의 나이와 비슷한 137억 살 근처일 것으로 보인다.

1억 년~4억 년:

암흑의 시대.
비슷한 시기에 생긴
별들이 비슷한 시기에
폭발로 우주에
에너지를 방출하자,
그 에너지가 재결합
때 이루어진 양성자와
전자의 결합을
분리시킨다. 이로 인해
수억 년간 별과 은하를
만들지 못하는 시기가
지속된다.

4억 년~138억 년:

별과 은하,
성운들이
형성된다.

40억 년 전:

지구의 원시대기가
번개의 방전현상에
힘입어 아미노산을
만든다. 이것이 단백질
막을 만들어 생명체의
최초 단위가 된다.

24억 년 전:

대기에 산소가
급격히 증가하는
산소 대증가 사건이
발생한다. 이와 같은
환경 변화와 더불어
진핵생물이 출현하여
물질대사에 산소를
사용하게 된다.

65억 년:

더 시터식 팽창.
프리드만식 팽창은
서서히 종결되고,
아직 정체를 알 수
없는 암흑 에너지가
작용하면서
더 시터식 팽창이
시작된다.
감소하던
팽창속도는
이 시기부터
점차 빨라진다.

46억 년 전:

태양계가 형성. 근처의 초신성이
폭발함으로써 그 충격파로
인해 몇 광년 크기의 거대 분자
구름(태양성운)이 중력 붕괴를
일으켜 뭉쳐지기 시작한다. 그 후
5천만 년 동안 수축하는 성운이
회전하면서, 성운을 구성하는
물질은 약 200천문단위(AU)
지름에 이르는 크기의 원시 행성계
원반으로 납작하게 공전면에
형성되었고, 뜨겁고 밀도 높은
원시별이 원반 중심에 자리잡는다.
이윽고 항성 중심부의 수소
밀도가 막대해져서 핵융합을
시작함으로써 태양이 형성되고,
그 중력에 붙잡혀 있는 주변
천체들이 형성된다. 지구 역시
별들이 생성한 무거운 원소들이
뭉쳐져 태양의 행성으로 태어난다.

35억 년 전:

광합성을 하는
생물이 출현하다.

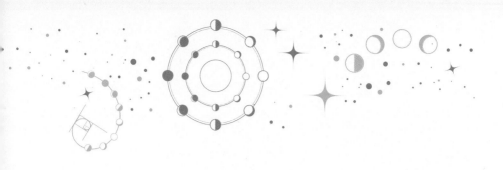

**7억
2,000만 년 전:**
초기 두뇌의
기원인
대합조개가
나타나다.

**4억
5천만 년 전:**
최초의
육상 식물이
출현하다.

**2억
2000만 년 전:**
사회적
곤충인 벌이
등장하다.

**1억 3천만 년~
9천만 년 전:**
속씨식물이 백악기
초기에 출현하다.
속씨식물은
꽃가루를 날라주는
곤충과 함께
공진화를 거쳐
오늘날까지
번성하고 있다.

17억 년 전:
세포 분화
기능을 갖춘
다세포생물이
출현하다.

**5억 4,400~
5억 4,300백만 년 전:**
새로운 형태의
눈(eyes)이
폭발적으로
증가하다.

**2억 9천만~
2억 5천만 년 전:**
페름기에 이르러
포유류의 조상을
포함한 단궁류가
출현하다.
그러나 페름기-
트라이아스기
대멸종 사건으로
인해 다수의 생물
종이 멸종하다.

2억 년 전:
쥐라기와 백악기에
다양한 공룡이
출현하다. 이들
공룡은 K-T
대멸종기간에
멸종하다.

7만 년 전:

약 700명 정도의 인류 조상 집단이 혹독한 기후 변화 때문에 아프리카를 탈출, 소빙하기를 맞아 좁아진 홍해를 건너고 아라비아 반도를 거쳐, 유럽으로, 아시아 대륙 남부와 북부로 뿔뿔이 흩어져간다. 북극 아래 동토대와 남북 아메리카에 이르는 7만 년의 여정 끝에 결국은 오늘의 전 인류를 만들어냈다.

40만 년~ 25만 년 전:

자바에 직립원인, 중국에 북경원인, 독일에 하이델베르크 인 등 고인류가 출현한다.

6백만 년 전:

인간이 유인원과의 공통 조상에서 분화된다.

6500만 년 전:

지름 10km의 소행성이 멕시코 유카탄 반도 칙술루브에 떨어져 공룡이 멸종하다. 칙술루브 크레이터의 지름은 200km.

230만 년 전~ 240만 년 전:

사람속이 아프리카에서 오스트랄로 피테쿠스로부터 분리된다. 아시아에서 살았던 호모 에렉투스, 유럽에서 살았던 호모 안데르탈렌시스 등, 몇몇 사람속이 진화했으나 그 후 모두 멸종한다.

20만 년 전:

서아시아의 크로마뇽인, 그리말디인, 푸세드모스트인, 상슬라드인, 중국의 산정동인 등 호모 사피엔스가 플라이스토 세 중기에 출현한다. 호모 사피엔스는 현생인류의 직접적 조상인 신인新人에 해당한다. 20만 년은 46억 년 지구 역사에서 0.005%에 지나지 않는 기간이다.

4만~5만 년 전:

구석기 시대의 인간이 오스트랄로피테쿠스– 호모 하빌리스(손쓴 사람)– 호모 에렉투스(곧선 사람)– 호모 사피엔스(슬기 사람)– 호모 사피엔스사피엔스(슬기슬기 사람: 현생인류)로 진화하여 지구상에 널리 분포하며 후기 구석기문화를 발달시킨다. 뒤에 여러 인종으로 갈라져 나간다.

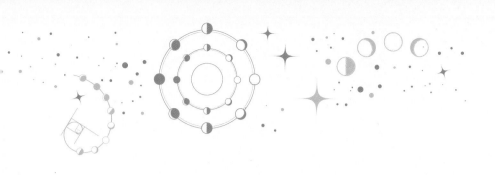

BC 4241년:
이집트에서
1년 365일
달력 창안.

BC 2560년:
이집트,
대피라미드
완성.

BC 2136년:
이해 10월
22일, 중국의
점성가 두 명이
일식 예언을
실패하여
처형된다.

BC 1300년:
중국 천문학자가
전갈자리
안타레스 부근에
나타난 새로운
별을 발견.

BC 585년:
탈레스,
이 해의
일식을 예언.

BC 4977년:
케플러
(1571~
1630)가
주장한 우주
'창조'의 원년.
이 해 4월 27일
일요일에 우주가
창조되었다고
주장.

BC 3500년:
메소포타미아,
바퀴 발명.

BC 2283년:
세계 최초의
일식 기록이
바빌로니아의
우르에서
발견.

BC 16세기:
중국 최초의
왕조 은殷
(BC 16~
11세기)부터
태음태양력을
사용.

BC 600년경:
탈레스,
만물의
원소는
물이라고
주장.

BC 550년:
피타고라스,
피타고라스 정리
증명.
남이탈리아
크리톤에서
피타고라스
학파를 확립,
수학과 천문학의
발전에 기여.

BC 450년경:

엠페도클레스,
만물은
불·바람·물·흙의
4원소로 이루어져
있으며, 이들은
사랑, 증오에 의해
결합, 분리하면서
생성 변화가 생기고,
우주발전 단계의
차이는 이들 중
어느 것의 힘이
우세한가에 의해
결정된다고 주장.

BC 352년:

중국 천문학자가
초신성을 발견.

BC 300년경:

유클리드,
유클리드
기하학을 완성.

BC 240년경:

에라토스테네스,
태양의 남중고도가
하지점에서 가장
높음을 발견. 최초로
하지 때 북회귀선
상에 있는 시에네와
알렉산드리아의
태양 고도를 각각
측정하고, 그 차이
각을 바탕으로 지구
둘레를 잰다.

BC 450년:

데모크리토스,
원자설을 주장.
물질을 계속 쪼개어
나가면 더 이상
쪼개어질 수 없는
아주 작은 입자, 원자가
되며, 이들 원자는
모양·위치·크기로
다만 기하학적으로
구별될 뿐이며, 이
세상은 원자와 빈
공간 외에는 아무것도
존재하지 않는다고
주장.

BC 330년:

아리스토텔레스,
엠페도클레스의
4원소설을 '4원소
가변설'로 변형. 그
내용은 물, 불, 공기,
흙의 네 원소 외에
물질의 특유한 성질인
건, 습, 온, 냉이 배합되어
만물이 형성된다고 주장.

BC 280년경:

아리스타르코스,
지구에서 달,
해까지의 상대적
거리를 구해
지구의 공전과
자전을 설명하고
지동설을 주장.

BC 220년:

아르키메데스,
지레의 원리 및
원주율 발견.

BC 2세기:
고대 중국의
우주관이던
혼천설에 기초를
두어 중국에서
혼천의를
처음으로 만들어
천문관측을 한다.

BC 46년:
율리우스
카이사르,
달력을
개정하기 위해
3달을 추가하여
율리우스 력을
만들다.

AD 78년:
중국 후한의
천문학자 장형張衡이
태어나다(~139년).
천구의인 혼천의를
비롯해 지진계라
할 수 있는
후풍지동의
候風地動儀를
만들어 천문을
관측하고
지진을 잰다.

271년:
중국에서
나침반이
발명된다.

4세기경:
주전원과
이심율을 사용한
그리스계
수리천문학이
인도에 전해진다.

BC 134년:
히파르코스,
세차운동을
발견하고 별의
등급을 정한다.

BC 6년경:
기독교의 시조
예수가 로마
제국의 식민지
팔레스타인 지방의
갈릴리에서
유대인으로
태어난다.

150년:
프톨레마이오스,
고대 천문학의
집대성하다.
『알마게스트』를
쓰고 천동설의
우주 모형을 제창.
이 천동설은 이후
1,400년 동안
서구세계에서
대세가 되다.
48개의 별자리를
정한다.

281년:
중국 동진시대의
천문가 우희虞喜가
태어난다(~356년).
지구의 세차운동을
발견.

1006년:
이집트 점성가 알리 이븐 라이드완이 이리자리 초신성을 관측. 중국, 한국에서도 이 초신성 관측기록이 있다. 지구에서 7천 광년 떨어진 곳에서 폭발한 초신성으로 지금 그 자리에 잔해들이 남아 있다.

1229년:
신성로마제국 황제바르바로사 (프리드리히 1세)의 아들이 유럽 최초의 플라네타리움 (별자리가 그려져 있는 아랍식 텐트)을 십자군으로부터 이탈리아로 가져온다.

692년:
신라 효소왕 1년에 도증道證 스님이 당나라에서 천문도를 가져온다.

827년:
프톨레마이오스의 천문학 저서 〈천문학 집대성〉이 『알마게스트』란 제목으로 아랍어로 번역된다.

497년:
인도 천문학자 아리야하타, 지구 자전을 주장.

458년:
인도에서 최초 0의 기록.

647년:
신라 선덕여왕 16년 경주에 첨성대를 세운다.

773년:
인도에서 온 방문객이 회교국 왕에게 일식 예언을 전한다. 이를 계기로 바그다드에 천문학이 전파된다.

850년:
중국, 화약 제조법 기록.

1054년:
황소자리에서 금성보다 밝은 별이 나타난다. 중국, 일본, 미국 원주민들이 이 초신성을 관측했다는 기록이 남아 있다. 오늘날 초신성 1054의 폭발로 밝혀졌다. 그 폭발의 흔적은 천년 지난 지금도 우주공간으로 퍼져나가고 있는데, 그 잔해가 바로 게성운(M1; NGC 1952)이다.

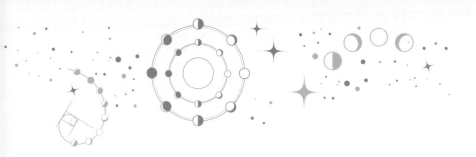

1252년:

레온-카스티야 국왕
알폰소 10세가 해·
달·행성의 운행추정표인
〈알폰소표〉를 펴낸다.
이것은 이전에 이슬람교도가
만든 〈톨레도표〉보다도
정확하여 이후 3세기 동안
기준성표로 활용되다.
현명왕이라는 별명을 가진
그는 프로레마이오스
체계의 복잡함을 비판하며
"신이 이 세상을 창조하시기
전에 나에게 조언을
구했더라면 좀 더 간단한
방법을 권했을 텐데…"라고
말했다.

1408년:

중국 천문학자들이
백조자리에서
객성客星을 발견.
오늘날 백조자리
초신성 폭발로
알려진 것이다.
잔해는 베일 성운이
되었고, 중앙에
강력한 X선을
내뿜는 백조자리
X-1은 블랙홀로
밝혀졌다.

1428년:

티무르 제국의
술탄 울루그베그가
사마르칸트에 큰
천문대를 세워
많은 관측기계를
정비하고, 여러
학자와 협력하여
프로레마이오스의
수치를 바로잡고,
천체현상을 예보한
신천문표
新天文表를 편집.

1434년:

세종 16년 간의대
簡儀臺 준공.
간의는 조선시대
중요한
천문관측기기들
가운데 하나로
오늘날의 각도기와
비슷한 구조를
지녔다.

1247년:

황상(중국),
돌에 새긴 천문도
순우천문도
淳祐天文圖를 제작.
소주천문도
(蘇州天文圖)라고도
불린다.
세계에서 가장
오래된 석각
천문도이다.

1395년:

조선의 태조 때의
천문학자 권근 등이
천문도를 석각한
'천상열차분야
지도각석'을 제작.
가로 122.5 cm,
세로 211 cm,
두께 12 cm의
흑요석에
새긴 것이다.

1425년:

조선에 관상감 설립.
조선시대 천문·
지리학·
달력·날씨·
물시계 등의
사무를 맡아보던
관아로,
세종 7년(1425년)
서운관書雲觀을 개칭한
기관으로, 20명을
선발하여 천문을
교습시킨다.

1433년:

세종 15년 왕명으로
이천, 정인지, 김빈
등이 혼천의를
완성하고, 장영실이
자동시보 장치가 된
물시계인 자격루를
제작(9월 16일).

1438년:

세종 20년
간의대에서
매일 밤 5명씩
서운관 관리가
입직하여
계속적으로
천문관측을 시작.
관측 내용은
『성변등록
星變謄錄』에
기록했다.
장영실이
자동 물시계인
옥루玉漏를 완성.

1510년경 :

코페르니쿠스(폴란드),
태양 중심설을 담은
『짧은 해설서』
필사본을 발표.
현재 비엔나에 있는
오스트리아 국립
도서관에
단 세 권만이 남아
보관되어 있다.

1545년 :

카르다노
(이탈리아),
3차방정식
해법 공표.

1572년:

튀코 브라헤(덴마크),
카시오페이아자리에서
초신성을 발견(9월 11일),
관측하다. 튀코는 신성까지의
거리를 측정한 결과, 그것이
항성계 현상임을 확인하여,
항성은 변하지 않는다는
당시의 통념에 충격을
주었다. 튀코 신성으로
불리던 이 초신성의
위치에서 강력한 전파원이
발견되어, 카시오페이아 A로
명명되었다.

1437년:

세종 19년
앙부일구,
규표圭表 등
5종의
해시계 제작.

1442년:

조선 세종 때의 천문학자
이순지 · 김담 등이 역서
『칠정산七政算』을 완성.
『칠정산』은 내편과
외편으로 되어 있으며,
내편은 중국식의
천문학을 바탕으로
한 천체들의 움직임을
계산하는 방법을 싣고,
외편은 원나라를 통해
들어온 아라비아
천문학을 소화하여 계산
과정을 완성한 것이다.
칠정이란 태양, 달, 화성,
수성, 목성, 금성, 토성을
통틀어 이르는 말.

1543년:

코페르니쿠스
사망(5월 24일).
임종시 태양
중심설을 담은
저서『천체의
회전에 관하여』가
출간,
지동설을
발표.

1571년:

독일에서
요하네스 케플러
출생(12월 27일).
조선에서 선조 4년
『천상열차분야지도』를
120폭의 인본으로
제작.

1605년:
케플러에게 부인이 '제발 목욕 좀 하라'고 심하게 다그쳐 케플러가 크게 상처받았다고 한다. 부인은 케플러가 하는 일이 돈벌이가 되지 않는다고 경멸하기까지 했다. 케플러는 '아내를 탓하기보다는 내 손가락을 깨무는 편이 낫다'고 일기에 적었다.

1610년:
갈릴레오가 최초로 망원경으로 천체관측을 하다. 달에 산과 계곡이 있다는 것, 목성의 위성들, 태양 흑점 등을 발견하여 코페르니쿠스의 지동설을 입증. 이러한 관측결과를 『별세계의 보고』로 발표하여 커다란 성공을 거둔다.

1600년:
조르다노 브루노가 지동설을 주장하다 종교재판을 받고 로마의 캄포 데 피오리 광장에서 화형된다.

1589년:
갈릴레이, 낙체실험을 한다.

1582년:
그레고리오 13세, 율리우스력을 그레고리력으로 개정, 반포.

1596년:
케플러가 『우주구조의 신비』를 출판하여 행성의 수와 크기, 배열간격에 대한 생각을 밝힌다. 이로 인해 튀코 브라헤와 갈릴레오를 알게 된다. 독일의 목사이자 천문학자인 파브리치우스가 고래자리에서 변광성 미라를 발견.

1604년:
케플러와 갈릴레오가 뱀주인자리에서 초신성을 관측. 10월 9일 저녁에 이탈리아에서 발견된 이래, 케플러가 18개월에 걸쳐 관측결과를 기록하다. 케플러 신성으로 불린다.

1609년:
갈릴레오가 천체망원경을 제작. 군사용으로 가치가 있음을 베니스 총독과 원로원에 설명한 덕택에 봉급이 2배로 오른다. 케플러가 행성 운동법칙을 다룬 『새 천문학』을 출간.

1619년:
케플러가
『우주의 조화』를
출간. 이 책에서
케플러는 기하학적
형태와 물리적
현상에서의 화음과
조화에 대해 논하다.
책의 마지막 부분에
행성운동 제3법칙의
발견이 나와 있다.

1631:
정두원 일행이
최초로 서양
천문학 서적으로
양마낙陽瑪諾
(E.Diaz)의
『천문략天問略』을
명나라에서
처음으로
가져온다.

1633년:
갈릴레이가
종교재판소에서
지동설을 부정하고
종신형을 받은
후 자택에 종신
연금당한다.

1642년:
갈릴레이 사망
(1월 8일).
아이작 뉴턴이
영국에서 출생
(12월 25일).

1616년:
코페르니쿠스의
저서『천체의
회전에 관하여』가
로마 교황청에
의해 금서목록에
오른다.

1630년:
케플러,
밀린 봉급
받으러 여행에
나섰다가 객사
(11월 15일).

1632년:
갈릴레이가
『천문 대화』를 출간,
지동설을 주장한다.
그 결과 로마의
종교재판에
소환된다.

1635년:
망원경으로
관측된
최초의 별
목자자리의
아르크투루스
발견.

1651년:
조선의 비구니
선자화仙子花가
삼각산 문수암에서
지름 36.5cm의
놋쇠 원반으로 된
성도를 제작.

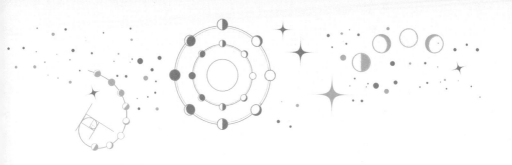

1653년:

조선, 효종 4년에 비로소 시헌력을 시행. 시헌력은 24절기의 시각과 1일간의 시간을 계산하여 제작한 것이다.

1664년:

로버트 후크가 목성의 대적반 관측. 이듬해 현미경을 이용한 관찰기록인 『마이크로그라피아』를 출간.

1666년:

뉴턴, 미적분법 발견. 빛의 분석 실험.

1672년:

조반니 카시니, 화성과 지구 사이의 거리를 정확도 93%로 알아낸다.

1655년:

크리스티안 하위헌스(네덜란드)가 토성의 고리와 위성 타이탄을 발견 (3월 25일).

1665년:

로버트 후크, 세포 발견. 최초로 세포(cell)라는 이름을 붙인다.

1668년:

뉴턴이 뉴턴식 굴절망원경을 제작. 이 망원경은 천체관측 등에 크게 공헌하여 이 공적으로 1672년 왕립협회 회원으로 추천된다.

1676년:

덴마크 천문학자 뢰머가 목성의 위성 관측으로 빛의 속도가 유한하다는 사실을 밝힌다. 그가 계산한 광속값은 초속 약 21만km로, 실제값의 70%다.

1682년:
에드먼드 핼리가
대혜성의 출현을 관측
(11월 22일),
그것이 약 76년마다
회귀하는
주기혜성이라고
주장, 1758년에
다시 나타날 것을
예언했다. 그 후
이 대혜성을
핼리 혜성이라고
불렀다.

1688년:
조선,
창경궁
금호문金虎門
밖에
관천대觀天臺가
축조된다.

1705:
E. 핼리(영국),
핼리 혜성 등
주기 혜성의
존재를 발견.

1727년:
J.브래들리
(영국),
연주 광행차를
확인.
지동설의
직접 증거를
최초로 확보.

1741년:
조선의 천문학자
안중관이 왕명으로
황도남북양총성도라는
신법 천문도를 제작.
중국에 들어와 있던
서양인 신부가 만든
전천 성도를 모사한
300좌 3,083성의
대성표로,
지금 법주사에
보관되어 있다.

1687년:
뉴턴, 대저서
『자연철학의 수학적
원리(프린키피아)』를
출판, 만유인력의
법칙을 확립함과
동시에 뉴턴 역학의
체계를 세운다.

1704년:
뉴턴,
그의 저서
『광학』에서
빛의 입자설을
주장.

1718년:
핼리, 항성의
고유운동을 발견.
이 주장은 당시
받아들여지지
않았으나, 약 100년
후 이탈리아의
천문학자 피아치에
의해 입증된다. 별들은
다른 천체들의 중력에
영향받아 태양계 및
태양에 대해 우주
공간에서 일정 속도로
이동하고 있으며,
이로 인해 고유운동이
일어난다.

1731년:
조선의 과학사상가
홍대용洪大容이
태어난다. 그는
지전설地轉說과
우주무한론을 주창.

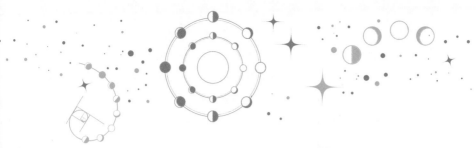

1782년:

영국의 청각장애인 천문학자 존 구드릭이 페르세우스자리의 β별 알골이 평소보다 어두워진 것을 알아채다. 그는 이 별이 '보이지 않는 동반성에 의해 주기적으로 식 현상을 일으켜 밝기가 변한다'는 사실을 정확히 예측했다. 알골은 광도가 2.867일을 주기로 하여 2.2등에서 3.5등까지 변하는 유명한 식쌍성이다. 지구로부터는 약 100광년이 떨어져 있다.

1758년:

샤를 메시에, 황소자리에서 희미한 빛뭉치(게성운)를 발견. 이것이 후에 〈메시에 목록〉 1번 M1이 되다. 독일의 아마추어 천문가 요한 팔리츠쉬가 성탄절 밤 약 70년 전 핼리가 회귀를 예언한 핼리 혜성을 관측.

1772년:

태양에서 행성까지의 거리에 대한 보데의 법칙이 발표된다. 원래는 독일의 천문학자 티티우스가 1766년에 발견했으나 1772년에 요한 보데가 발표했다. 티티우스-보데의 법칙이라고도 한다.

1785년:

조선에서 해시계 간평일구 簡平日晷와 혼개일구 渾蓋日晷 제작.

1755년:

임마누엘 칸트, 『천계의 일반 자연사와 이론』에서 성운설을 제창. 아울러 "우주는 은하수와 비슷한 '섬우주'로 가득 차 있다."고 주장.

1766년:

헨리 캐번디시가 수소를 발견.

1781년:

아마추어 천문가 윌리엄 허셜이 태양계 제7행성인 천왕성을 발견 (3월 13일). 샤를 메시에가 성운, 성단 103개를 수록한 〈메시에 목록〉 발표. 성운과 성단을 표시할 때의 등록번호 (기호 M)가 지금도 통용된다.

1783년:

영국의 지질학자 존 미첼이 "만약 별이 지나치게 크다면 별의 중력이 너무나 강해 빛조차 방출될 수 없을 것"이라고 주장해 블랙홀 개념을 최초로 창안.

1800년:
윌리엄 허셜이
적외선을 발견.
태양 스펙트럼 중
열을 가장 많이
방출하는 부분이
적색 쪽임을 확인.

1803년:
영국의 돌턴이
원자설을 제창.

1817년:
프라운호퍼(독일),
태양 스펙트럼
흡수선의
목록을 실은
논문을 발표.

1830년:
영국의
찰스 라이엘,
『지질학 원리』
출간.

1799년:
피에르 라플라스,
『천체역학』(전5권)
출판을 시작(~1825).
이것은 뉴턴의
『프린키피아』와
맞먹는 명저로
간주된다.
이 책을 헌정받은
나폴레옹이
이 책에는
왜 하나님 얘기가
나오지 않냐고 묻자,
"저에게는
신이라는 가설은
필요가 없습니다"
라고 말했다.

1801년:
피아치가 소행성
세레스를 발견.
태양계에서 최초로
발견된 소행성으로
소행성 번호
1번이다. 화성과
목성 사이에 있으며,
공전주기 4.6년,
궤도긴반지름
2.768AU, 지름
913km이다.

1815년 :
J.프라운호퍼
(독일),
유리 연마공
출신인 그가
태양광에서
암선 발견.

1818년:
독일의 천문학자
요한 프란츠 엔케가
엔케 혜성의 주기를
계산, 단주기 혜성의
존재를 확인.
엔케 혜성은 주기
3.3년의 최단주기
혜성으로, 1786년
프랑스의 메생이
처음으로 관측했다.

1833년:

사자자리 유성우가
내린다. 템펠-터틀
혜성이 통과한 지
50여 일 만에 지구가
혜성 궤도로 진입했던
1833년 미국의
기록에 '세상이 불길에
휩싸였다'고 전한다.
근래의 가장 화려한
천체 쇼로 꼽힌다.

1839년:

영국의 천문학자
토마스 헨더슨이
센타우루스자리
α별의 연주시차 값이
약 1″임을 알아내
거리를 구한다. α별은
시리우스, 카노푸스
다음으로 밝은 별로,
4.3광년 떨어져서
태양 다음으로 가장
가깝다.

1842년:

오스트리아의
물리학자
도플러가
'도플러 효과'를
발표. 마이어와
줄이 에너지
보존법칙을 발견.

1845년:

영국의 애덤스,
프랑스의
르베리에가 천왕성
근처에 있을 것으로
예상되는 미지의
행성 위치를
계산해낸다.

1831년:

영국의
마이클
패러데이,
전자기
유도현상
발견.

1838년:

프리드리히
베셀이 최초로
별의 연주시차
측정에 성공,
백조자리 61번
별까지의 거리를
구한다. 구한 값은
10.28광년. 이 별은
'베셀의 별'이라는
별명으로 불린다.

1840년:

영국의
윌리엄 폭스 탤벗이
현대 사진의 근본이
되는 기술을 발표.

1843년:

H. 슈바베(독일),
태양 흑점이 11년
주기로 증감하는
사실을 발견.

1848년:
영국의
물리학자
켈빈이
절대영도
(-273℃)
개념을 수립.

1851년:
프랑스 물리학자
장 푸코가 대형
단진자單振子를
이용해 지구의
자전을 증명.

1859년:
찰스 다윈이
『종의 기원』 출간.
독일의 분젠과
키르히호프가
스펙트럼 분석법
창안.

1862년:
미국의 망원경 제작자
앨빈 클라크가 당시
세계 최대인 18인치
망원경을 만들어 시험
관측 때 시리우스의
반성伴星을 발견한다.
최초의 백색왜성
발견이다.

1846년:
베를린
천문대의 요한
갈레가 애덤스와
르베리에가
예측한 장소에서
해왕성을
발견(9월 23일).

1850년경:
천체사진
기술 개발.

1856년:
영국의 천문학자
포그슨이 별의
밝기를 정량적으로
나타내는 관계식인
포그슨 방정식을
만든다.

1861년:
조선 천문학자
남병길南秉吉이
그의 동료들과 함께
『성경星鏡』이라는
별목록을 간행.
중국에 와 있던 서양
천문학자들이 만든
별목록을 1861년
좌표로
세차 보정하여
펴낸 것이다.

1864년:
영국의 물리학자
맥스웰이
전자기학 방정식
(맥스웰 방정식)
제시.

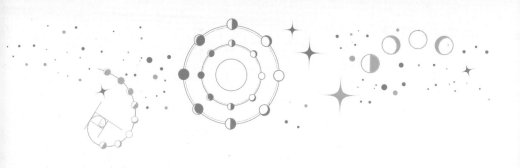

1877년:

미국의 천문학자 아삽 홀이 화성의 달인 포보스와 데이모스를 발견. 이탈리아의 천문학자 스키아파렐리가 화성 표면에서 카날리(canali: 수로)로 명명한 줄무늬를 발견, '화성 운하설'을 주장하여 화성의 생물에 대한 일대논쟁을 유발.

1867년:

조선 과학사상가 최한기崔漢綺가 『성기운화星氣運化』를 출간. 허셜의 은하수 구조론과 은하수 형성에 관한 칸트-라플라스의 성운설 등이 소개되어 있다.

1865년:

오스트리아의 신부 멘델이 유전법칙 발견. 독일의 클라우지우스, 열역학 제2법칙, 엔트로피 이론 제시.

1896년:

프랑스 물리학자 앙투안 베크렐이 우라늄 방사능을 발견.

1866년:

스웨덴의 알프레드 노벨이 다이너마이트 발명.

1869년:

러시아의 드미트리 멘델레예프가 원소 주기율표 완성.

1895년:

독일의 빌헬름 뢴트겐이 모든 것을 관통하는 신비한 복사선을 발견, X선이라 이름붙이다. 이탈리아의 마르코니, 무선통신을 개발.

1897년:

영국의 물리학자 조지프 톰슨이 전자를 발견. 톰슨은 "원자는 (+)로 하전된 입자에 (-)로 하전된 전자가 박혀 있다"고 주장.

1898년 :

G. H. 웰스(영국),
공상과학소설
『우주전쟁』 출간.
로버트 고다드에게
로켓 공학에
관한 관심을
촉발시킨다.

1901년:

체코의 프라하에서
튀코 브라헤의 유해가
발굴된다. 두개골의
푸른 녹을 분석한
결과, 만들어 붙인
그의 보철 코에 구리가
섞여 있었다는 사실이
밝혀진다. 그전까지는
금이나 은으로
만들어졌을 거라고
생각되어왔다.

1905년:

스위스 특허국의
하급 공무원인
아인슈타인이
특수 상대성이론을
발표. 그 유명한
에너지와 질량 사이의
관계식인 $E=mc^2$이
소개된다.

1910년:

핼리 혜성이
근일점에 도착.

1900년:

독일의 물리학자
막스 플랑크가
"에너지는 파동의
형태로 나오는
것이 아니라 작은
알갱이, 즉 양자의
형태로 나온다"면서
양자가설을 제시.

1902년:

자전거가게를
운영하던 라이트
형제가 최초로
동력 비행기의
비행을 성공시킨다
(12월 17일).

1908년:

러시아 중부 시베리아의
퉁구스카에 대폭발 사건이 일어나
2천㎢(서울의 약 3배)에 이르는
숲이 폐허로 변한다. 그 위력은
일본 히로시마에 투하된 원폭보다
1천 배 이상으로 추정된다. 폭발의
원인으로는 블랙홀 추락설,
운석추락설 등의 수많은 가설이
나왔지만, 1988년 퉁구스카
쿠슈모 강바닥에서 운석이 다량
발견됨으로써 운석충돌설이
유력하다(6월 30일). 조선의
천문학자 정영택鄭永澤이
『천문학』을 출간. 서양의
천문지식을 전통적인 동양의
천문학에 새로운 용어로써 도입한
일반 천문학 책이다.

1912년:
미국의 여성 천문학자 헨리에타 리비트가 마젤란 성운의 변광성을 관측하던 중 세페이드형 변광성의 '주기-광도 관계'를 발견, 은하 밖 천체의 거리를 재는 표준촛불로 이용되다.

1914년:
1차대전 발발 (~1918년). 인류 최초의 지구 행성 규모의 전쟁.

1916년:
아인슈타인이 일반상대성 이론을 발표, 현대 우주론의 장을 연다.
미국의 천문학자 바너드가 뱀주인자리에서 고유운동이 가장 큰 별을 발견하여, 바너드 별이라 명명.

1918년:
미국의 천문학자 할로 섀플리가 우리 은하 크기를 산출하고, 태양계가 우리 은하 중심에 있지 않다는 결론을 내리다. 그가 산출한 우리 은하의 크기는 지름이 30만 광년으로참값의 3배에 달한다.

1911년:
영국의 물리학자 러더퍼드가 "원자는 대부분 빈 공간으로 이루어져 있으며, 원자의 중심부에는 양전하를 띤 원자핵이 있고, 그 주위를 음전하를 띤 전자가 돌고 있다"는 '유핵원자 모형'을 발표. 덴마크의 천문학자 헤르츠스프룽이 별의 등급과 온도 및 스펙트럼의 관계를 나타내는 '헤르츠스프룽-러셀 그림표'를 만든다. 화성에서 온 운석이 이집트에 떨어져 개 한 마리가 죽었다. 운석에 의한 최초의 생명체 사망 사건이다.

1913년 :
H. 러셀(미국) 외, 항성의 색깔과 절대등급의 관계 발견.

1915년:
호주의 천문학자 인네스가 센타우루스자리 알파 별의 동반성 센타우루스 프록시마를 발견. 이 별은 적색왜성으로 태양으로부터 가장 가까운 4.22광년 떨어져 있다.

1917년:
네덜란드 천문학자 빌럼 드 지터가 일반상대론적 우주 모델을 제안. '일반 상대성 이론에 따르면 우주는 팽창해야 한다'는 가설을 증명.

1920년:

미국의 천문학자
허비 커티스와
할로 섀플리 진영 간에
우주의 크기에 관한
대논쟁이 벌어진다
(4월
26일).마이컬슨-
몰리의 실험으로
유명한 마이컬슨이
태양 외 항성으로는
최초로 베텔게우스의
지름을 측정. 태양
지름의
약 800배.

1923년:

에드윈 허블이 M31
안드로메다 성운에서
세페이드 변광성을
발견, M31까지의
거리를 구해 우리
은하 밖에 있는
외부은하임을 밝힌다.
이로써 맨눈으로 보던
크기의 우주가
무한 우주임이
드러나 세상에 큰
충격파를 던진다.
은하라는 개념 탄생.

1929년:

E. 허블(미국),
우주 팽창 발견.
'거리가 먼
외부은하일수록 한층
빠른 속도로 후퇴하고
있다'는 '허블의
법칙'을 발표.

1919년:

아인슈타인의
일반 상대성
이론에서 '빛이
중력에 의해
휘어진다'는
사실이 일식
관측에 의해
밝혀진다. 〈타임〉
지가 '과학혁명!
뉴턴 이론이
무너졌다'는
기사를 내보낸다.

1922년:

러시아의
알렉산드르 프리드만
(1888-1925)이
아인슈타인의 중력장
방정식이 우주의
팽창을 나타낸다는
것을 처음 발견.

1927년:

벨기에의 신부이자
천문학자 조르주
르메트르가 '우주는
초고밀도의
원시원자가
폭발적으로 팽창하여
탄생한 것이다'는
대폭발 탄생론을
주장/독일의
하이젠베르크가
불확정성 원리를 제창.

1930년:

클라이드 톰보(미국),
미국 로웰
천문대의
보조연구원으로
제9 행성인 명왕성을
발견. 하지만 톰보 사후
10년 만인
2006년,
국제천문연맹에 의해
명왕성의
행성 지위가 박탈된다.

1931년:
폴 디랙(영국),
'반물질'을
예측. 이듬해
칼 앤더슨이
우주선에서
반물질을 발견.
K. 잰키스(미국),
우주에서 전파가
도달하고 있음을
발견.

1939년:
2차대전
발발(~1945년).
인류역사상
두 번째 지구 행성
규모의 전쟁. 최초로
원자탄이 등장한다.
미국의 전파기술자
레버가 일리노이주
휘턴에 최초로
전파망원경을 설치,
은하 전체 지도를
작성.

1944~51년:
H. 판더휠스트
(네덜란드),
전파 관측으로
우주공간에서
중선 수소 발견.

1946년:
미국의 모클리,
존 에커트가
최초의
전자계산기
에니악(ENIAC)
완성.

1938년:
한스 베테(미국),
"별의 에너지원은
핵 반응"이라는
NC연쇄 이론을
발표. 이로써
인류는 별이
반짝이는
이유를 비로소
알게 된다.

1943년:
미국의 세이퍼트가
격렬한 활동
은하핵을 가진
외부은하를 발견.
다양한 이온화
상태로 인한
넓고 높은 연속
스펙트럼을 보이는
이런 종류의
은하를 세이퍼트
은하라 한다.

1945년:
최초의 원자탄이
미국 뉴멕시코주
앨라모고도에서
폭발(7월 16일).
일본 히로시마,
나가사키에 원폭
투하.

1948년:
세계 최대의 지름
5m 헤일 망원경이
팔로마산 천문대에서
관측을 시작.
영국의 프레드 호일,
토머스 골드, 허먼
본디가 정상 우주론을
발표. 조지 가모프가
팽창우주론을 발전시켜
우주가 수십억 년 전에
한 점에서 폭발하여
팽창하기 시작했다는
대폭발설을 주장.
우주배경복사 예언.
이후 빅뱅 우주론으로
불린다.

1949년:
프레드 휘플이 혜성을
"얼음과 먼지로
만들어진 더러운
눈덩이"라고 주장.
아일랜드의 천문학자
에지워스와 미국의
천문학자 제러드
카이퍼가 각각 황도면
가까운 곳에 혜성의
집합장소가 존재할
것이라 예측. 카이퍼
벨트로 불린다.

1952년:
독일 천문학자
월터 바데가
세페우스형
변광성의 주기-
광도 관계의
영점을 수정하여
외부은하의
거리를 종전의
2.5배로 늘린다.

1956년:
미국 물리학자
라이너스 등이
중성미자(뉴트리노)를
발견. 아울러
중성미자와 양성자가
결합해 중성자가 된다는
사실도 밝혔다.
중성미자는 우주를
구성하는 물질 중
광자(빛) 다음으로
많은 입자로서,
우주물질의 생성과
우주진화의 역사를
밝히는 데 중요한
역할을 한다.

1957년:
소련이 최초의
인공위성 스푸트니크
1호를 발사(10월 4일).
스푸트니크는
러시아말로
'길동무'란 뜻.

1950년:
네덜란드 천문학자
얀 오르트가
태양계를 껍질처럼
둘러싸고 있는
거대한 혜성 구름이
있다고 주장. 장주기
혜성의 기원으로
알려진 이것을
오르트 구름이라
한다.

1953년:
제임스 왓슨,
프랜시스 크릭이
DNA 구조
규명.

1958년:
J. 오르트(네덜란드),
우리은하의
나선 무늬 추정.
미국, 첫 위성인
익스플로러 1호
발사(1월 31일).
미국이 뱅가드 1호
발사(3월 17일).
미국, 나사(NASA
설립(10월 1일).

1959년:

앨런 샌디지(미국), 3C 273 이라는 전파원 발견. 최초의 퀘이사 발견으로 밝혀졌다. 퀘이사는 블랙홀이 주변 물질을 집어삼키는 에너지에 의해 형성되는 거대 발광체로서 '준성準星'이라고도 하며, 지구에서 관측할 수 있는 가장 먼 거리의 천체이다.

소련의 달 탐사선 루나 1호가 세계 최초로 달 착륙을 시도하다가 실패, 태양 주위를 도는 인공 행성이 된다. 현재 루나 1호는 지구와 화성 사이의 궤도를 돌고 있다.

루나 2호도 실패, 고요의 바다에 추락. 루나 3호가 10월 6일에 달에 도달, 최초로 달의 뒷면을 촬영.

1961년:

소련의 유리 가가린이 보스토크 1호를 타고 1시간 29분 만에 지구 상공을 일주해 인류 최초의 우주비행에 성공, 최초의 우주인이 된다(4월 12일).

미국의 해군 중령 앨런 셰퍼드가 미국 최초의 탄도 비행에 탑승하여 성공(5월 5일). 15분간 비행한 대가로 14달러 38센트의 수당을 받았다.

1963년:

발렌티나 테레시코바가 세계 최초로 여성 우주인이 된다. 1인 우주비행선인 보스토크 6호를 타고 우주로 날아오른 테레시코바는 첫 송신에서 그 감동을 이렇게 전했다. "나는 갈매기, 기분 최고." 70시간 50분 동안 지구를 48바퀴 선회한 뒤 6월 19일 11시 20분경 지구로 귀환.

미국 천문학자인 마틴 슈미트가 퀘이사를 발견.

1960년:

미국의 프랭크 드레이크가 오즈마 계획을 실행. 고등 외계생명체가 태양계로 신호를 보내고 있다는 가정하에 이 신호를 포착하려는 계획으로, 1년의 관측 결과 성과 없이 끝난다.

1962년:

R. 자코니(미국) 외, X선 발견으로 X선 천문학 시작. 존 글렌이 미국 최초로 프렌드십 7호 우주선을 타고 지구 궤도를 돈다.

1964년:

미국의 전파천문학자 아노 펜지어스, 로버트 윌슨, 우주배경복사를 최초로 감지.

미국의 화성 탐사선 매리너 4호가 발사된다(11월 28일). 매리너 탐사선 시리즈의 네 번째 탐사선으로, 미국 최초로 화성 탐사에 성공한다.

1965년:

소련의 위성
보스크쇼드 2호에
탑승한 우주비행사
알렉세이 레오노프,
처음으로 약 12분
동안 우주유영
성공(8월 18일).
푸에르토리코의
아레시보 전파천문대
천문학자들이 금성이
역자전한다는 사실을
발견. 금성에서는
해가 서쪽에서 떠서
동쪽으로 진다.

1966년:

사자자리 유성우가
미국 서부 지역에
시간당 15만 개가
떨어지는 대장관을
연출, 사람들이 잠을
이루지 못했다.

1967년:

조슬린 벨(영국),
대학원생 과정에서
펄서를 발견.
일정 주기로 펄스
형태의 전파를
방사하는 중성자별.
맥동전파원이라고도
한다. 1978년 그녀의
지도교수 A. 휴이시가
이 발견으로 노벨
물리학상 수상.

1969년:

미국 우주인
암스트롱이 아폴로
11호로 달에 착륙,
인류 최초로
달 표면에 발을
내딛는다
(7월 20일).

1970년:

중국,
최초의
인공위성 동방홍
1호를 발사
(4월 24일).

1971년:

미국의 화성 탐사선 매리너
9호가 아틀라스 로켓에
의해 발사되다(5월 30일).
최초로 궤도 진입에 성공,
고도 1,500km까지
접근하여 화성 표면의
70%를 촬영했다/소련의
우주인 볼코프가 유인
우주 정거장에서 23일을
보내면서 "지구를 보면
바로 향수병에 걸리고
만다. 햇볕과 신선한 공기,
숲이 그립다"고 되뇌인다.
그러나 그와 두 우주인은
소유즈 11호를 타고 귀환 중
우주선이 새는 바람에 모두
숨지고 만다.

1972년:

파이어니어 10호가
행성 탐사를 위해
발사/아폴로
17호의 유진 서넌이
달에 발을 디딘
마지막 우주인으로
기록(현재까지).

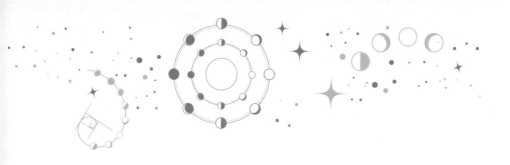

1973년:

R. 클래브세이들
(미국) 외,
감마선 버스트 발견.
파이어니어 10호가
찍은 목성 사진이
TV를 통해 잠시 방영.
파이어니어 11호가
목성을
향해 발사.

1975년:

미국의 화성 탐사선
바이킹 1호가 발사
(8월 20일). 화성의
생명체 존재 여부를
알아보기 위해 발사된
바이킹 1호는 최초로
화성 착륙에 완전
성공한 탐사선이다.

1977년:

보이저 2호가
태양계 탐사
대장정에 나선다
(8월 20일).

1979년:

D. 월시(영국) 외,
중력 렌즈 효과 발견.
보이저 1호가 목성의
고리를 발견하다
(3월 5일).
미국 천문학자 앨런
구스가 인플레이션
이론을 발표.
그는 "우주는 대폭발
후 최단시간 안에
대폭발의 팽창보다
훨씬 빠른 속도로
급격히 팽창되었다"고
주장.

1974년:

푸에르토리코의
아레시보 전파천문대에서
2진법 숫자 체계로 된
'아레시보 메시지'를
우주로 쏘아보낸다
(11월 16일).
외계에 있을지도 모를
외계 지성체를 향한
이 지구인의 메시지는
약 25,000광년 떨어져
있는 헤르쿨레스자리
구상성단인 M13을 향해
송출되었다. 만일 인류가
그 답장을 받는다면
그것은 약 5만 년 뒤의
일일 것이다.

1976년:

웨스트 혜성 출현.
태양을 지나면서
4조각으로 깨졌다.
궤도 주기 55만
8천 년의 장주기
혜성이다.
다음 도래년은
서기 560,000년경.

1978년:

제임스
크리스티가
명왕성의 달
카론을 발견
(6월 22일).

1981년:

최초의
유인 우주
왕복선
컬럼비아호 발사
(4월 12일).

1983년:

찬드라세카르의
한계를 밝힌
찬드라세카르가
별의 진화연구에 관한
업적으로
노벨상을 받는다.

1986년:

M. 겔러(미국) 외,
은하 분포의 '버블 구조' 발견.
미국의 태양계 탐사선 보이저 2호가
천왕성을 지나 해왕성으로 향하다(1월
24일). 보이저 2호는 1979년 7월
9일에 목성을, 그리고 1981년 8월
26일에 토성을, 1986년 1월 24일에
천왕성을 지나가면서 이들 행성과
위성에 관한 많은 자료와 사진을
전송한다.
우주 왕복선 챌린저 호가
발사 73초 만에 폭발,
승무원 7명 전원이 숨진다
(1월 28일).
소련, 우주정거장
미르 발사(2월 20일).

1989년:

마젤란 금성 탐사선을 발사.
금성 표면 지도 작성이
임무다(5월 4일).
미국의 목성 탐사선
갈릴레오 호가 아틀란티스
우주왕복선 비행에서
발사된다(10월 18일).
갈릴레오 호는 일단
금성으로 갔다가 이해 12월
다시 지구로 와서 '중력
도움'으로 추진력을 크게
얻어 1995년 12월 7일
목성에 도착.
우주배경복사를 탐사하기
위해 코비(COBE) 위성을
발사(11월 18일).

1984년:

B. 스미스(미국) 외,
이젤자리 베타별
주위에서 원반 발견.

1987년:

고시바 마사토시(일본),
초신성 1987A의
중성미자 검출. 2002년
노벨 물리학상 수상.
대마젤란 성운에서
초신성이 폭발.
1604년의 케플러
초신성 이후 383년
만에 처음으로 초신성을
육안 관측하다. 초신성
1987A로 명명.

1990년:

허블 우주 망원경이
우주 왕복선 디스커버리호에
실려 지구 상공 610km
자체 궤도에 진입
(4월 24일).
무게 12.2t,
주거울 지름 2.4m,
경통 길이 약 13m의
반사망원경이다.
세계 최대인 케크 망원경이
하와이 마우나케아 산에
설치되어가동(12월 5일).
인터넷(월드와이드웹) 탄생.

1992년:

COBE 사이언스팀(미국),
코비 인공위성의 우주배경복사
탐사 결과, 빅뱅설을 다시 한번
입증(4월 24일).
한국 최초의 인공위성인 우리별
1호가 기아나 쿠루기지에서
발사(8월 11일).
화성 탐사선 마스업저버
발사(9월 25일).
교황 바오로 2세가 "로마
교황청이 지구는 태양 둘레를
돈다는 갈릴레이의 믿음을
비난한 것은 잘못"이라는 성명을
발표(10월 31일).

1994년:

슈메이커-레비
혜성이 목성에
충돌(7월 20일).
목성의 조석력으로
21개의 파편으로
깨어진 혜성이
목성 표면을 연타했다.

1996년:

허블 딥 필드팀(미국),
130억 광년 거리의
심우주 촬영.
미국의 화성 탐사선
마스 패스파인더 발사
(12월 4일).
1997년 7월 4일
화성에 도달.
패스파인더 내부에
탑재된 탐사 로봇
소저너는 6주 동안
1만 장 이상의 화성
표면 사진과 4백만
가지 이상의 화성 대기,
기상 정보를 수집.

1993년:

큰곰자리에 있는
M81 은하에서 별이
폭발(3월 28일).
우주 왕복선 인데버에 탄
우주비행사가
허블 우주망원경을
성공적으로 수리(12월).

1995년:

팔로마 그룹(미국),
갈색왜성 발견.
질량 부족으로
항성으로 성장하지
못한 천체다.

1998년:

S. 펄머터(미국)
외, 초신성 연구로
우주의 가속팽창
발견. 2011년 노벨
물리학상 수상.
최초의
국제 우주정거장(ISS)
시설이자 러시아
다목적 모듈인
자라(일출)가
발사된다
(11월 20일).

2006년:

미국의 탐사선 뉴호라이즌 발사. 임무는 카이퍼 벨트 관측. 명왕성을 처음 발견한 미국 천문학자 톰보의 뼛가루 일부도 실려 있다. 2015년경 명왕성과 카론에 접근하고, 2020년경, 다른 카이퍼 벨트 천체에 접근하여 관측할 예정/국제천문연맹이 명왕성을 태양계 행성에서 퇴출(왜소행성으로 분류, 134340번호 부여).

2009년:

유엔이 세계 천문의 해 (International Year of Astronomy 2009, IYA2009) 선포. 케플러의 『새 천문학』 발간과 갈릴레이가 망원경으로 천체를 관측한 400주년을 기념, 일반인이 스스로의 위치를 재발견하고 발견의 기쁨을 느끼게 하려는 목적으로 선포.

2002년:

미국 화성 탐사선 오디세이 호, 화성의 극관에서 얼음 저수지 발견.

2012년 :

보이저 1호(NASA), 인간이 만든 물건으로 최초로 성간공간에 진입 (8월 25일).

2003년:

미국의 우주왕복선 컬럼비아 호, 28번째 우주비행을 마치고 지구로 귀환하다 공중폭발, 승무원 7명 전원 사망(2월 1일). 중국, 최초의 유인 우주선 '선저우(神舟) 5호' 발사에 성공(10월 15일). 옛 소련과 미국에 이어 세계에서 세 번째로 유인 우주선 보유국 대열에 합류.

2008년:

미국의 화성 탐사 로봇 우주선 피닉스가 작년 8월 4일에 발사되어 9개월간의 비행 끝에 화성에 착륙(5월 25일). '물을 따라서(follow the water)'라는 슬로건 아래 추진되는 화성 탐사 프로그램의 일환으로 화성 북극의 물과 얼음이 풍부한 지역에 착륙한 피닉스는 첫 번째 화성의 샘플을 채취하는 탐사선이 된다.

2010년 :

하야부사(일본), 소행성(25143 이토카와)에서 샘플을 채취해 귀환(6월 13일). **2011년 :** 메신저(NASA), 최초로 수성 궤도 진입(3월 13일).

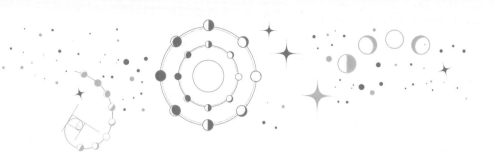

2015년 :

던(NASA),
최초로 왜소행성
세레스 궤도 진입.
던호는 세레스로부터
61,000km 떨어진 곳에서
세레스의 중력에 잡혔다
(3월 6일).
뉴호라이즌스(NASA),
명왕성 근접비행 성공(7월).
카시니(NASA),
토성의 위성 엔셀라두스에서
바다 발견.

2017년 :

카시니(NASA, ESA),
토성과 고리 사이의
공간으로 뛰어드는
22차례의 선회비행 중
첫 번째 다이빙에 성공.
그랜드피날레미션을
완수한 후 9월 토성
대기로 뛰어들어
최후를 맞을 예정.

2014년 :

망갈리안(인도),
화성 궤도에
성공적으로 안착.
이로써 인도는
미국, 러시아,
유럽연합 다음으로
네 번째 화성에 우주선을
보낸 나라가 됐으며,
아시아 국가로서는
최초로 기록을 세우게
되었다(9월 24일).
로제타(ESA), 최초로
혜성(67P/추류모프−
게라시멘코)에 착륙선
착지를 성공시켰으나,
응달에 처박히는
바람에 곧 방전되어
통신두절(11월 12일).

2016년 :

우주인 스캇 켈리(미국),
미하일 코르니엔코(러시아)가
국제우주정거장에서 340일의
최장 우주체류 기록을 세우고 귀환
(3월 1일).
주노 목성 탐사선(NASA), 미국 독립
기념일인 7월 4일(현지시간) 목성
궤도 진입에 성공. 2011년 8월 발사돼
5년 가까이 28억km를 비행. 앞으로
20개월간 목성을 37회 회전하면서 목성
탐사에 나선다.
허블 망원경(NASA), 목성의 4대 위성
중 가장 작은 유로파에서 200km
높이의 물기둥이 치솟는 것을 발견.
유로파의 지하에 바다가 있을 것이라는
예측을 뒷받침하는 것으로서
외계 생명체 존재 가능성을 시사하는
발견으로서 주목된다.

★현재 :

우주의 온도는
2.7K까지 떨어지고,
항성과 은하, 행성 등
현재와 같은 우주의
모습이 형성되었다.
현재 930억 광년 크기의
우주는 지금도 팽창하고
있으며, 팽창속도도
점차 빨라지고 있다.
지구 종말 시계, 전세계
민족주의 발호와 트럼프
대통령의 핵무기 및
기후변화에 관한 발언
등으로 종말까지 30초
당겨진 밤 11시 57분
30초가 됐다.

8억 년 후:

지속적인 태양 표면 온도의 상승으로 동식물이 멸종, 지구 내부에서 나오는 온실기체를 정화시킬 수 있는 수단이 없어져 지구 표면은 끓는점에 도달, 바닷물이 모두 증발하여 사라지고, 지구는 황량한 사막과 같이 된다.

15억 년 후:

지구로부터 멀어지던 달이 이윽고 목성의 중력으로 떨어져나가고, 지구의 극축이 크게 뒤바뀐다.

60억 년 후:

지구는 수성이나 달처럼 대기가 전혀 없는 행성이 된다.

2061년:

핼리 혜성이 1986년 이후 75년 만에 지구를 방문.

2126년:

스위프트-터틀 혜성이 나타난다. 1862년 발견된 이 혜성은 130년을 주기로 지구 를 찾아오는데 마지막 주기는 1992년이었다. 2126년 8월 21일에 지구와 충돌할 확률은 1만분의 1 정도.

10억 년 후:

달이 지금 위치의 10%인 44만km 정도 떨어져나가 지구가 일대 혼돈에 빠지고, 거의 모든 생명체가 멸종에 이른다.

54억 년 후:

태양의 핵에 있던 수소는 완전히 헬륨으로 바뀌며, 주계열성으로서의 태양의 일생은 끝난다. 이 시점에서 태양의 반지름은 지금의 260배까지 부풀어 올라 적색거성 단계에 돌입한다. 표면적이 막대하게 늘어나기 때문에 표면 온도는 크게 낮아져 2,600 켈빈 수준까지 내려가 붉게 보이게 된다.

64억 년 후:

태양이 중심핵에서 수소핵융합을 마치고 준 거성 단계로 진입.

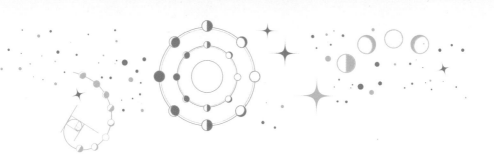

71억 년 후:

태양이 적색거성으로
진화하다.
중심핵에 있는
수소가 소진되면서
핵이 수축. 가열되고,
이와 함께 태양의
외곽 대기가 팽창한다.

10^{14}년 후:

우주의 모든 수소와
헬륨이 소진되고 별과
은하도 활동을
멈춘다. 우주에는
겨우 깜빡이는
중성자별과
백색왜성, 블랙홀만이
떠돌아다닌다.

10^{32}년 후:

핵자의 붕괴가 시작되다.
대통일 이론에 따르면
양성자는 붕괴하는 것으로
밝혀졌다. 양성자는 광자와
렙톤으로 붕괴하고 홀로 남은
중성자는 불안정하기 때문에
몇 분 내로 붕괴된다.

78억 년 후:

적색거성 단계에서 태양이
극심한 맥동 현상을 일으키며
외곽 대기를 우주공간으로
방출하면서 행성상 성운을
이루다. 인류가 한때
문명을 일구며 살았던 지구
잔해들을 포함, 모든 태양계
천체들이 태양의 잔해와 함께
우주공간으로 흩뿌려지고,
성운의 고리가 저 멀리 해왕성
궤도까지 미친다. 외층이
탈출한 뒤 남은 태양의
뜨거운 중심핵은 수십억 년에
걸쳐 천천히 식는 동시에
어두워지면서 백색왜성이
되어 무려 120억 년에 걸친
장대한 일생을 마감한다.

10^{30}년 후:

은하 중심의
초대질량 블랙홀이
은하 전체의 질량을
모두 흡수하다.
은하단들이 뭉쳐져
초거대 블랙홀을
만든다. 그 후
이 초거대
블랙홀들이 우주에
흩어져 서로
멀어지고, 마침내는
서로 멀어지는
속도가 광속을
넘어서서, 영원히
서로를 볼 수
없게 된다.

10^{108}년 후:

모든 블랙홀들이
빛으로 증발해 사라진다.
약간의 광자와
중성미자, 중력파만이
적막한 우주공간을
떠돌아다닌다. 우주는
계속 식어가 절대영도로
떨어지고 어떤
상호작용도 일어나지
않는 완벽한 무덤 속의
열적 죽음 상태에
들어간다. 물질의
소동 종료. 시간 종료.

천문학
콘서트

초판 1쇄 발행 2011년 7월 15일
개정증보1판 1쇄 발행 2018년 9월 24일
개정증보1판 5쇄 발행 2023년 9월 15일

지은이   이광식

발행인   김기중
주간   신선영
편집   백수연, 민성원
마케팅   김신정, 김보미
경영지원 홍운선
펴낸곳   도서출판 더숲
주소   서울시 마포구 동교로 43-1 (04018)
전화   02-3141-8301
팩스   02-3141-8303
이메일   info@theforestbook.co.kr
페이스북·인스타그램 @theforestbook
출판신고 2009년 3월 30일 제2009-000062호

ISBN | 979-11-86900-65-9 (03440)

이 도서의 국립중앙도서관 출판예정도서목록(CIP)은 서지정보유통지원시스템 홈페이지(http://seoji.nl.go.kr)와
국가자료공동목록시스템(http://www.nl.go.kr/kolisnet)에서 이용하실 수 있습니다.
(CIP제어번호: CIP2018028871)